KB192412

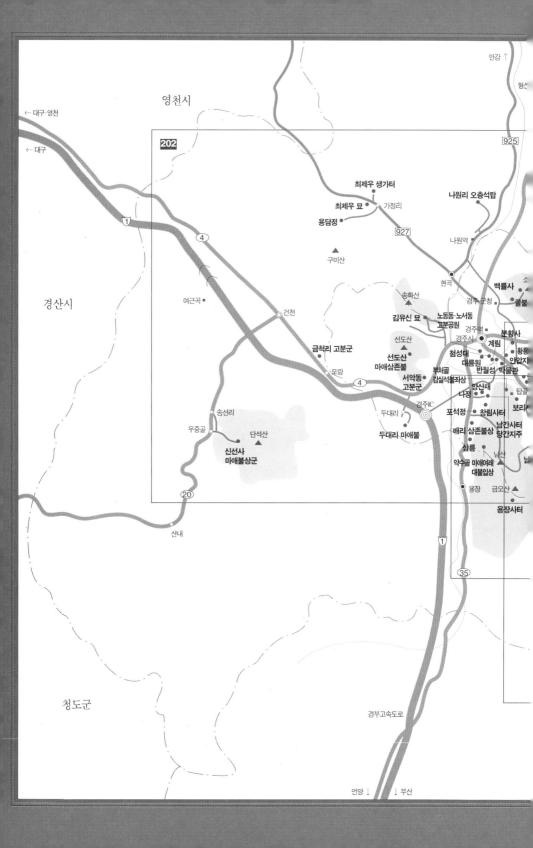

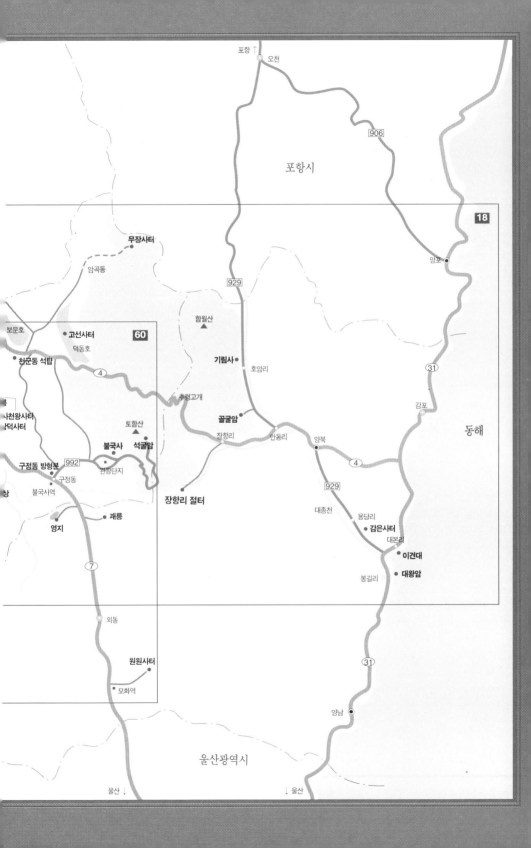

답사여행의 길잡이 2

경주

답사여행의 길잡이 2

경주

한국문화유산답사회 엮음

돌베개

책임편집   김효형
글   박종분
사진   김성철

감수   유홍준

답사여행의 길잡이 2· 경주

1994년 6월 10일 초판 1쇄 발행
1998년 4월 20일 개정판 1쇄 발행
2012년 10월 19일 개정판 23쇄 발행

엮은이   한국문화유산답사회
펴낸이   한철희
펴낸곳   돌베개
등록   1979년 8월 25일 제406-2003-000018호
주소   413-756   경기도 파주시 회동길 77-20 (문발동)
전화   (031)955-5020
팩스   (031)955-5049
홈페이지   www.dolbegae.com
전자우편   book@dolbegae.co.kr

편집   유정희
표지·본문 디자인   정용기
조판·지도 제작   (주)한국커뮤니케이션
인쇄   백산인쇄
제본   백산제책

ⓒ 한국문화유산답사회·돌베개, 1994

ISBN   89-7199-041-4   04980
ISBN   89-7199-039-2   04980(세트)

값 9,000원

「답사여행의 길잡이」를 펴내며

언제부터인지 여행은 인간의 삶을 이루는 한 부분으로 되어왔다. 여행이 인간의 삶에 주는 일차적 의미는 권태로운 일상으로부터 벗어나는 즐거움에 있을 것이다. 여행이 주는 이러한 즐거움은 감성의 해방에서 비롯된다. 그러나 여행의 의미는 결코 여기에서 머무르는 것이 아니다. 즐거움과 동시에 무언가를 새롭게 느끼고 배우는 지적 충만으로 이어진다는 데 여행의 큰 미덕이 있는 것이다.

한국문화유산답사회는 지난 10년 동안 문화유산의 현장을 찾아 구석구석을 누벼왔다. 이러한 답사를 통해서 돌 하나 풀 한 포기에도 삶의 체취와 역사의 흔적이 그렇게 서려 있음을 보았다. 그것은 놀라움이자 기쁨이었으며, 그 동안 우리것에 무관심했던 데 대한 부끄러움의 확인이기도 하였다.

우리는 아름다운 국토와 뜻 깊은 문화유산이 어우러진 현장에서 맛보는 답사여행의 행복한 체험을 함께 누리기 위해 이 시리즈를 펴낸다. 이 책들은 문화유산 답사여행을 위한 안내서이자 기본 자료집이며 동시에 길잡이이다. 그 속에는 한국문화유산답사회가 그 동안 현장답사를 통해서 얻은 산 체험과 지식이 고스란히 담겨 있다. 전국을 행정구역과 문화권에 따라 구분하고 답사코스별로 세분하여 충실한 답사정보와 자상한 여행정보를 체계적으로 정리하였다. 내용은 물론 형식적인 측면에서도 답사여행의 현장에서 활용될 수 있도록 최대한 배려하였다.

근래에 들어 우리의 여행문화도 새롭게 전환하고 있다. 여행이 감성의 과소비가 아니라 삶의 에너지를 재충전하는 계기가 되는 참된 여행문화의 정착이 요구되고 있는 것이다. 이러한 시대적 흐름 속에서 답사여행에 대한 관심이 크게 일고 있다. 이 책이 아름다운 우리땅과 문화유산을 찾아떠나는 여행길을 밝혀줌으로써 참된 여행문화를 이끄는 데 기여한다면 그보다 더 큰 보람은 없을 것 같다.

한국문화유산답사회 대표 유홍준

이 책의 구성과 이용법

1. 「답사여행의 길잡이」 시리즈는 전국을 지역 혹은 문화권으로 갈라 15권으로 묶었다. 각 권에서는 나라에서 지정한 문화재를 모두 소개하기보다는 역사가 담겨 있고 문화적 가치도 있는 유형·무형의 문화유산들을 여행자의 발걸음을 따라가며 소개했다.

2. 이 책 『경주』편은 전체를 4개 부(部)로 나누고 하나의 부에는 3개의 코스를 만들어 총 12개 코스 중에 선택하여 여행할 수 있도록 했다. 각 코스는 반나절 정도에, 각 부는 1박 2일이나 2박 3일 정도에 돌아볼 수 있다.

3. 책머리에는 「경주 답사여행의 길잡이」를 실어 누구나 이 지역 답사여행의 진수를 맛볼 수 있도록 했으며, 말미에는 특집 「우리 나라 탑의 이해」를 붙여 여행지 곳곳에서 만날 수 있는 탑에 대한 이해를 돕고자 했다. 또 각 부와 코스마다 개관을 달아 가고자 하는 곳의 구체상을 머리에 그릴 수 있도록 했다. 본문에는 기초적인 답사 지식, 전설, 인물에 얽힌 이야기, 문양, 그림, 사진 들을 담았다.

4. 본문 옆에는 교통·숙식 등 답사여행에 필요한 기본 정보들이 담겨 있다. 교통 정보는 지도와 함께 보면서 이용하는 것이 좋다. 그 동안의 경험에서 얻은 유익한 답사 정보들에는 따로 표시를 해두어 도움이 될 수 있게 했다.

5. 경주 전체를 보여주는 권지도, 몇 개의 코스를 하나로 엮은 부지도, 각 코스를 자세히 보여주는 코스별 지도를 그려놓았고, 특별히 찾기 어려운 곳에는 상세도를 넣었다. 코스별 지도 아래에는 그 지역을 찾아가는 방법에 대해 간략히 적어놓았으며, 각 답사지 옆에 아주 친절하게 길안내를 해놓았다. 책 말미에는 경주로 가는 기차·고속버스·시외버스 시각표가 있다.

6. 부록 「경주를 알차게 볼 수 있는 주제별 코스」에는 시대적·문화적 특성을 조망할 수 있는 주제별 코스를 소개해두었다. 각 부가 1박 2일이나 2박 3일 정도의 코스이므로 그 중 하나를 선택해 다녀올 수도 있지만, 이 책에서 권하는 주제별 코스를 이용할 수도 있겠다. 또한 부록 「문화재 안내문 모음」에는 이 책에서 다루지 않은 유물·유적지를 포함하여 경주 지역의 중요 문화재 안내문을 모아놓아 참고 자료로 활용하도록 했다.

7. 지도 보기

고속도로
국도
지방도
시·군 도로
마을길
비포장도로
도경계
시·군경계
0.7 구간 킬로미터
인터체인지
시·군청 소재지
읍 소재지
면 소재지
리·동·마을
답사여행지
이정표, 기타
길 축약
256 256쪽을 보시오

8. 그림 보기

 교통, 숙식 등 여행에 필요한 기초 정보

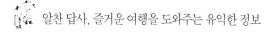 알찬 답사, 즐거운 여행을 도와주는 유익한 정보

차례

제1부 감포 앞바다, 함월산과 덕동호
동해 바다로 향한 신라인의 기상

코스 1 　감포 앞바다 신라인의 호국 의지를 읽는다

코스 2 　양북면 함월산·토함산 자락의 볼 만한 절 세 곳

코스 3 　덕동호 주변 한 굽이 돌아설 때마다 신라의 옛 절터가

제2부 낭산과 토함산
서기 어린 그 땅에 피워올린 신라문화의 정수

제3부 남산
땅 위에 옮겨진 부처님 세상

제4부 경주 시내와 단석산

과거와 현재가 공존하는 천년 신라의 고도

코스 10 **경주 시내** 걸음걸음 밟히는 천년 신라

코스 11 **소금강산** 꽃비 타고 신라 땅에 온 부처

코스 12 **선도산과 건천** 삼국 통일의 기둥이 된 화랑 정신

경주 답사여행의 길잡이 유홍준

1

신라의 천년 고도 경주는 세계에서 그 유래를 찾아보기 힘든 역사 도시이다. 경주시와 그 일대에 산재한 유적들을 두루 살펴보는 데도 한 달을 두고 오로지 답사만 한다 해도 모자랄 것이다. 게다가 명작들이란 보고 또 보아도 그리운 법인지라 자신도 모르게 다시 가보는 곳도 생길 것이고, 자연풍광과 함께 어우러진 유적들은 사계절 다른 분위기로 우리를 맞아주기 마련이니 답사코스로 경주는 무궁무진할 따름이다.

타지역 사람으로 경주를 답사여행한다는 것은 길어보았자 3박 4일 정도라고 했을 때, 그리고 빠짐없이 해마다 경주를 간다고 해도 생을 마칠 때까지 경주를 다 보고 죽을 인생은 없다는 계산이 나온다. 따라서 경주의 답사여행은 먼저 핵심적인 유물을 답사하여 총론에 해당하는 줄거리를 잡고 나서 개인적 취향에 따라 곳곳의 유적을 찾아간다는 장기적인 계획 아래서만 가능하다.

경주 답사의 기본 골격은 크게 다섯 갈래로 나누어볼 수 있는데, 그것이 이 책에서 네 개의 부로 설정한 ①감포길 ②낭산과 토함산 ③남산 ④경주 시내와 단석산 등이다. 이것을 축으로 하여 우리는 유효하게 경주를 섭렵할 수 있게 된다.

2

경주 답사에서 가장 먼저 다녀와야 할 곳은 국립경주박물관이다. 어떤 이는 박물관은 딴 데도 있으므로 여행길에 긴 시간을 박물관에서 보내는 것을 아깝게 생각하기도 한다. 그러나 이는 크게 잘못된 인식으로 경주박물관에 진열된 유물은 다른 박물관에 절대로 있을 수 없는 것들이다. 특히 박물관은 사회 교육 내지 역사 교육관으로서의 기능도 갖추고 있어서 체계적으로 진열된 전시장 동선을 따라 관람하고 나면 경주와 신라문화의 윤곽을 잡을 수 있게 된다.

그것이 하루 한나절이 걸릴지라도 경주 답사는 반드시 여기서부터 시작해야 한다.

박물관 별관에는 안압지 출토 유물 전시관과 천마총 유물 전시관이 따로 마련되어 있고, 정원에는 에밀레종과 고선사터의 삼층석탑 같은 국보 중의 국보가 보관·전시되어 있다. 실제로 경주박물관 정원을 한바퀴 돌며 석조물 잔편들을 관람하는 것 자체만으로도 즐거운 답사여행이 된다.

그리고 두번째로 달려갈 곳은 역시 불국사와 석굴암이다. 불국사는 항시 관광객으로 붐벼 답사객을 짜증스럽게 만들기도 한다. 그것을 피하려면 아침 일찍 다녀오는 것이 최선의 방법이다. 석굴암은 이와 반대로 동틀녘에 성시를 이룬다. 토함산에서 일출을 바라보겠다는 희망으로 새벽 관람이 상례화되어 있다. 그러나 동해 바다 일출을 볼 수 있는 것은 대개 늦가을뿐이며 다른 계절은 여간한 행운이 아니면 만나기 힘들다. 답사회의 경험으로는 오히려 오후 늦게 토함산에 올라 산자락 아래로 이어지는 동해 바다를 바라보았던 것이 더욱 인상적이라는 생각을 갖고 있다.

불국사 답사에서는 무엇보다도 석축과 돌계단의 흔연한 조화로움을 살피고 다보탑의 오묘한 구조와 석가탑의 단아한 기품을 맛보는 것이 답사의 핵심이 된다.

불국사·석굴암 답사에서 시간의 여유가 있는 분은 여기서 울산 쪽으로 조금 더 가면 나오는 괘릉과 영지까지 답사길을 연결하는 것이 바람직하다. 괘릉은 한때 문무대왕릉으로 잘못 알려졌던 곳인데, 지금은 원성왕릉으로 추정되고 있다. 괘릉은 고신라가 아닌 통일신라의 왕릉 중 십이지상 조각과 호신석이 가장 잘 남아 있으므로 그것이 큰 볼거리가 되며, 호젓한 분위기가 살아 있어 석굴암과 불국사에서 관광객에게 시달린 피로한 눈을 풀기에 족하다.

괘릉 옆에 있는 영지는 석가탑 창건에 얽힌 아사달과 아사녀의 전설이 서린 곳이다. 주변엔 풍상에 형체를 잃어가는 석불이 하나 있어 그 옛날을 말해주고 있는데, 여기서는 불국사 쪽이 훤히 내다보이고 토함산 자락이 한눈에 들어온다. 특히 달 밝은 밤에 오면 호수에 비친 달과 함께 여행의 낭만을 더해준다.

3

경주 답사의 풍요로움은 사실 시내에 있다. 경주박물관 바로 옆에 있는 반월
성과 안압지, 그리고 계림과 첨성대, 대릉원의 천마총 등으로 이어지는 답사코
스는 차라리 도보로 산책을 겸하는 것이 제격이다.

가는 곳마다 관광객으로 짜증스러울 때는 시내 한가운데 노동동과 노서동의
고분공원에서 호젓한 맛을 볼 수 있다. 여기는 봉황대 같은 거대한 고분과 아
름다운 곡선으로 이어진 쌍분, 일제강점기에 발굴되어 둥그런 빈 자리만 남아
있는 서봉총터와 금령총터가 잔디밭으로 변하여 황홀한 쉼터가 된다. 시내의
모든 유적들이 관람 시간을 제한하고 있지만 여기는 입장료도 없고 지키는 이
도 없어 저녁 나절의 훌륭한 산책터가 된다.

시내에서 서쪽으로 향하면 김유신 장군 묘와 태종무열왕릉으로 연결된다. 두
분의 역사적 크기도 크기이지만 왕릉의 기품과 장군의 늠름함이 능에도 역력
하며, 특히 무열왕릉 위쪽으로 이어지는 4개의 거대한 고분은 신비롭고도 아름
다운 정경을 연출해준다.

시내에서 동쪽으로 발길을 옮기면 분황사와 황룡사터 현장에 다다르게 된다.
황룡사터 발굴 현장에서 남쪽을 내다보면 밭 한가운데 삼층석탑이 오롯하게 보
이는데 이것은 미탄사터탑이다. 여기서 동쪽을 보고 찻길을 건너 마을길로 따
라가면 다부지게 생긴 삼층석탑과 만난다. 이것은 황복사터 삼층석탑이다. 여
기서 또 동쪽을 내다보면 숲 속에 자태를 감추고 있는 왕릉이 보이는데 이것은
진평왕릉이다. 경주의 답사여행은 이처럼 무궁무진하게 이어진다.

4

경주 답사에서 누구나 한 번쯤 희망을 가져보았을 코스는 남산 등반일 것이
다. 그러나 남산의 경이로움은 어지간히 신비화되어 있어 엄두도 내지 못하는

경우도 없지 않다. 물론 경주 남산을 대략적으로 훑어보려 해도 일주일은 걸릴 정도로 그 유적이 방대하다. 그러나 답사 요령만 있으면 2박3일로도 70%는 정복할 수 있다.

우선 남산 자락의 아랫도리를 훑어가며 보는 것이 중요하고 편리하다. 남산동 쌍탑에서 보리사, 탑골 부처바위의 마애불상군, 부처골 감실부처로 이어지는 동쪽 산자락과 창림사터, 포석정, 배리 삼존불, 삼릉으로 이어지는 서쪽 산자락을 답사만 해도 남산의 분위기를 어느 정도 잡게 된다.

삼릉 계곡을 따라 상사암에 이르고 여기서 금오산 정상을 거쳐 용장사터에서 한숨 돌리고 다시 신선암, 칠불암에 이르는 남산 종주코스를 답사하면 그것으로 남산의 반은 정복한 셈이 된다.

남산을 답사할 때면 유물의 안내 표지판이 부실하고 산 정상에는 물이 없으며, 비록 높지는 않지만 40여 개의 계곡으로 이어져 있어서 자칫 길을 잃기 쉽다. 그런 점에서 지도만 갖고 초행길을 떠나는 것은 위험천만이다.

남산의 등산로와 안내 표지판이 부실한 것은 당국의 무성의 때문이 아니라 하나의 보존 대책임을 우리는 이해해주어야 한다. 해방 직후 남산동에서 포석정에 이르는 관통로를 만든 것이 영원한 상처가 되었음을 생각할 때, 우리는 지금의 오솔길에 차라리 감사해야 한다.

남산의 답사는 눈 덮인 겨울날과 진달래 피는 봄날이 가히 환상적이다.

5

답사길이 이틀이고 삼일이고 계속된다면 그 코스에 바다를 향한 유적이 있을 때 더욱 후련함을 느끼게 된다. 경주 답사에서 감포로 가는 코스가 있다는 것은 답사의 보고로서 경주를 더욱 값지게 해주는 요소이다.

보문동에서 황룡계곡을 거쳐 추령터널을 지나자면 덕동호가 그림같이 펼쳐지고 계곡 아래 노루목 근방부터 대종천을 따라 곧장 동해 감포 앞바다에 이르는 길은 불과 30분 만의 환상적인 드라이브코스가 된다.

감포 앞바다에는 저 위대한 감은사 쌍탑이 그 옛날의 의연함을 지켜주고, 문무대왕의 산골처인 대왕암이 있어 역사의 향기가 바다 바람에 젖어온다. 더욱이 감포 앞바다의 파도는 언제나 세차게 밀려왔다 세차게 빠지면서 검은 자갈돌이 구르는 소리와 함께 장중한 해조음을 연주한다.

감은사탑의 조형적 위대함은 여기에서 생략한다. 다만 감은사터에서는 절터가 기대고 있는 산자락에 오를 때 전체가 조망된다는 것만 일러둔다.

감포로 가는 길에 함월산 쪽으로 들어가면 기림사와 골굴암이라는 또 다른 명소가 자리 잡고 있고, 반대편 토함산 쪽 계곡을 따라 들어가면 장항리 절터의 고즈넉한 정취가 우리를 기다리고 있다.

같은 경주에 있으면서도 건천의 단석산 마애불과 김유신 장군 수도처는 외따로 떨어져 있는 데다가 오르는 산길이 한 시간은 족히 걸리는 까닭으로 사람의 발길이 별로 닿지 않는다.

한편 양동의 민속마을과 안강의 옥산서원도 조선 시대의 서원과 주거 공간을 살피는 명소이다. 그러나 시대차라는 이유로 신라의 무게에 눌려 곧잘 잊고 지나치게 된다. 그런 까닭에 경주 답사의 별격으로 따로 잡아 여행을 떠나볼 만한 명소로 8권 팔공산 자락에 따로 담았다.

제1부 감포 앞바다, 함월산과 덕동호

동해 바다로 향한 신라인의 기상

감포 앞바다
양북면
덕동호 주변

1 감포 앞바다, 함월산과 덕동호

경주는 발닿는 어느 곳이나 신라를 보여준다. 동쪽 바다와 맞닿은 감포읍과 양북면, 암곡동 일대에는 통일신라 사회 전반을 지배했던 호국 불교의 흔적이 남아 있는 문화 유적지가 모여 있다.

토함산의 북동쪽 산자락을 타고 추령터널을 지나면 대종천과 넓은 들판이 나오고 길은 곧장 동해로 이어진다. 이 길은 불과 30km 정도이지만 산이 있고 호수가 있으며, 고갯마루와 계곡, 넓

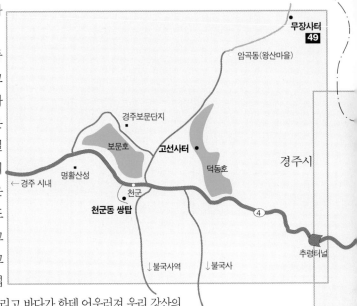

은 들판과 강, 그리고 바다가 한데 어우러져 우리 강산의 아름다움을 한꺼번에 맛볼 수 있게 한다. 가을이 되어 길 옆의 잡목에 붉고 노란 단풍이 내려앉으면, 자연 자체가 참으로 큰 예술이라는 생각이 든다.

추령터널을 지나 동해로 가면 감은사와 대왕암과 이견대를 볼 수 있다. 죽어 용이 되어서라도 나라를 지키겠다던 문무왕의 의지가 서린 대왕암과 감은사, 그리고 대왕암을 마주보고 있는 '나의 잊히지 못하는 바다' 라는 기념비 앞에 서면, 과거가 현재로 옮겨와서 강력한 호소력을 발휘하는 신기를 체험하게 된다. 이 기념비는 신라 문무왕의 호국 의지를 일깨우며 항일 정신을 고취하려 했던 미술사학자 고유섭을 기리고자 후학들이 세운 것이다.

함월산 자락의 양북면 일대에는 기림사와 골굴암, 장항리 절터가 있다. 수려한 산세와 계곡을 배경으로 아름다운 옛 건물을 뽐내는 기림사는 여름이면 피서를 겸한 불자들을 불러들이고, 석굴 사원이 드문 우리 나라에서 이국 정서마저 불러일

으키는 골굴암의 부처는 높은 곳에서 맑고 인자한 웃음으로 사람을 반겨 안는다. 돌의 질감이 따뜻하게 살아나는 장항리 절터의 오층석탑 역시 이 길을 찾아 나선 이에게 뿌듯한 기쁨을 유감없이 전해준다.

감포가도를 달릴 때 보이는 너른 호수는 경주 일대 상수원인 덕동호이다. 국립경주박물관 뒤뜰에 의젓하고 듬직한 삼층석탑 하나를 남기고 호수 속으로 말없이 잠겨버린 고선사가 여기에 있다. 이 덕동호가 끝나는 암곡동 깊숙한 골짜기에 자리 잡은 무장사는 문무왕이 투구를 묻었다는 곳이다. '이제는 전쟁을 끝내야겠다'는 문무왕의 강렬한 평화 의지가 아니던가.

오늘 우리가 찾아가는 감포 앞바다, 함월산과 덕동호 일대는 아름다운 풍경과 더불어, 과거가 오늘에 살아 숨쉬며 말하고 싶어하는 뜻을 찾아 떠나는 답사의 맛을 풍부하게 전해준다.

포항↑

35

기림사 •
호암

포항↑

골굴암 •
안동
장항

감포 ◎

21

양북(어일)

4

전촌

절터

929

용당
대종천   감은사터
•대본

•이견대

봉길   •대왕암

31
울산

양남 •

코스 1 감포 앞바다

신라인의 호국 의지를 읽는다

경주 보문단지에서 4번 국도를 타고 추령고개를 넘어 동해 바다로 나서면, 삼국 통일의 주역인 문무왕과 관련된 유적지 몇 곳을 찾을 수 있다. 흔히 '감포 앞바다'라고 불리는 이곳은 행정상으로는 감포가 아닌 양북면 용당리와 어일리, 그리고 봉길리에 해당한다.

　토함산으로 갈라선 경주 시내와 동해 쪽 경주 외곽을 연결하는 것이 추령터널이다. 이 터널을 지나는 4번 국도를 타면, 차창 밖으로 구불구불한 산길과 너른 들 그리고 계곡이 번갈아가며 나타나 여행객의 기분을 한껏 돋운다. 이 길은 드라이브코스로도 인기가 높다.

　추령터널을 지나면서 이제 우리는, 대동강 이남에 한반도 최초의 통일 국가가 들어서고 대동강 이북에는 고구려 후예들이 세운 발해가 자리 잡는 남북국 시대의 신라로 시간 여행을 하게 된다.

　불교를 받아들여 꾸준히 국력을 키워온 신라는 김유신과 김춘추에 이르러 삼국 통일을 향한 첫발을 내딛고, 김춘추 곧 무열왕의 아들인 문무왕 8년(676)에 이르러 결국 삼국 통일을 이룬다. 삼국 통일에 당의 세력을 끌어들인 신라는, 결국 당의 속셈이 신라를 돕는 데 있지 않고 신라를 통해 삼국을 한꺼번에 먹어치우려는 것이었음을 알아채고 당의 세력을 몰아내기에 이른다.

　따라서 당시 신라인들의 호국 정신은 매우 드높았으며, 호국 성격을 띤 불교는 사회 전반에 많은 영향을 미쳤다. 불교에 대한 높은 관심과 호국 의지는 각종 불사를 이루는 원동력이 되었다. 그런 분위기를 느끼게 하는 문화유적지 세 곳이 지금 감포 앞바다에 옹기종기 모여 앉아 있다.

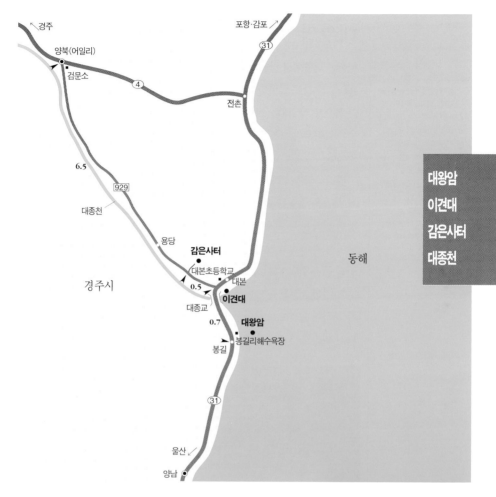

대왕암

경주에서 4번 국도를 타고 추령고개를 넘어 동해로 향하다가 양북면 어일리
검문소에서 929번 지방도로를 따라 6.5km 정도 가면 감포 앞바다에 이른다.
대중교통을 이용하려면 경주 시외버스터미널에서 약 1시간 간격으로 다니는
양남행 버스를 타고 가다 감은사터 입구나 대왕암 앞 봉길리해수욕장에서
내린다. 이곳은 경주, 포항, 울산으로 통하는 길목에 있어
교통량이 많으므로 운전에 유의해야 한다.
세 곳 모두 걸어서 10분 거리에 있으며, 주차 공간도 넉넉하다.
봉길리해수욕장과 주변 마을에는 식사를 할 수 있는 횟집과 민박집들이 있다.
이견대 앞에서 감포로 가는 31번 국도 해변에도 여관과 민박집, 그리고 식당이
있다. 그러나 휴일에는 이곳을 찾는 관광객과 낚시꾼들의 발길이 잦아
방이 부족한 경우도 있다.

대왕암

경주시 양북면 봉길리에 있
다. 양북면 소재지인 어일리에서 929번
지방도로를 따라 양남 쪽으로 7km가면
대본삼거리가 나온다. 여기서 오른쪽으
로 난 31번 국도를 따라 대종교를 건너
면 봉길리해수욕장이 왼쪽으로 나오는
데, 대왕암은 그 앞바다에 있다.
해수욕장에는 대형버스도 여러 대 주차
할 수 있는 넓은 주차장이 있으며 식당
(횟집)과 민박집이 조금 있다.
경주 시외버스터미널에서 대왕암(봉길
리해수욕장)을 거쳐 양남으로 가는 버스
가 약 1시간 간격으로 있다.

토함산 뒤쪽에서 발원한 물줄기가 대종천을 이루고 그 물줄기가 동해로
흘러드는 감포 앞바다. 봉길리해수욕장이 들어선 이곳 해안에 서면 바
다 쪽으로 약 200m 떨어진 곳에 바다 경치를 돋우는 아담한 바위섬이
눈에 들어온다. 문무왕의 산골처(散骨處) 혹은 수중릉으로 알려진 대왕
암이다.

멀리서 보는 대왕암은 평범한 바위섬이지만, 가까이 다가가 보면 바
위 한가운데가 못처럼 패어 있고 둘레에 자연암석이 기둥 모양으로 일
정한 간격을 두고 세워진 모습이다. 한 변의 길이가 약 3.5m 되는 못
안에는 거북이 등 모양의 길이 3m, 폭 2.2m의 돌이 얹혀져 있다. 못
안의 물은 돌을 약간 덮을 정도이며, 거센 파도에 아랑곳없이 항상 맑
고 잔잔히 흐르도록 되어 있다. 동서남북 사방으로 트인 십자형의 수로
를 통하여 동쪽으로 들어온 물이 서쪽으로 난 수로의 턱을 천천히 넘어
다시 바다로 흘러나간다.

대왕암
하늘에서 내려다본 모습으로, 죽어 용이
되어 나라를 지키겠다던 문무왕의 납골
이 뿌려진 곳이다.

못 안의 돌 밑에 문무왕의 유골 장치가 있다는 설도 있지만 이는 본격적인 발굴조사로 증명된 사실이 아니다. 다만 외곽을 둘러싼 바위 안쪽에 인위적으로 바위를 따낸 흔적이 있는 것으로 그렇게 추정할 따름이다. 만약 이 장치가 유골을 묻은 것이라면 세계에서도 드문 수중릉이 될 것이지만, 이는 박정희 군사정권이 역사적 사실을 왜곡하여 정권안보에 이용하려 한 부끄러운 일일 뿐이다.

사실 대왕암은 오래전부터 문무왕의 시신을 화장한 납골을 뿌린 산골처로 알려져왔으며, 주변 어부들은 이미 이곳을 신성하게 여겨 근처에도 잘 가지 않았다. 그러던 어느 날 대왕암이 문무왕의 수중릉으로 둔갑해 처음 발견된 것처럼 신문에 대서특필된 것이다.

문무왕은 아버지대의 백제 정벌(660년)에 이어 고구려 정벌(668년)을 승리로 이끌었으며, 이후 신라에 대한 당의 야심을 알아채고 그 세력을 몰아내는 전쟁까지 치러냈다. 삼국을 하나로 통일하는 대업을 마무리하여 명실공히 통일신라의 찬란한 문화시대를 연 문무왕은 평소 이렇게 유언하였다.

"이때까지 우리 강토는 삼국으로 나누어져 싸움이 그칠 날이 없었다. 이제 삼국이 하나로 통합돼 한 나라가 되었으니 민생은 안정되고 백성들은 평화롭게 살게 되었다. 그러나 동해로 침입하여 재물을 노략질하는 왜구가 걱정이다. 내가 죽은 뒤에 용이 되어 불법을 받들고 나라의 평화를 지킬 터이니 나의 유해를 동해에 장사 지내라. 화려한 능묘는 공연한 재물의 낭비이며 인력을 수고롭게 할 뿐 죽은 혼은 구할 수 없는 것이다. 내가 숨을 거둔 열흘 뒤에는 불로 태워 장사할 것이요, 초상 치르는 절차는 힘써 검소와 절약을 좇으라(『삼국사기』 문무왕 21년(681)조)."

또한 『삼국유사』에는 이렇게 씌어 있다. "신문왕은 681년 7월 7일 즉위하였다. 아버지 문무대왕을 위하여 동해변에 감은사를 세웠다. 문무왕이 왜병을 진압하고 이 절을 짓다가 마치지 못하고 돌아가 바다의 용이 되었는데, 그 아들 신문왕이 즉위하여 682년에 마쳤다. 금당 계

신라는 법흥왕 15년(528)에 불교를 국교로 받아들인 이후 왕에 대한 호칭을 법흥이니 진흥이니 하는 불교식으로 바꾸고 불국토를 구현하려 하였으나, 장례의식만은 오랜 전통인 매장법을 버리지 못하였다. 결국 매장법을 버리고 불교식 화장법으로 장례를 치른 최초의 왕은 문무왕인 셈이다. 그후 효성(34대)·원성(38대)·진성(51대)·효공(52대)·신덕(53대)·경명(54대) 왕 들이 화장된 것으로 알려지고 있다.

이견대에서 바라본 대왕암
문무왕의 산골처인 대왕암을 더욱 뜻 깊
게 눈여겨볼 수 있다.

단 아래를 파헤쳐 동쪽에 구멍을 내었으
니 용이 들어와 서리게 한 것이었다. 생
각컨대 유조로 장골(葬骨)케 한 곳을 대
왕암이라 하고 절은 감은사라 하였으
며, 그후 용이 나타난 것을 본 곳을 이견
대라 하였다."

한편 조선 시대 경주 부윤을 지낸 홍양
호의 문집『이계집』(耳溪集)에는 그가
문무왕릉비의 파편을 습득하게 된 경위
와 문무왕의 화장 사실, 그리고 대왕암
에 관한 이야기가 적혀 있다. 1796년경 홍양호가 발견했다는 문무왕릉
비 두 편 가운데 한 편과 그보다 작은 파편 하나가 현재 국립경주박물관
에 보관되어 있는데, 그 내용 중에 "나무를 쌓아 장사 지내다(葬以積
薪), 뼈를 부숴 바다에 뿌리다(研骨鯨津)"라는 대목이 있다.

결국 대왕암이 세계 유일의 수중릉이라는 것은 후세 사람의 욕심에서
나온 근거 없는 희망사항일 뿐이다. 그렇더라도 잊지 말아야 할 것은 문
무왕의 호국 의지를 담은 대왕암의 본뜻이다.

대왕암은 사적 제158호로 지정되어 있다. 문무왕의 화장과 관련된 유
적지로는 문무왕의 화장터로 알려지고 있는 능지탑이 있다. 일제강점
기에 발견된 '사천왕사지문무왕비편'이라는 묵서(墨書)를 근거로 문
무왕릉비가 사천왕사에 세워졌을 것이라는 추측을 하기도 한다. 능지
탑과 사천왕사터는 경주 배반동 낭산 기슭에 있다.

이견대

대왕암을 의미 있게 눈여겨볼 수 있는 곳이 두 군데 있다. 대본초등학
교 앞쪽에 있는 이견대와 동해구(東海口)라는 표지석 아래 '나의 잊히
지 못하는 바다'라는 기념비가 서 있는 자리이다.

이견대는 화려한 능묘를 마다하고 동해 바다의 용이 되어 나라를 지

경주시 감포읍 대본리에 있
다. 대왕암 가는 길과 같으나 봉길리해수
욕장(대왕암) 못 미친 대본삼거리에서 왼
쪽으로 난 31번 국도를 따라 0.3km정

도 가면 길 오른쪽에 있다.
이견대 옆에는 대형버스 서너 대 정도가
주차할 수 있는 공간이 있으나 주차장으
로 들어가는 길이 좁고 불편해 오고가는
차들을 잘 살펴보며 주차해야 한다.
이견대 주변에는 식당(횟집)과 민박집이
조금 있다. 대중교통은 대왕암과 동일
하며 대본삼거리에서 내린다.

이견대
신라의 보물 만파식적을 얻었다는 곳.
1970년 발굴조사 때 드러난 초석을 근
거로 최근에 다시 지었다.

키겠다고 한 문무왕이 용으로 변한 모습을 보였다는 곳이며, 또한 그의
아들 신문왕이 천금과도 바꿀 수 없는 값진 보배 만파식적을 얻었다는
유서 깊은 곳이다.

이견대라는 이름은 『주역』의 '비룡재천 이견대인'(飛龍在天 利見
大人)이라는 이름에서 따온 것이며, 현재의 건물은 1970년 발굴조사
때 드러난 초석에 근거하여 최근에 지은 것이다.

이견대 안쪽에 걸려 있는 액자에는 1967년 신라 오악(五嶽) 조사단
의 발굴 이야기가 적혀 있는데, 대왕암을 통해 군사영웅사관을 조성하
려 했던 박정희 정권의 요구에 따라 춤을 춘 학계의 뒷면을 보는 듯하여
씁쓸한 여운이 남는다.

동해구 표지석 아래로 내려가면 우현 고유섭 선생의 반일 의지를 기
리기 위해 1985년 제자들이 세운 기념비 '나의 잊히지 못하는 바다'가
보인다. 고유섭은 일제 시대, 명백한 침략을 내선합일이라는 명목으로
정당화하려는 일본의 우격다짐에 쐐기를 박듯, 이미 통일신라 시대에
왜구의 침략을 경계한 문무왕의 호국 의지를 돌이켜 생각하며 '대왕암'
이라는 시와 '나의 잊히지 못하는 바다'라는 수필을 썼다. 그가 지은 시
와 문무왕의 유언이 새겨진 비, 그리고 '나의 잊히지 못하는 바다'라는
기념비가 대왕암이 바라다보이는 자리에 나란히 세워져 있어 뜻이 더 깊
다. 이견대는 사적 제159호로 지정되어 있다.

신라 사람들은 일찍부터 산악
숭배사상을 가지고 산신에게 제사를 지
냈다. 통일 이전에는 경주 주변의 오악
을 숭배했고, 통일 후에는 넓어진 국토
의 사방과 중앙의 대표적인 산을 지정하
여 오악으로 삼았다.
통일신라의 오악은 토함산(동악), 계룡
산(서악), 태백산(북악), 지리산(남악),
팔공산(중악)을 말한다.

만파식적

만파식적(萬波息笛)은 세상의 파란을 없애고 평안하게 하는 피리라는 뜻.

신문왕은 부왕인 문무왕을 대왕암에 장사하고 대왕암이 마주보이는 용당산 기슭에 감은사라는 절을 짓고 죽은 뒤라도 나라의 평화를 위해 헌신하겠다는 부왕의 뜻을 기린다. 어느날 동해에 작은 산이 떠서 감은사를 향해 왔다갔다 한다는 보고를 받은 신문왕은 점을 치도록 하였다. 문무왕과 김유신 장군의 영혼이 나라의 영원한 평화를 위해 보물을 내어주고자 한다는 풀이가 나왔다.

이에 신문왕은 친히 바다에 나가 사람을 보내 더 가까운 곳에서 살피게 하였다. 신하가 보고하기를 거북이 머리 같은 산 위에 대나무 한 그루가 있는데 낮에는 둘이 되고 밤에는 합쳐져 하나가 되더라는 것이었다. 그 소식을 전해 들은 왕은 감은사에서 하룻밤을 묵으며 날이 밝기를 기다렸다. 이튿날 정오가 되어 왕이 행차를 하려고 하는 순간 대나무가 하나로 합쳐지며 천지가 진동하고 비바람이 일어났다. 그런 날씨가 이레나 계속되었다.

이윽고 바람이 자고 물결이 평온해져 왕이 배를 타고 그 작은 산에 들어가자 어디선가 홀연히 용이 나타나 검은 옥대를 왕에게 바쳤다. 바다의 용이 된 문무왕과 천신이 된 김유신 장군이 왕에게 내리는 큰 보물이라는 것이었다. 이에 왕이 대나무가 때로는 갈라지고 때로는 합해지는 연유를 물으니, 용이 대답하기를 손뼉도 마주쳐야 소리가 나듯 대나무도 합쳐졌을 때 소리가 나는 법, 이것은 왕이 소리의 이치로써 천하를 다스리게 될 좋은 징조라 하며 이 대나무로 피리를 만들어 불면 천하가 태평해질 것이라 하였다.

왕이 대나무를 베어 뭍으로 나오자 용과 산은 홀연히 자취를 감추었다. 이후 대나무로 만든 이 피리를 불면 적군이 물러가고 질병이 없어지며 가뭄에는 비가 오고 홍수가 지면 비가 그치고 바람과 물결을 잦게 하는 효험이 있었다고 한다. 그러나 서울 곧, 경주를 한 발자국이라도 벗어나면 소리가 나지 않았다고 하니 더욱 신기한 일이다.

우현 고유섭

우현(又玄) 고유섭(1905~1944년)은 일제 시대에 우리 미술사와 미학을 본격적으로 공부하여 우리 미술을 처음으로 학문적 차원으로 끌어올린 미술학자이다.

1925년 보성고를 졸업하고 경성대에서 미학과 미술사를 전공하였으며, 1930년 3월 개성부립박물관 관장으로 부임하여 십 년 동안 근무했다. 박물관에 있는 동안 그는 미술사 기초자료 수집에 남다른 열의를 보였고 우리 미술사 전반에 관한 여러 형태의 글을 꾸준히 발표하였다. 또 우리 미술사뿐만 아니라 예술론과 미술비평에 이르기까지 학문과 예술에 대한 폭 넓은 지식과 깊은 정열을 보여주었으나 아깝게도 1944년 40세의 나이로 병사하였다.

어느 날 서재로 찾아온 방문객이 "선생님, 그렇게

공부만 하시면 일찍 돌아가십니다" 하고 말을 건넸더니 그가 이렇게 대답하였다고 한다. "모르고 오래 살기만 하면 무엇합니까? 하고 싶은 공부나 하다가 죽지요." 당시 온통 일본인 학자뿐인 현실에서 실력으로서나 기개로서나 일본인을 앞섰던 의연한 그의 일면을 볼 수 있는 답변이다.

그의 미술사 연구의 초점 가운데 하나는 석탑에 대한 연구였다. 죽은 뒤 연구 결과를 모은 『조선탑파의 연구』가 유명하다. 그 밖에도 제자 황수영이 그가 생전에 남긴 글을 모아 『한국미술사와 미학논고』, 『조선화론집』, 『한국미술문화사 논총』, 『송도의 고적』 같은 책을 냈다. 최근에 『고유섭 전집』(통문관)이 나왔다.

고유섭비
우현 고유섭 선생의 반일 의지를 기리기 위해 1985년 제자들이 세웠다.

대왕암

고유섭

대왕의 우국성령은
소신(燒身) 후 용왕 되사
저 바위 길목에
숨어들어 계셨다가
해천(海天)을 덮고 나는
적귀(敵鬼)를 조복(調伏)하시고

우국지정이 중코 또 깊으시매
불당에도 들으시다
고대(高臺)에도 오르시다
후손은 사모하여
용당(龍堂)이요 이견대(利見臺)라더라

영령이 환현(幻現)하사
주이야일(晝二夜一) 간죽세(竿竹勢)로
부왕부래(浮往浮來) 전해주신
만파식적(萬波息笛) 어이하고
지금은 감은고탑(感恩孤塔)만이
남의 애를 끊나니

대종천(大鍾川) 복종해(覆鍾海)를
오작아 뉘지 마라
창천이 무섭거늘
네 울어 속절없다
아무리 미물이라도
뜻 있어 운다 하더라

감은사터

감포 앞바다를 뒤로 하고 대종천을 거슬러 0.5km쯤 올라가면 양북면 용당리다. 이곳에는 장대하고도 훤칠한 미남에 견줄 만한 석탑 두 기가 우뚝 선 절터가 있다. 절터가 들어선 곳은 일부러 주위보다 높게 다진 듯 단정하고 위엄이 있다. 여기에 풍채가 거대하고 위엄 있는 품새가 사람을 압도하는 삼층석탑 두 기가 나란히 서 있다.

동해의 용이 되어 나라를 지키겠다고 한 문무왕은 생전에 직접 대왕암의 위치를 잡고, 대왕암이 바라다보이는 용당산을 뒤로 하고 용담이 내려다보이는 명당에 절을 세워 불력으로 나라를 지키고자 했다. 삼국을 통일하고 당나라 세력까지 몰아낸 문무왕이었지만 당시 시시때때로 쳐들어와 성가시게 구는 왜구는 눈엣가시 같은 존재가 아닐 수 없었다. 이에 문무왕은 부처의 힘을 빌어 왜구를 막겠다는 생각으로 동해 바닷가에 절을 짓게 된 것이다.

그러나 절의 완성을 보지 못하고 왕위에 오른 지 21년 만에 세상을 떠나니, 신문왕이 그 뜻을 이어 이듬해(682년)에 절을 완공하여 감은사라 이름하였다. 이는 불심을 통한 호국이라는 부왕의 뜻을 이어받는 한편 부왕의 명복을 비는 효심의 발로였던 것이다. 이런 이야기를 더욱 신빙성 있게 해주는 것은 동해의 용이 된 문무왕이 드나들 수 있도록 만들어놓았다는 금당* 밑의 공간이다.

감은사탑은 종래의 평지가람에서 산지가람으로, 고신라의 일탑 중심의 가람배치에서 쌍탑일금당(雙塔一金堂)으로 바뀌는 과정에서 보이는 최초의 것이다. 즉 동서로 두 탑을 세우고, 이 두 석탑 사이의 중심을 지나는 남북 선상에 중문과 금당, 강당을 세운 형태이다. 중문은 석탑의 남쪽에, 금당과 강당은 석탑의 북쪽에 위치한다. 회랑은 남·동·서 회랑이 확인되었고, 금당 좌우에는 동·서 회랑과 연결되는 주회랑이 있다. 이는 불국사에서도 볼 수 있는 형식이다.

또한 중문의 남쪽으로 정교하게 쌓은 석축이 있으며, 이 석축의 바깥으로는 현재 못이 하나 남아 있다. 이를 용담이라 부르는데, 통일신라 당시 감은사가 대종천변에 세워졌고 또 동해의 용이 드나들 수 있는 구

감은사터 전경
통일신라 사찰의 전형인 쌍탑일금당의
가람배치를 보여주고 있다.

조로 만들어진 것이라면 이 못이 대종천과 연결되어 있고 또 금당의 마루 밑 공간과도 연결되지 않았을까 하는 추측을 가능하게 한다.

금당의 바닥 장치는 이중의 방형대석 위에 장대석을 걸쳐놓고 그 위에 큰 장대석을 직각으로 마치 마루를 깔듯이 깔고 그 위에 초석을 놓게 한 것이다. 그리하여 장대석 밑은 빈 공간이 되도록 특수하게 만들었다.

금당터 주변에는 석재들이 흩어져 있다. 금당터 앞의 석재 중에는 태극무늬와 기하학적인 무늬가 새겨진 것이 눈에 띄는데 언뜻 보기에도 예 삿돌은 아니고 금당이나 다른 건물에 쓰였던 석재임이 확실하다.

절터의 금당 앞 좌우에 서 있는 삼층석탑은 통일신라 시대 때 만들어진 것으로 현재 남아 있는 삼층석탑 중에서는 가장 큰 것이다. 대지에 군건히 발을 붙이고 하늘을

감은사 가람배치도

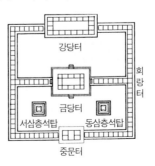

감은사 서탑 사리장치
1959년 감은사 발굴조사 때 서탑에서 나온 수레 모양의 청동제 사리장치. 정교한 연화문이 새겨진 얇은 동판 위에 복부를 만들고 네 모서리에 여덟 개의 감실을 만들어 팔부신장을 안치하였다. 또 중심부에는 작은 보주형의 사리탑을 만들어놓고 그 네 모서리에 악기를 연주하는 여인좌상을 안치했다.
화려하고 섬세한 예술성과 종교적 감성이 잘 어우러진 이 사리함은 보물 제366호로 지정돼 있으며, 국립중앙박물관에서 볼 수 있다.
한편 1996년 4월 동탑 수리 때는 높이 27cm, 폭19cm로 네 면에 사천왕상이 정교하게 조각된 금동사리함이 발견되었다. 사리함 속의 금동사리장치는 높이 13.4cm, 폭14.5cm의 2층 전각모양으로 크기나 조각기법등이 서탑 사리장치와 거의 같으며, 사리장치 2층의 연꽃봉오리 모양 탑 속에서 수정사리병과 사리 55과가 나왔다.

향해 높이 솟아오른 두 탑은 크기로 보나 주위를 압도하는 위엄에 있어서나 통일신라를 대표하는 멋진 탑이라 단정하는 데 이의가 없다.

통일된 새 나라의 위엄을 세우고 안정을 기원하는 뜻에서 감은사가 지어졌듯, 그 같은 시대정신은 웅장하고 엄숙하며 안정된 삼층석탑을 낳게 하였던 것이다. 감은사탑은 튼실한 2층 기단에 3층의 탑신을 올리고 지붕돌(옥개석)의 끝이 경사를 이루는, 통일신라 7세기 후반 석탑의 전형적인 양식을 보여주고 있다.

금당 뒤쪽 대숲을 지나 언덕에 오르면 절터와 주변 경치가 어우러진 속에 장엄하게 우뚝 솟은 탑을 볼 수가 있다. 대종천 건너 아래쪽에서부터 두 탑을 올려다보는 것도 또 다른 멋이 있다. 감은사터는 사적 제31호로 지정되어 있다.

감은사터 동서 삼층석탑

기운차고 견실하며, 장중하면서도 질박함을 잃지 않는 이 위대한 석탑은 동서로 마주 보고 있는 삼층탑으로 화강암 상하 2층 기단 위에 3층으로 축조되었다. 신문왕 2년(682), 축조 연대가 확실한 통일신라 초기 작품이다.

감은사터 삼층석탑 ▶▶
안정감과 상승감을 동시에 충족시키는 통일신라 초기의 삼층석탑으로 웅장하고 장중하다.

1950년경 감은사터 ▼
감은사터 강당 자리까지 집들이 들어서 있다.

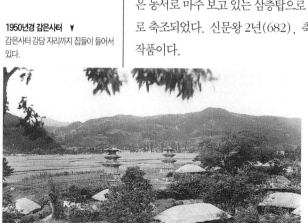

우선 이 석탑의 가장 큰 특징은 기단부와 탑신부 등 각 부분이 한 개의 통돌이 아니라 수십 개에 이르는 부분 석재로 조립되었다는 점이다. 하층 기단은 지대석과 면석을 같은 돌로 다듬어 12매의 석재로 구성하였으며 갑석 또한 12매이다. 기단 양쪽에 우주가

태극문양이 새겨진 석재
다른 절터에서는 보기 드문 태극문양과
기하학적 무늬가 눈에 띈다.

찰주란 탑의 꼭대기에 꽂혀 있는 긴 꼬
챙이를 말한다. 보통 쇠로 만들어지는
데, 그 끝은 보주 등으로 장식되어 탑의
상륜부를 이룬다.
그러나 시간이 지나면서 쇠가 삭아 없어
져 현재 상륜부가 제대로 남아 있는 것
이 극히 드물다.
감은사터 삼층석탑은 찰주만이, 남원 실
상사 삼층석탑은 상륜부까지 온전히 남
아 있다. 장흥 보림사 삼층석탑은 찰주
를 돌로 만들어 상륜부를 구성하였다.

있고 탱주가 3주씩 있다. 상층 기단 면석 역시 12매에 갑석은 8매로 구
성되었으며 2주의 탱주가 있다.

탑신부의 1층 몸돌(옥신)은 각 우주와 면석을 따로 세웠으며 2층 몸
돌은 각각 한쪽에 우주를 하나씩 조각한 판석 4매로, 3층 몸돌은 1석으
로 구성하였다.

지붕돌의 구성은 각층 낙수면과 층급받침이 각기 따로 조립되었는데
각각 4매석이므로 결국 8매석으로 구성되는 셈이다. 층급받침은 각층
5단으로 짜여졌고 낙수면의 정상에는 2단의 높직한 굄이 있으며 낙수면
끝은 약간 위로 들려져 있다.

3층 지붕돌 위부터 시작되는 탑의 상륜부에는 1장으로 만들어진 노
반석이 남아 있고 그 이상의 부재는 없으나, 현재 약 3.9m 높이의 쇠
로 된 찰주*가 노반석을 관통하여 탑신부에 꽂혀 있다. 석탑의 전체 높
이는 13m로 우리 나라 삼층석탑 중 규모가 가장 크다. 찰주를 빼면 높
이가 9.1m로 고선사탑과 비슷한 높이가 된다. 그러나 찰주가 없는 고
선사탑에 견주어본다면 이 찰주로 인해 석탑이 갖게 되는 상승감의 의
미를 알게 될 터이다.

탑의 완성도를 결정하는 것은 안정감과 상승감이라는 두 가지 요소이
다. 감은사터 삼층석탑은 이 두 가지 측면에서도 성공을 거두고 있다.
3개의 몸돌을 실측해보면 그 폭이 4:3:2의 비례로 상승감에 성공하고
있으며, 높이는 4:3:2가 아닌 4:2:2로 나타난다. 곧 1층 몸돌이 2, 3
층에 비해 월등히 높다는 이야기이다. 그러나 이것은 사람의 눈높이에
서 보는 착시를 감안한 것으로 만약 정상적인 체감률을 따랐다면 지금
과 같은 상승감은 보지 못하였을 것이다. 감은사탑은 국보 제112호로
지정되어 있다.

1959년 감은사탑을 해체 수리하는 과정중 서탑 3층 몸돌의 사리공에
서 임금이 타는 수레 모양의 청동 사리함이 발견되었다. 정교한 연화문
받침에 57×29.5cm, 깊이 29.1cm 크기의 함을 놓았으며 함의 네 모
서리에는 팔부신장이 새겨져 있고 각 좌우에 귀신 얼굴의 고리가 있다.
화려하고 섬세한 예술감과 간절한 종교적 감성이 한데 어우러진 이 사
리함은 보물 제366호로 지정, 지금 국립중앙박물관에 보관되어 있다.

대종천

토함산 동쪽을 감싸고 나온 물줄기가 함월산 기림사 쪽에서 흐르는 물줄기와 합쳐져 양북면 일대의 넓은 들을 지나 대왕암이 있는 동해 바다로 흘러드는데 이것이 대종천이다. 대왕암, 감은사, 이견대를 감싸안고 그들 유적지를 살아 숨쉬는 역사의 현장으로 증명하고 있는 대종천이지만, 지금은 과거의 영광이 빛바랜 세월 속에 시들어가듯 말라 한갓 시냇물 줄기에 불과하다. 더욱이 1991년 여름의 홍수와 산사태로 대종천은 그 바닥을 높이 드러내고 있다.

그러나 동해 용이 된 문무왕의 넋을 부지런히 실어나르던 대종천은 강바닥이 높고 낮아지는 것과는 상관없이 그 이름에 얽힌 전설을 간직하고 있다.

고려 시대의 일이다. 고종 25년(1238) 몽고의 침략으로 경주 황룡사의 구층탑을 비롯한 문화재가 많이 불타버릴 때였다. 황룡사에는 에밀레종(성덕대왕신종)의 네 배가 넘는, 무게 100톤에 가까운 큰 종이 있었는데 몽고군들이 이 종을 탐내어 그들 나라로 가져가기로 했다. 뱃길을 이용하는 것이 당시로서는 가장 효과적인 운반수단이어서 토함산 너머에 있는 하천을 이용하였다.

그러나 문무왕의 화신인 호국용은 몽고병들이 큰 종을 내가도록 내버려두지 않았다. 배가 대종천에 뜨자 갑자기 폭풍이 일어나 종을 실은 배는 침몰되면서 더불어 종도 바다 밑에 가라앉았다. 이후 큰 종이 지나간 개천이라고 해서 '대종천' 이라는 이름이 붙게 된 것이다.

그 뒤부터는 풍랑이 심하게 일면 대종 우는 소리가 동해 일대에 들렸고 몇 년 전만 해도 주위 마을의 해녀들이 대종을 보았다 하여 탐사하였으나 끝내 찾을 수 없었다.

그러나 물결이 일렁일 때마다 은은히 울리던 종소리의 주인공은 황룡사에 있던 종이 아니라 감은사의 종으로 임진왜란 때 왜병들이 빠뜨린 것이라는 일설도 있다.

경주에서 4국도를 타고 추령고개를 넘어 대왕암에 이를 때까지 길 오른쪽으로 계속 보이는 하천을 가리킨다.
감은사터나 대왕암을 돌아볼 때 한번 가까이 가볼 만하다.

대종천
토함산을 감싸돌아 동해 바다로 흘러드는 이 천은 황룡사 대종이 지나갔다고 해서 대종천이라 부르게 되었다.

_{코스2} 양북면

함월산·토함산 자락의 볼 만한 절 세 곳

경주시 양북면 안동리에서 북쪽으로 4.5km쯤 떨어진 호암리에 닿으면 문무왕이 만파식적을 가지고 서라벌로 돌아가는 길에 잠시 쉬어갔다는 함월산 기림사가 나선다. 함월산은 달을 먹었다 토했다 한다는 멋진 이름을 가진 산이다.

기림사에서 다시 온 길을 되짚어 약 3.4km 나오면 '골굴사 금강 반야원'이라는 표지판이 있다. 표지판을 따라 들어가면 뭉게뭉게 피어오르는 구름마냥 무성한 숲 위로 드높게 솟아 하얗게 웃음 짓고 있는 맑고 밝은 부처님을 뵙게 된다. 이것이 한국의 돈황석굴로 불리는 골굴암이다.

안동리에서 기림사로 올라가는 길에 헤어졌던 4번 국도를 다시 타고 경주 방면으로 약 3km 더 가면 장항초등학교라고 씌어진 표지판과 함께 장항리에서 석굴로 난 9번 시도로를 만난다. 그 길을 따라 장항리 재동에 이르면 양지바른 산중턱, 의젓하고도 포실한 느낌의 오층석탑 두 기를 만날 수 있다. 하나는 온전하지만, 짝을 이루는 다른 탑 한 기는 기단부도 없이 초층 몸돌과 지붕돌 다섯 개만 차례로 얹혀진 상태이다. 석탑의 초층 몸돌에 조각된 인왕상의 당당한 모습이 인상적이다. 이곳은 절 이름도 알 수 없어, 지명을 빌려 장항리 절터라고 부르는 폐사지이다. 절터에는 탑 두 기말고도 남아 있는 상태만으로도 그 전체 조각의 기품이 어떠했을지 짐작할 수 있을 만한 불대좌가 있다. 이 불대좌가 모시고 있던 입불상은 현재 국립경주박물관 앞뜰에 옮겨져 있다.

그러고 보니 아직 양북면을 넘지 않았다. 결코 넓지 않은 이곳에서 흥망의 세월을 알 수 있게 하는 절 세 곳을 본다. 방대한 가람에 박물관까지 갖춘 기림사, 옛 흔적을 더듬어내 겨우 암자의 면모를 갖춘 골굴암, 그리고 도로공사로 인해 이 땅에서 흔적조차 없이 사라져버릴지도 모를 장항리 절터. 같은 통일신라 시대의 절들이었으나 지금은 각기 다른 표정으로 거기에 서 있다.

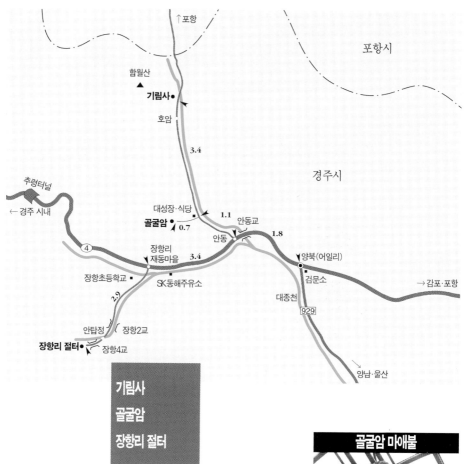

↑포항

포항시

함월산
기림사●

호암

3.4

경주시

추령터널
← 경주 시내

대성장·식당
골굴암 ● 0.7   1.1   안동교
안동   1.8
장항리   양북(어일리)
재동마을 3.4
장항초등학교 ■
SK동해주유소   검문소
대종천   → 감포·포항
2.9   929
안탑정   장항2교
장항리 절터 ● 장항4교

↓ 양남·울산

기림사
골굴암
장항리 절터

경주 시내에서 감포로 난 4번 국도를 이용, 추령을 지난다. 장항리 절터를
가려면 장항리 재동마을 앞에서 오른쪽으로 난 9번 시도로를 따라 약 2.9km
가야 한다. 대중교통을 이용하려면 경주 시외버스터미널에서 약 1시간 간격으
로 다니는 양남행 시외버스를 타고 가다 장항리 입구 재동마을에서 내린다.
골굴암은 장항리 재동마을에서 감포로 난 4번 국도를 따라가다 안동리 입구에서
다시 왼쪽 포항으로 난 시도로를 따라 1.1km 가면 그 입구를 만날 수 있고,
기림사는 골굴암 입구에서 가던 길로 3.4km 더 들어간 곳에 있다.
기림사까지는 하루 4회 시내버스가 다닌다.
골굴암과 기림사 입구에 음식점이 몇 군데 있으나 숙박시설은 매우 미흡하며
장항리 절터 부근에는 잠잘 만한 곳과 먹을 곳이 전혀 없다.
가까운 감포나 경주 시내에서 숙박할 것을 권한다.

골굴암 마애불

기림사

경주시 양북면 호암리에 있다. 경주 시내에서 4번 국도를 타고 추령 터널을 지나 감포 쪽으로 가다가 안동리 입구에서 왼쪽 포항으로 난 시도로를 따라 4.5km 가량 들어가면 된다. 기림사 앞에는 넓은 주차장이 있다.
경주 시내에서 기림사까지는 시내버스가 하루 4회 다니나, 운행횟수가 많지 않으므로 경주 시외버스터미널에서 약 30분~1시간 간격으로 다니는 감포나 양남행 시외버스를 타고 가다 양북면 소재지인 어일리에서 내려 택시를 이용하는 것이 좋다.
어일리나 안동리에서 내려 기림사까지 걷기엔 거리가 좀 멀다. 기림사 주변에는 숙식할 곳이 몇 군데 있다.
입장료 및 주차료
어른 2,500·군인과 청소년 1,500(1,300)·노인과 어린이 1,300(1,000)원, ( ) 안은 30인 이상 단체
승용차 1,500·대형버스 3,000원
기림사종무소 T.054-744-2292

석가모니가 생전에 제자들과 함께 활동하던 승원 중에서 첫손에 꼽히는 것이 죽림정사와 기원정사이다. 특히 기원정사는 깨달음을 얻은 석가모니가 20년이 넘게 머무른 곳이다. 이와 더불어 불자들의 수행도 점차 유랑 위주에서 정착으로 바뀌었고 정사도 점차 수를 늘리게 된다. 그 기원정사의 숲을 '기림'(祇林)이라 하니 경주 함월산의 기림사는 그런 연유에서 붙은 이름이다.

기림사는 해방 전만 하더라도 이 일대에서는 가장 큰 절로 불국사를 말사로 거느릴 정도였으나 교통이 불편한 데다 불국사가 대대적으로 개발됨에 따라 사세가 역전되어 지금은 거꾸로 불국사의 말사로 있다.

신라에 불교가 전해진 직후 천축국의 승려 광유가 오백 명의 제자를 교화한 임정사였다는 설화도 있고, 그 뒤 선덕여왕 20년(643)에 원효대사가 도량을 확장하면서 기림사로 개명하였다는 설도 있지만 분명치가 않다. 『삼국유사』에 "신라 31대 신문왕이 동해에서 용으로 화한 선왕으로부터 만파식적이라는 피리를 얻어 가지고 왕궁으로 돌아가는 길에 기림사 서편 시냇가에서 잠시 쉬어갔다"는 기록이 있는 것으로 보아 최소한 통일신라 초기인 신문왕 이전부터 있던 고찰로 생각된다.

고려 말기에 각유 스님이 이 절의 주지로 있었고, 조선 시대에 와서는 철종 14년(1863)에 대화재로 주요 건물이 불탔으나 경주 부윤 송우화가 크게 시주하여 다시 지었다.

가람은 크게 세 구역으로 나누어볼 수 있다. 첫째는 비로자나불을 모신 대적광전을 중심으로 왼쪽에 약사전, 맞은편에 진남루, 오른쪽으로 응진전, 수령 500년이 넘는다는 큰 보리수나무와 목탑자리가 남아 있는 구역이다. 대적광전은 기림사의 본전으로 보물 제833호로 지정된 조선 시대 목조건물이며, 그 앞에 유형문화재 제205호로 지정된 삼층석탑과 근래 새로 만든 석등이 있다. 둘째는 최근 불사한 삼천불전, 명부전, 삼성각, 관음전과 기타 요사채 등이 있는 곳이고 셋째가 박물관이다. 기림사 입구에서 왼쪽으로 난 길을 따라 올라가면 매월당 김시습의 사당도 볼 수 있다. 김시습이 기림사에 머문 인연을 기리기 위해 후학

들이 세운 사당이다.

기림사에는 다섯 가지의 맛을 내는 물이 유명하다. 대적광전 앞에 있는 삼층석탑 옆의 장군수는 기개가 커지고 신체가 웅장해져 장군을 낸다는 물이고, 천왕문 안쪽의 오탁수는 물맛이 하도 좋아 까마귀도 쪼았다는 물이다. 천왕문 밖 절 초입의 명안수는 기골이 장대해지고 눈이 맑아지며, 후원의 화정수는 마실수록 마음이 편안해지고, 북암의 감로수

기림사 경내 목탑자리에는 500여 년 된 보리수나무가 있다. 기림사 사무실에서는 이 열매로 염주를 만들어 판매하고 있다.

건칠보살좌상
종이로 만든 후 옻칠을 하였는데 이런 불상은 좀처럼 보기 드문 것이다.

는 하늘에서 내리는 단 이슬과 같다는 물이다. 장군수는 장군의 출현을 두려워한 일본인들이 막아버렸고 다른 네 곳도 대부분 물이 말라버렸다.

기림사 박물관에는 기림사를 대표할 만한 건칠보살좌상과 1986년 9월 대적광전의 비로자나불에서 발견된 문적(文籍)들이 전시되어 있는데, 이들 역시 모두 보물로 지정되어 있다(보물 제959호). 전적들은 모두 54종 71책으로 정교한 판각솜씨를 보이고 있다. 그 밖에도 지옥과 염라대왕을 묘사한 탱화, 부처님의 진신사리, 와당, 각종 서책 등이 즐비하다.

이렇듯 많은 유물이 전해질 수 있었던 것은 기림사의 지리적 위치 때문이 아닌가 싶다. 기림사가 있는 함월산은 인적이 드문 깊은 산골로 전쟁이나 기타 재화(災禍)를 면하기에 안성맞춤이기 때문이다.

기림사 주위로는 계곡물이 흐르고 있는데, 이 계곡을 따라 500m쯤 거슬러오르면 두 암벽의 벌어진 틈새로 시원한 물줄기가 내려치는 용두연이 나선다. 이 폭포 부근이 야영이나 취사하기 알맞은 장소이며, 용두연과 기림사 중간쯤에 있는 선녀탕에서는 물놀이를 즐길 만하다.

용두연이라는 이름은 신문왕이 이곳에서 쉬다가 동해의 용에게 받은 옥대고리 하나를 냇물에 담그니 그것이 용이 되어 하늘로 올라갔다는 데서 비롯되었다고 한다.

건칠보살좌상

'건칠보살'이라는 것은 건칠, 곧 옻칠을 입힌 종이부처인데 이렇게 만들어진 불상은 아주 드물다. 높이는 91cm이며 최근에 금색을 다시 입혀 낡은 맛은 없다.

왼발은 대좌 위에 얹고 오른발은 대좌 밑으로 내렸으며, 오른손은 무릎 위에 얹고 왼손을 약간 뒤로 하여 대좌를 짚고 앉았는데, 그 모습이 아주 자연스럽고 편안해 보인다.

머리에는 당초문을 섬세하게 새긴 보관을 썼으며 얼굴은 복스럽게 살쪘으나 냉엄한 표정을 짓고 있다. 한 가닥의 목걸이에 매달린 화려한 장식이 특징적이며, 특별한 장식은 없으나 세련되고 아름다운 옷자락이 인상적이다.

기림사 박물관은 비가 오는 날에는 건칠보살좌상의 보호를 위해 문을 열지 않는다. 박물관은 평소 문이 닫혀 있는 경우도 있는데 이때는 종무소에 문의하면 열어준다.

대좌에서 발견된 글귀에 따르면 연산군 7년(1501)의 작품이라 하나 대좌의 기록이 반드시 제작 연대를 말하는 것은 아니다. 의상과 인상이 조선이나 원나라의 불상에서 특징적으로 보이는 양식을 따르고 있는 점으로 미루어 조선 시대의 것으로 짐작할 뿐이다. 보물 제415호이다.

대적광전

기림사의 본전으로 신라 선덕여왕 때 처음 지어졌으며, 그 뒤 여섯 차례나 다시 지어졌다. 현재의 건물은 양식상으로 인조 7년(1629) 다섯 번째 지어진 건물의 형태를 갖추고 있다. 그 뒤 1786년 경주 부윤 김광묵이 사재를 털어 다시 지었으며 그 건물이 오늘에 이른다. 1997년 5월 완전 해체한 후 다시 지어 고색창연한 맛은 덜하다.

대적광전은 정면 5칸, 측면 3칸의 규모이며 배흘림기둥의 다포식 단층 맞배지붕이 단정하다. 겉모습은 본전건물다운 웅건함을 갖추었으며, 내부는 넓고 화려하여 장엄한 분위기를 간직하고 있다. 대적광전이라 쓴 현판은 글씨가 현판 밖으로 넘쳐날 듯 굵고 힘차며, 앞면에는 모두 꽃창살 문을 달아 화려하다.

대적광전
배흘림기둥의 맞배지붕 집으로 웅장하고 장엄한 분위기를 느끼게 한다.

기림사 삼층석탑
통일신라 말기에 만들어진 것으로 탑신
의 체감률이 고른, 단정한 삼층석탑이다.

넓은 전각 안은 장엄한 맞배지붕 건물의 특성이 그대로 드러나며, 거대한 소조비로자나삼존불을 모시고 있다. 보물 제833호이다.

소조비로자나 삼존불

가운데 비로자나불을 중심으로 왼쪽에 노사나불 그리고 오른쪽에 석가모니불을 모셔 삼존불을 이루는데, 흙으로 빚은 이 세 불상은 손의 위치와 자세만 다를 뿐 표정과 자세가 거의 같고 옷주름까지도 비슷하다. 노사나불 앞에 최근에 만들어놓은 앙증맞은 탄생불이 있어 그 규모가 대비된다.

상체는 장대하나 무릎이 빈약하게 느껴지며, 네모난 얼굴에는 강인한 표정이 엿보인다. 적절한 두께로 주름을 새겨넣은 옷자락 표현이 장대한 몸체에 잘 어울리는데, 왼쪽 무릎 위로 접어올린 옷자락이 비로자나불만 살짝 한 겹 더 접혔다는 차이가 있을 뿐이다. 다만 삼존불일 경우 좌우 부처들이 두 손을 서로 대칭되게 한쪽씩 드는 것이 보통이나 이 노사나불과 석가모니불은 둘 다 오른손을 들고 있는 것이 색다르다.

이런 점들로 미루어볼 때 보물 제958호로 지정된 대적광전내 소조삼존불은 임진왜란 직후에 만들어진 것으로 보인다.

1986년 이 비로자나불상에서 고려 시대의 사경(寫經)을 비롯한 수많은 복장 유물이 발견되었다. 이 유물들은 보물 제959호로 지정되어 기림사박물관에 전시돼 있다.

골굴암

석굴사원은 인도나 중국에서 흔히 보이는 형식이지만 우리 나라에서는 드문 형태이다. 가장 큰 이유는 자연환경 때문이다. 석굴을 조성할 정도의 대규모 암벽이 없고 또 단단한 석질의 화강암이 대부분이라 석굴이 생기기가 쉽지 않다. 불국사의 석굴암만 해도 자연석굴이 아니라 인공으로 만든 석굴이다.

경주시 양북면 안동리 함월산 기슭의 골굴암에는 수십 미터 높이의 거대한 석회암에 12개의 석굴이 나 있으며, 암벽 제일 높은 곳에 돌을새김으로 새긴 마애불상이 있다.

조선 시대 화가 정선이 그린 '골굴석굴' 이라는 그림을 보면 목조 전실이 묘사되어 있고, 숙종 12년(1686)에 정시한이 쓴 「산중일기」에 의하면, 이 석굴들의 앞면을 목조 기와집으로 막고 고운 단청을 하여 화려한 석굴들이 마을을 이룬 듯하였으며, 법당굴이니 설법굴이니 하는 구별이 있었다고 한다.

지금 남아 있는 굴은 법당굴뿐인데 굴 앞면은 벽을 바르고 기와를 얹어 집으로 보이지만 안으로 들어서면 천장도 벽도 모두 돌로 된 석굴이다. 북쪽 벽에 감실을 파고 부처를 모셨으나 마멸이 심해 얼굴 표정은 알 길이 없다. 법당굴말고는 여러 굴들이 모두 허물어지고 그 형체만 남아 있다. 굴과 굴로 통하는 길은 바위에 파놓은 가파른 계단으로 연결되어 있으며 정상에 새겨진 마애불로 오르려면 자연동굴을 지나게 되어 있다. 최근에 골굴암 마애불로 오르내리는 길을 안전하게 단장하였다.

절벽 꼭대기에 새겨진 높이 4m, 폭 2.2m 정도의 마애불상은 오랜 풍화로

경주시 양북면 안동리에 있다. 기림사 가는 길과 같으나 안동리 입구에서 1.1km 간 다음 골굴암 입구에서 좌회전해 0.7km 더 들어가야 한다. 경주 시내에서 하루 4회 다니는 기림사행 시내버스를 이용해도 되지만 그보다는 경주 시외버스터미널에서 감포 또는 양남행 버스를 타고 가다 안동리 입구에서 내려 걸어가는 편이 더욱 좋다. 절 아래에 대형버스까지 주차할 수 있는 넓은 공간이 있다. 골굴암 입구에는 음식점은 몇 곳 있으나 잠잘 곳은 없다.

골굴암
석회암 절벽 곳곳에 석굴로 여겨지는 구멍이 뚫려 있고 그 꼭대기에 마애불이 보인다.

겸재 정선의 「골굴석굴도」

마애불 바위 절벽 아래에는 골굴암 복원
공사중 발견되었다는 금강약수가 있다.
물은 많지 않으나 맛이 달다.

떨어져나간 부분이 많다. 바위를 이루는 석회암의 약한 성질 때문에 더 쉽게 부서진다고 한다. 지금은 훼손을 막기 위해 비닐하우스 같은 둥근 모양의 투명한 보호각을 설치하였다.

골굴암의 연혁은 확실치 않으나 기림사 사적기에 따르면, 함월산의 반대편에 천생 석굴이 있으며 거기에는 굴이 12곳으로 구분되어 각기 이름이 붙어 있다고 했으니, 골굴암은 기림사의 암자였던 것이 확실하다.

원효대사가 죽은 뒤 그 아들 설총이 원효의 뼈를 갈아 실물크기만큼의 조상을 만들었다는 기록이 『삼국유사』에 있다. 또 설총이 한때 아버지가 살고 있던 동굴 부근에 살았다는 이야기가 전해지고 있는 것으로 보아 골굴암은 원효대사와 깊은 관련이 있는 것으로 여겨진다.

골굴암 마애여래좌상

머리 위에는 육계가 큼직하게 솟아 있고 얼굴 윤곽이 뚜렷하다. 타원형의 두 눈썹 사이로 백호(白毫)를 상감했던 자리가 둥글게 파였다. 두 눈은 멀리 동해를 내려다보고, 귀는 어깨까지 내려오고, 가는 눈엔 잔잔한 웃음이 머물고, 굳게 닫힌 입술에는 단호한 의지가 서려 있다.

입체감이 뚜렷한 얼굴에 견주어 신체는 다소 평면적이다. 왼손 엄지와 검지 손가락을 짚어 배 앞에 놓고, 오른손은 파괴되었으나 본래 무릎 밑으로 땅을 짚어 마귀를 항복케 하고 선도하던 순간을 나타낸 것이 확실하다.

머리 뒤엔 연꽃이, 후광에는 가늘게 타오르는 불길이 새겨져 있으며, 옷주름은 물결치듯 한방향으로 조각되었다. 세련되지 못한 옷주름 때문에 학계에서는 이 마애불상을 삼국 시대의 작품으로 보기도 한다. 한편, 평면적인 신체와 수평적인 옷주름, 겨드랑이 사이의 V자형 옷주름들이 9세기 후반에 만들어진 철원 도피안사와 장흥 보림사의 불상과 비슷해 통일신라 후기의 작품으로 보기도 한다.

오랜 비바람에 석회질 암석이 마모되어 오른쪽 귀는 이미 떨어져나갔고 가슴 위도 벗겨져버렸다. 무릎 부분도 무너진 상태일 뿐만 아니라 풍화 작용으로 균열이 심해질 것이 불을 보듯 뻔하여 안타깝다. 보물 제581호이다.

골굴암 마애여래좌상
오랜 비바람에 의해 조각의 일부가 떨어져나갔으나 뚜렷한 얼굴 윤곽과 잔잔한 미소를 볼 수 있다.

장항리 절터

석굴암이 있는 토함산에서 대왕암이 있는 동해를 바라보며 동쪽으로 내려온 산줄기에 쓸쓸하고도 적막한 절터가 하나 있다. 절 이름도 전하지 않아 지명을 따서 장항리에 있는 절이라 하여 '장항사', 혹은 '탑정사'라고 불리기도 하지만 확실한 이름은 알 수 없다.

기림사에서 나오는 길에 들르려면 안동리에서 4번 국도를 따라 3km

경주시 양북면 장항리에 있다. 경주 시내에서 4번 국도를 타고 추령 터널을 지나 조금 더 가면 장항리 입구 재동마을에 이른다. 장항리 입구에는 장항리 절터를 알리는 표지판이 따로 없다. 가는 길에 길 앞 오른쪽에 있는 SK 동해

주유소를 이정표 삼아, 주유소 조금 못
미친 곳 오른쪽에 장항(재동) 버스정류
장과 함께 석굴로 난 9번 시도로가 나오
는데, 9번 시도로를 따라 2.9km 가면
장항4교가 나오고 다리 바로 앞에서
오른쪽으로 난 계곡을 오르면 절터에 닿
는다.
주차장은 따로 없으나 장항4교 주변에
는 대형버스도 잠시 주차할 수 있다. 절
터 앞까지는 버스가 다니지 않는다. 경
주 시외버스터미널에서 30분∼1시간
간격으로 다니는 감포 또는 양남행 버스
를 타고 가다 장항(재동) 버스정류장에
서 내려 걸어가야 한다. 주변에는 숙식
할 곳이 전혀 없다.

장항리 절터
토함산 계곡 깊숙한 골짜기에 자리 잡은
쓸쓸한 절터이지만, 돌 자체가 따스하게
느껴지는 오층석탑과 불대좌가 찾는 이
를 반겨준다.

달려 장항리로 들어가야 한다.

양지바른 산중턱에 자리잡은 절터에는 불대좌가 중앙에 놓인 금당터
가 남아 있고, 오른쪽으로 두 탑이 나란히 있다. 가람배치에서 다른 절
터와 다른 것은 금당을 사이에 두고 앞쪽에 두 탑이 있지 않고 탑과 금
당이 거의 같은 선상에 나란히 늘어서 있다는 것이다. 이는 양식상의 또
다른 특징이 아니라 절터가 넓지 않았기 때문이다.

원래 금당터를 중심으로 양쪽에 석탑이 있었을 것이나 현재 금당터 오
른쪽으로 두 탑이 나란히 서 있는 것은 1923년 사리를 탐낸 도괴범의 소
행 때문이다. 도괴범에 의해 탑이 폭파된 후 그 잔재가 대종천에 방치
되었다가 1966년에 수습되어 현재의 자리에 놓인 것이다.

서쪽 탑이 비교적 제 모습을 갖추고 있는 반면 동쪽의 것은 몸돌이 없
이 지붕돌만 쌓아놓은 상태이다. 약 9.5m 높이인 서쪽 오층석탑은 몸
돌 하나하나가 거대한 한 개의 돌로 되어 있으며, 돌 색깔이 부드러운
살색에 가까워 따뜻한 느낌을 준다. 첫번째 몸돌에는 문 모양과 함께 힘

찬 인왕상이 조각되어 있다. 그 조
각의 우수함은 타의 추종을 불허한
다. 국립경주박물관에 있는 고선사
탑과 그 수법과 크기가 비슷하여 같
은 시기의 것으로 보인다.

오층석탑의 인왕상
탑의 1층에 조각된 인왕상은 어깨가 떡
벌어지고 두 다리가 당당하며 전체적으
로 활기찬 모습이어서, 자신만만하게 탑
을 지키고 있는 것처럼 느껴진다.

금당터로 여겨지는 곳에 불상은 없
고 불대좌만 남아 있는데, 특이한 것
은 그 불상이 좌불이 아니라 입불이
라는 점이다. 이 입불상은 두 팔이
잘리고 허리 윗부분과 광배만 남은
채로 현재 경주박물관 앞뜰에 서 있

다. 산산이 조각 난 것을 시멘트로 붙여놓았는데 광배와 연화문 등의 잔
해로 미루어 석굴암의 대불과도 견줄 만한 대작이었으리라 짐작된다.

드나드는 이도 돌보는 이도 없이 잡초만 무성한 절터에는 여름이면 손
가락 마디만한 개미들만이 분주하다.´ 그럼에도 의젓하고 당당한 기품
을 잃지 않는 것은 아마도 통일신라 문화의 자존심이 아닐까.

장항리 절터 오층석탑

본래 금당을 사이에 두고 동서 쌍탑을 이루고 있던 것이나 지금은 서탑
바로 옆에 동탑이 놓여져 있다.

서탑은 일제강점기에 보수되어 현위치에 원형대로 보존되어 있다. 2
층 기단 위에 5층 탑신부를 건립하고 상륜부를 형성하였다.

우선 상하 이중의 기단부는 널찍하여 안정감이 있다. 하층 기단은 양
쪽 우주에 탱주 2개를 조각하였고, 갑석 상면에 높직한 원호(圓弧)와
얕은 괴임을 마련하여 상층 기단을 받치고 있다. 상층 기단 면석에도 우
주와 탱주가 각기 둘씩 조각되었다. 갑석은 아래쪽의 부연(副椽)이 정
연한데 상면에 높직한 각형 괴임 2단을 마련하여 탑신부를 받치고 있다.

탑신은 몸돌과 지붕돌 하나씩으로 조성되었다. 1층 몸돌과 2층 이상
몸돌의 체감률은 심한 편이나 2층 이상에서는 거의 없을 정도이다. 1층
몸돌 양우주 가운데에는 문 모양의 조각이 있고 그 좌우에 인왕상이 조

장항리 절터 오층석탑 각각 한 개의 돌로 되어 있는 몸돌과 지붕돌은 8세기 중엽 석탑의 전형을 보여준다.

장항리 절터 석조여래 ▲
도괴범에 의해 산산이 조각 난 것을 시
멘트로 붙여놓은 흉한 모습이다. 지금
은 국립경주박물관 앞뜰에 놓여 있다.

장항리 절터 불대좌 ↘
비록 도괴범에 의해 깨어졌지만 지금도
대좌 곳곳에는 아름다운 조각들이 남아
있다.

각되었다. 2층 이상의 몸돌에는 양쪽 우주만이 조각되었을 뿐이다. 벗
은 상체에 무릎 위까지 오는 짧은 군의를 입은 인왕상은 어깨가 떡벌어
지고 몸을 버티고 있는 두 다리의 근육은 당당하면서도 활기찬 형태를
취하고 있다. 부라린 눈과 큼직한 코, 듬직한 입, 강인한 턱과 불거진
광대뼈 등 조각이 매우 빼어난 인왕상이다.

지붕돌 층급받침은 각층 5단씩이고 낙수면 꼭대기의 몸돌 괴임대는
각형 2단이 정연하다. 낙수면은 평박하고 네 귀퉁이의 전각(轉角)이
뚜렷하여 경쾌하다. 상륜부는 노반석만 남아 있다.

7세기 후반에 만들어진 석탑들의 각 부분이 여러 개의 석재로 이루어
진 것과는 달리 이 석탑은 몸돌과 지붕돌들이 각각 한몸으로 되어 있어
8세기 중엽 이후 석탑의 전형으로 옮겨지는 과정을 잘 보여주고 있다.
국보 제236호로 지정되어 있다.

동탑의 기단부는 완전히 없어지고 탑신부는 몸돌의 1층만이 남아 있
는데 그 위에 5층까지의 지붕돌만을 쌓아놓았다. 1층 몸돌의 규모나 표
면 조각으로 보아 동탑도 서탑과 같은 형태와 규모의 석탑이었으리라
짐작된다.

코스3 덕동호 주변

한 굽이 돌아설 때마다 신라의 옛 절터가

경주 보문단지를 벗어나 암곡동 깊숙한 골짜기까지 닿아 있는 넓은 덕동호는 1970
년대 경주 일대의 상수원과 농업 용수를 대는 댐으로 조성되었다. 높은 산골짜기
를 막아 만들었기에 호수의 가장자리가 모두 산굽이로 이어져 어디까지 물줄기가
뻗어갔는지 가늠하기 힘들다.

　장중한 느낌을 자아낼 정도로 고요하고 도도히 흐르는 덕동호도 적잖이 파란한
역사를 숨기고 있다. 원효가 주지스님으로 있었던 고선사터가 입을 굳게 다물고 고
요한 호수 밑에 잠겨 있으며, 덕동호가 끝나는 암곡동 깊숙한 골짜기에는 문무왕
이 삼국 통일의 위업을 마치고 '이제 전쟁은 그만' 이라는 뜻으로 투구와 병기를 묻
었다는 무장사터가 남아 있다.

　한편 경주 보문단지 남쪽 논 한가운데에는 장중하고 건실한 통일신라 시기의 삼
층석탑 두 기가 남아 있는 천군동 절터가 있다.

　덕동호의 수려한 경관을 감상하며 그 주변에 있는 절터와 그 유물들의 자취를 찾
아간다.

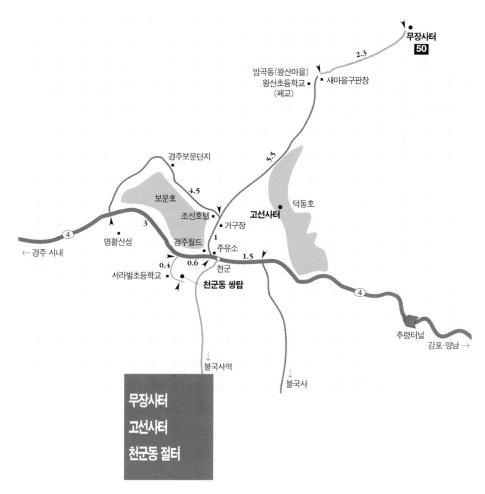

무장사터
50

2.3

암곡동(왕산마을)
왕산초등학교   ■ 새마을구판장
(폐교)

경주보문단지

5.5

4.5

보문호   덕동호

조선호텔   고선사터
■ 거구장
④   3
←경주시내   명활산성   경주월드   1
■ 주유소
0.4   0.6   천군   1.5
서라벌초등학교   **천군동 쌍탑**
④

추령터널
감포·양남 →

↓   ↓
불국사역   불국사

무장사터
고선사터
천군동 절터

무장사터 삼층석탑

보문단지 경주월드 맞은편 천군동의 논밭 한복판에
서 있는 것이 천군동 쌍탑이다.
무장사터는 보문단지 안을 지나 암곡동 왕산마을로 가서
찾아가야 한다. 경주 시내에서 보문단지로 가는 시내버스는 자주 있고,
암곡동 왕산마을까지는 하루 9차례 다닌다.
고선사터는 덕동호가 만들어질 때 수몰되어 현재는 찾아볼 수가 없다.
암곡동 가는 길이나 추령터널을 지나는 길에 고선사터를 가라앉힌 덕동호를
바라보는 수밖에 없다.
보문단지 안에는 호텔과 콘도 등 위락시설이 즐비하나
경주 시내나 불국사 관광단지에 숙소를 잡는 것이 경비를 아끼는 길이다.

무장사터

경주시 암곡동에 있다. 경주에서 4번 국도를 따라 감포 방면으로 가다가 보문단지 경주월드 앞에서 왼쪽으로 난 시도로를 따라 약 1km 가면 조선호텔 앞 삼거리가 나온다. 여기서 오른쪽 암곡동 가는 길을 따라 5.5km 정도 가면 암곡동 왕산마을이고, 새마을구판장 앞에서 산으로 계속 이어지는 길을 따라 2.5km 더 가면 무장사터가 나온다.
대형버스는 암곡동 왕산마을까지만 갈 수 있다. 절터까지는 비포장 산길인 데다 길이 매우 나쁜 편이므로 지프차 정도만 들어갈 수 있다. 마을에서 절터까지 이어지는 계곡이 좋으므로 걸어가길 권한다.
경주 시내에서 왕산마을까지는 버스가 약 2시간 간격으로 하루 9차례 다니는데, 버스를 이용하려면 시간을 충분히 잡아야 한다. 절터와 왕산마을 주변에는 숙식할 곳이 없다.

무장사터는 말이 경주시이지 상당히 먼 거리에 있는 깊은 산골이다. 『삼국유사』에서도 그 지세에 대해 "그윽한 골짜기가 너무 험준하여 마치 깎아 세운 듯하므로 깊숙하고 침침하다"고 하였다. 무장사터는 보문관광단지를 지나 암곡동 왕산마을에서도 산골짜기 비포장 비탈길로 2.3km 이상을 더 걸어 들어가야 한다. 길가에는 아무런 표지판이 없고 다만 오른쪽으로 탑 꼭대기만 조금 보일 뿐이니 무척 신경을 쓰며 찾아가야 한다. 교통도 불편하고 화려한 문화유적이 남아 있는 것도 아니어서 좀처럼 찾아갈 기회를 마련하기 힘들지만, 찾아간 사람을 절대 실망시키지 않는다.

무장사라는 이름은 문무왕이 삼국을 통일한 뒤 병기와 투구를 매장한 곳이라는 뜻으로 붙여졌다. 병기가 필요 없는 평화스러운 시대를 열겠다는 문무왕의 의지가 그렇게 나타난 것이다.

『삼국유사』에 의하면 무장사는 38대 원성왕의 아버지 효양이 그의 숙부인 문무왕을 추모하여 세운 절이며, 아미타전이 있었다고 한다. 절은 없어진 지 이미 오래이고 지금은 깊은 산골에 삼층석탑만이 덩그러니 서 있을 뿐이다. 별 특출한 장식은 없으나 심산유곡에 홀로 서 있는 탓인지 매우 강렬한 인상을 준다.

탑에서 조금 떨어진 위쪽에 깨진 귀부와 잘린 이수가 남아 있다. 거북이 등에 홈을 파고 비신을 얹었던 것으로 비좌에는 특이하게도 십이지신상이 조각되어 있다. 이수에는 구름 속에서 앞발로 여의주를 잡고 있는 용이 조각되어 있다.

초행자는 지도를 보고 찾기가 힘들다. 마을 사람들에게 다시 한 번 확인하고 찾아가는 것이 좋다. 절터는 산길 옆 개울 건너 계곡 위에 있는데, 탑신이 조금 보일 뿐이므로 유의해서 찾아야 한다.

행방이 묘연했던 이 비가 다시 빛을 보게 된 것은 조선 정조 때의 대학자인 이계 홍양호(1724~1802년)에 의해서이다. 그가 경주 부윤을 지낼 때였다. 마을 사람이 맷돌로 콩을 갈고 있는데 유심히 살펴보니 그 맷돌은 예삿돌이 아닌 비석의 파편이었다. 이미 마멸이 심해 알아보기 어려웠으나 이전에 비문 전부를 탁본한 사람이 있었다는 것이다. 거기에 새겨진 글씨는 김생 글씨라고도 하고 왕희지 글의 집자라고

승용차 한 대 정도 주차할 만한 공간   **무장사터**

0.1

암곡동
왕산마을   산길   1.5

**무장사터
삼층석탑**

왕산
초등학교   새마을구판장   **쌍귀부**

경주 시내·보문단지

도 하는데, 일찍이 추사 김정희도 빼어난 글씨라 높이 평가한 바 있다.

숲 속에는 또 연화문이 새겨진 석등의 일부와 아미타전의 것으로 보이는 석재가 드문드문 흩어져 있다.

무장사터 삼층석탑

문무왕은 다시는 꺼내 쓸 수 없도록 병기와 투구를 깊고 깊은 산속에 묻었다. 절대 전쟁을 하지 않겠다는 결연한 의지에서 나온 먼 행차가 무장사를 만들고 삼층석탑을 세우는 계기가 된 것이다.

무장사터 삼층석탑
통일신라 시대의 전형적인 삼층석탑이다. 2층기단에 안상을 조각한 것이 특이하다.

탑은 2층 기단 위에 3층 탑신을 건립한 전형적인 통일신라 석탑의 양식을 보여주며, 상층 기단에 안상을 조각한 것이 특이할 뿐 별다른 장식을 하지 않았다. 전체 높이는 4.9m로 그다지 크지는 않다.

하층 기단은 하대석과 중석을 붙여서 8매로 짜고, 중석에는 우주와 함께 탱주 두 개를 각면에 조각하였다. 하층 기단의 갑석도 8매로 구성하였고 상면에 약간의 경사를 주었다.

상층 기단의 중석도 8매로 구성하였으나 우주나 탱주를 모각하지 않고 각면에 안상을 2개씩 조각하여 대신하였다. 안상은 거의 원형에 가깝다. 상층 기단의 갑석은 4매의 판석으로 되어 있고 밑에는 부연(副椽)을 나타냈으며, 갑석의 상면 중앙에는 각형의 2단 굄 장식이 있어 탑신부를 받치도록 하였다.

탑신부는 몸돌과 지붕돌이 각기 독립되었으나 1층 몸돌은 높은 편이다. 몸돌의 각면 귀퉁이에는 층마다 우주가 있을 뿐 다른 장식은 없다. 각층의 지붕돌은 도괴돼 파손되었으나 체감률은 괜찮은 편이다. 지붕돌 받침은 각층 5단이며 추녀 밑은 직선을 이루고 있다. 1층 몸돌에서 한 변 27.5cm, 깊이 23cm의 사리함이 발견되었다.

도괴되었던 석탑의 부재를 보충하여 1963년 오늘의 모습을 갖추게 되었으며, 보물 제126호로 지정되었다.

아미타 조상 사적비 이수 및 귀부

39대 소성왕의 왕비인 계화왕후가 왕이 죽은 뒤 무장사에 아미타불과 아미타전을 만들 당시 세운 '아미타불 조상 사적비'로 여겨진다. 비신은 현재 국립경주박물관에 보관되어 있다. 절터에는 비신을 받쳤던 쌍귀부와 이수만이 남아 있으며, 보물 제125호로 지정되었다.

두 마리의 거북이가 비석 받침대를 이고 있는 형상으로 높이 1.33m의 크기이다. 두 거북이의 목은 잘려나갔고, 발가락의 조각이 비교적 정확히 남아 있다. 거북이 등에 얹혀진 장방형의 비석 받침대 네 면에 십이지신상이 조각돼 있다. 두 마리의 거북이와 받침대 네 면에 십이지신상이 새겨진 점이 독특하다.

잘린 이수는 용이 앞발로 여의주를 잡고 있는 모양이다. 통일신라 초

무장사터 귀부의 발가락 조각
거칠면서도 살아 움직이는 듯한 생생한
모습이다.

무장사터 귀부 및 이수
목이 떨어져나간 쌍거북이 등 위에 놓여
진 비석 받침에는 보기 드물게 십이지신
상이 조각되어 있다.

기에 만들어진 태종무열왕릉비 이후 이수가 남아 있는 예가 없어 통일
신라 시기 이수의 변천을 파악하는 데 귀중한 자료가 되고 있다.

고선사터

원효가 주지스님으로 있던 암곡동 고선사터는 1970년대 덕동호 댐 건
설로 수몰되었다. 여기에 있던 삼층석탑은 국립경주박물관 뒤뜰로 이
전되었는데, 그 장중한 모습은 박물관을 찾는 이의 시선을 한참이나 붙
잡아둔다. 감은사터 삼층석탑 못지않은 장중함이 있으나, 하늘을 찌를
듯한 찰주가 없고 전체적인 선 마무리가 조금 부드럽다는 차이가 있을
뿐이다. 이 멋진 탑을 제자리에서 볼
수 있었더라면 하는 아쉬움이 새록새
록 남는다.

고선사터는 경주시 덕동호 밑으로 가라
앉았으며, 고선사터 삼층석탑은 국립경주
박물관 뒤뜰로 옮겨졌다.

고선사터
덕동호에 잠기기 전, 옛 고선사터에서
있는 삼층석탑.

이미 수몰된 고선사터에는 지금 전
해지는 삼층석탑이 서쪽에 있었고 동
쪽에는 목탑자리로 여겨질 만한 흙 기
단 위에 초석의 흔적이 있었다고 한
다. 만일 이 목탑자리가 확인되었다

덕동호
유서 깊은 고선사터와 덕동마을이 이 호
수 속에 잠겨 있다.

면 고선사터는 석탑과 목탑이 나란히 서 있는 유
일한 예로서 매우 흥미로운 것이 되었을 것이다.

고선사는 창건 연대와 연유가 분명치 않으나
원효가 주지로 있었다는 절이었으니 그 역사가
오래됨은 말할 것도 없다. 적어도 원효가 세상
을 떠난 신문왕 6년(686) 이전에 세워졌을 것
이다.

고선사터 삼층석탑

상하 2층 기단 위에 3층 탑신을 건립하고 정상에 상륜부를 올려놓는 석
탑 양식은 삼국 통일 이후 우리 나라 석탑의 전형을 이루게 된다. 그 전
형적인 모습은 고선사탑과 감은사탑에서 만들어져 석가탑에서 그 절정
을 보인다. 그러나 완성을 향해 나아가는 시점에 조성된 고선사탑이나
감은사탑에서는 석가탑에서조차 볼 수 없는 생동감과 긴장감이 있다.

감은사탑 못지않게 장중함을 느끼게 하는 이 탑은 감은사터 삼층석탑
과 더불어 통일신라 석탑을 대표할 만한 멋진 탑이라 하겠다.

기단부의 짜임을 살펴보면, 하층 기단은 지대와 면석이 같은 석재로
모두 12매로 짜여졌고, 각면에는 우주와 탱주 3개씩이 조각되었다. 상
층 기단 중석은 12매로 짜여졌고, 각면에는 우주와 탱주 2개가 조각되
었다.

탑신부의 1층 몸돌은 네 귀퉁이에 우주석을 하나씩 세워서 양우주로
삼고 그 사이에 면석 1매씩을 끼워 총8매로 조립하였다. 그리고 각면
에는 문 모양을 조각하였다. 2층 몸돌은 각면 1매씩 4매로 구성하고 각
면에 양우주를 조각하였다. 삼층만은 하나의 몸돌로 이루어졌는데, 이
것은 사리장치와 찰주를 세우기 위한 배려였다. 양쪽에 우주를 조각하
였다.

지붕돌 층급받침은 5단씩이고 상면에는 각형 2단의 괴임을 높직하게
조각하여 그 위층의 탑재를 받치고 있다.

상륜부에는 노반과 복발, 앙화석 등이 차례로 놓여 있고 찰주는 없다.
탑 전체의 높이는 9m이다. 국보 제38호로 지정되어 있다.

고선사터 삼층석탑 ➤➤
감은사터 삼층석탑에 못지않게 장중한
이 탑은 보는 이를 압도한다.

경주시 천군동, 보문단지
경주월드 맞은편 들판 한가운데 서 있다.
경주 시내에서 4번 국도를 따라 감포로
가다보면 보문단지 입구에서 두 갈래로
길이 나뉜다. 갈림길에서 오른쪽으로 난
4번 국도를 따라 감포 방면으로 약
3km 가면 길 오른쪽에 서라벌초등학
교로 가는 시멘트길이 나온다. 시멘트
길을 따라 약 400여m 가면 길 왼쪽에
천군동 석탑이 서 있다.
경주 시내에서는 보문단지 경주월드로
가는 버스가 수시로 있는데, 그 버스를
타고 가다 서라벌초등학교 입구나 보문
단지내 경주월드 입구에서 내려 걸어가
면 된다. 석탑 앞에는 주차하기가 마땅
치 않다. 천군 큰마을 공터나 보문단지
안에 주차할 것을 권한다. 보문단지에
는 숙식할 곳이 많이 있다.

천군동 절터 전경
천군동 들판에 의연하고 다부진 쌍탑이
서 있다.

천군동 절터

경주 보문단지 경주월드 맞은편에 보이는 밭 한가운데에 석탑 두 기가
우뚝 솟아 있다. 서라벌초등학교에서 동쪽으로 약 100m 떨어진 곳에
있으며 보문단지에서 걸어가면 10여 분이 걸린다. 단정한 밭 한가운데
다부진 모습으로 의연히 서 있는 삼층석탑의 높이는 7.5m이다. 절의
이름은 알 수 없으나 석탑의 존재와 양식으로 미루어볼 때 통일신라 시
대에 창건된 것으로 보인다.

1938년 일본인들이 처음으로 발굴조사를 실시하였는데, 조사 직전에
는 붕괴된 석탑들과 주춧돌, 석재 등만이 여기저기 흩어져 있었다고 한
다. 발굴 결과 확인된 건물자리는 금당·강당·중문자리로 금당자리는 일
부 지대석과 기초의 규모만이 확인되었고, 강당자리는 동·서·남면에서
적심석이 확인되어 기둥의 간격만 알 수 있게 되었다. 중문자리는 일부
주춧돌과 적심석들이 확인되었으나 그 규모는 알 수 없다.

발굴 당시 와전류로서 용마루 끝을 장식하였던 큰 치미(높이 58m)
가 발굴되었으며, 현재 국립경주박물관에 진열되어 있다.

천군동 삼층석탑

신라의 전형적인 석탑 양식을 충실히 반영하고 있다. 탑신에 비하여 기
단부가 좀 큰 듯하지만 건실함을 잃지 않은 석탑으로 뛰어난 수작에 속
한다. 건립 연대는 8세기경으로 추정된다.

하층 기단의 지대석 밑에 다시 한 장의 지반석을 놓고 있다. 지대석
은 8석으로 짜여졌고 다시 그 위에 8석으로 된 중석과 갑석을 놓았다. 중
석은 우주와 탱주 2개를 모각하였으며, 갑석 상면에는 상층 기단을 받
치는 각형과 호형의 2단 받침을 마련하였다. 상층 기단의 중석은 4장의

판석으로 짜고 우주와 탱주 2개를 모각하였다. 그 형식은 하층 기단과 같다. 갑석은 4매로 구성되었고 하부에는 부연이 있으며 윗면에는 2단으로 된 각형의 괴임이 있다. 기단부는 수리할 때 다소 보완되었다.

탑신부는 몸돌과 지붕돌이 각각 한 개의 돌로 이루어졌으며 몸돌 층마다 우주의 모각이 있고 지붕돌 층급받침은 각층 5단이다. 추녀 밑은 직선이며 전각의 반전은 완만하다. 동탑의 상륜부는 전부 없어졌고 서탑은 그 일부를 남기고 있는데, 갑석 위에 복발과 보륜, 그리고 수연 등이 남아 있다. 복발은 두 가닥의 횡대와 네 면에 꽃 모양을 지닌 편구형이다. 1938년 수리 및 복원을 하였는데, 이때 두 탑 모두 3층 몸돌에서 사리함이 확인되었다. 보물 제168호로 지정되어 있다.

제2부 낭산과 토함산

서기 어린 그 땅에 피워올린 신라문화의 정수

낭산

토함산

외동읍

2 낭산과 토함산

낭산은 명활산과 토함산, 선도산, 소금
강산으로 둘러싸인 경주시 한가운데
자리 잡고 있으며, 높이 100여 미터 안
팎의 세 봉우리로 이루어진 낮은 산이다.
신라 시대부터 신이 살고 있는 신성한 곳
으로 여겨져 나라를 지키고 왕실의 안녕
을 기원하는 절과 왕릉들이 산기슭을 따
라 줄지어 있다.

능선을 따라 잔잔히 펼쳐지는 유적과
유물들의 외형은 이미 잘 알려진 신라의
유적과 유물들에 견주어볼 때 결코 화려
하거나 장엄하지 않다. 거개가 절터이
거나 또는 그 일부 흔적뿐이다. 뿐만 아
니라 찾는 사람의 발길도 뜸하다. 그러
나 그 내력의 면면에는 낭산을 존중한 옛
신라인의 정신이 담겨 있다. 대표적으로
사천왕사터와 망덕사터, 황복사터와
선덕여왕릉, 그리고 진평왕릉이 있다.

경주 하면 으레 손꼽게 되는 불국사와 석굴암 같은 화려함과는 거리가 멀지만 유
적 하나하나가 마음속에 아련히 남는다.

토함산은 경주에서 가장 높은 산으로 예로부터 동쪽을 지키는 군사적 요충지였
으며, 신라왕이 된 석탈해와 관련이 깊은 곳이다. 불국사와 석굴암으로 너무 유명
한 관광지여서 수학여행이나 신혼여행 등으로 한 번쯤 가보지 않은 이가 없지만, 매
번 들뜬 기분으로 유명세만 따라 나서기에 오히려 통일신라문화의 정수와 지혜를
보지 못하기 쉽다. 다시 이곳을 찾게 되면 어찌하여 석굴암과 불국사가 신라문화
의 정수로 손꼽히는지 유심히 살펴볼 일이다.

옛 서라벌의 남쪽 관문인 외동읍. 옛 불국사를 찾아가던 남쪽 지방 주민들이 이

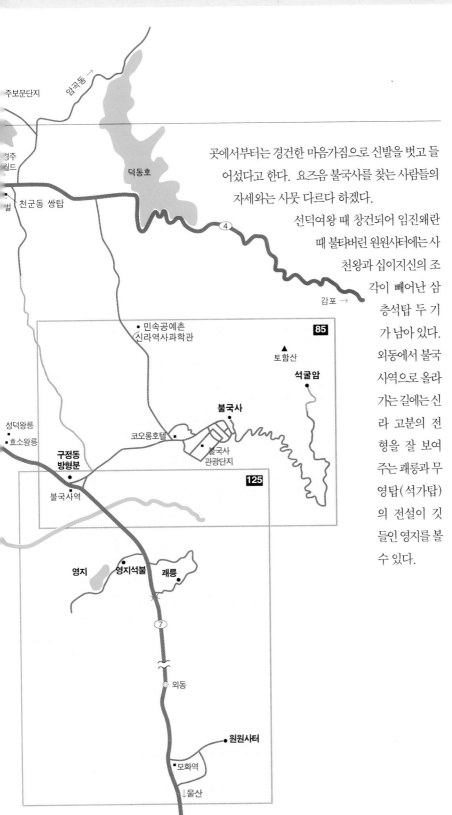

곳에서부터는 경건한 마음가짐으로 신발을 벗고 들어섰다고 한다. 요즈음 불국사를 찾는 사람들의 자세와는 사뭇 다르다 하겠다.

선덕여왕 때 창건되어 임진왜란 때 불타버린 원원사터에는 사천왕과 십이지신의 조각이 빼어난 삼층석탑 두 기가 남아 있다. 외동에서 불국사역으로 올라가는 길에는 신라 고분의 전형을 잘 보여주는 괘릉과 무영탑(석가탑)의 전설이 깃들인 영지를 볼 수 있다.

코스 4 낭산

낭산 자락에 남은 옛 신라의 성역들

낭산은 높이 104m에 불과한 야산으로 나지막하고 펑퍼짐하다. 산인가 싶을 정도로 위엄도 부담도 없어 어느 동네의 정겨운 뒷산으로 여겨질 뿐이다. 그렇지만 이 요란하지 않은 낭산은 옛 신라인에게는 신유림(神遊林) 곧, 신령스러운 산으로 숭앙받았다.

『삼국사기』에 의하면 실성왕 12년(413) 8월에 구름이 낭산에 일어났는데, 구름이 누각같이 보이고 사방에 아름다운 향기가 퍼져 오랫동안 사라지지 않았다고 한다. '하늘의 신령이 내려와서 노는 것임에 틀림없다'라고 생각한 왕은 낭산을 신령스러운 곳으로 여겨 나무 한 점 베지 못하게 하였다.

낭산은 경주시 보문동과 구황동, 배반동 일대에 걸쳐 있으며 사적 제163호로 지정되어 있다. 옛 신라의 중심지였으나 경주에 있는 다른 관광지의 유명세에 묻혀 잘 알려지지 않고 있다. 그러나 오히려 개발되거나 치장되지 않았기에 옛 신라의 정취에 젖어들게 하는 유적과 유물이 많이 남아 있다. 더군다나 입장료를 물지 않고도 맘껏 그런 신라의 유물들을 만날 수 있으니 얼마나 즐거운가.

낭산 기슭의 대표적인 유적지로는 진평왕릉, 선덕왕릉, 그리고 문무왕의 화장터로 알려진 능지탑 등 신라 왕들의 무덤이 있다. 절터로는 사천왕사, 망덕사, 황복사, 중생사 들이 있는데, 이 절들은 호국이나 왕실의 복을 빌었던 곳이다. 사천왕사터와 망덕사터, 황복사터와 진평왕릉, 그리고 선덕여왕릉과 신문왕릉은 서로가 있는 그 자리에서 확인할 수 있을 만큼 가까운 거리에 있다.

또한 신라의 대작곡가이며 연주가인 백결 선생이 세속을 초월하고 청빈을 즐기던 곳도 낭산 부근이며, 신라의 대학자 최치원의 고택지인 독서당도 있다. 그 밖에도 이름을 남기지 못한 절들이 많이 있었음을 알려주는 각종 석재들이 발견되고 있다.

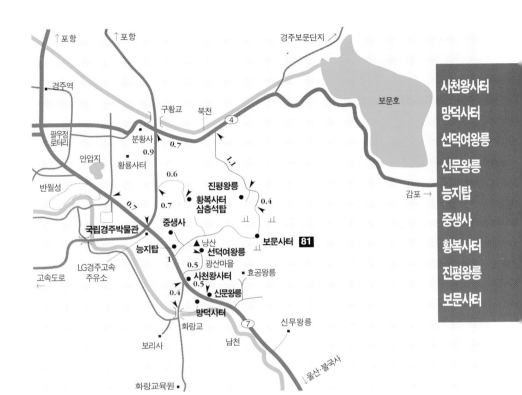

국립경주박물관에서 7번 국도를 타고 불국사 쪽으로 가다보면 왼쪽으로
길게 누워 있는 나지막한 야산을 볼 수 있다. 이것이 바로 낭산이다.
오른쪽 넓은 들은 옛 신라의 중심지였던 배반들 일대이다.
7번 국도는 경주와 울산·부산을 잇는 주요 도로이기 때문에
오고 가는 차들이 많다.
낭산으로 가는 또 다른 길은 국립경주박물관 부근, LG경주 고속주유소가 있는
사거리에서 4번 국도를 따라 보문단지로 가다가 오른쪽에 있는
보문동 길을 통해 들어가는 것이다.
낭산은 경주의 중심지에서 동남쪽으로 약간 떨어진 곳에 있는데 큰길가를
중심으로 시내버스가 자주 다녀 교통이 편리하다.
한나절 또는 하루 정도 시간을 내어 걸어다니며 돌아보기를 권한다.
이곳 낭산 일대는 음식점이 몇 곳 있으나 숙박을 하려면 경주 시내나
불국사 관광단지를 이용하는 것이 좋을 듯싶다.

사천왕사터 귀부

선덕여왕릉

사천왕사터

경주시 배반동에 있다. 국립경주박물관 앞에서 불국사·울산 방면으로 난 7번 국도를 따라 1.7km쯤 가면 길 왼쪽으로 광산마을 입구가 있는데, 이곳이 바로 사천왕사터다. 오른쪽으로는 화랑교육원 가는 도로가 나 있다. 주차장은 따로 없다. 절터 앞 당간지주 옆에는 승용차 한 대 정도 주차할 수 있는 공간이 있으나 대형버스는 근처 신문왕릉 주차장을 이용해야 한다. 오고가는 차들이 많아 차를 돌릴 때 조심해야 한다. 시내에서 불국사나 외동 가는 시내버스를 타고 가다 광산마을 입구 사천왕사터에서 내린다. 주변에는 숙식할 곳이 없다.

사천왕사터

사천왕사는 불력으로 당의 침략을 막기 위해 지어졌는데, 일제강점기 때에 절터를 가로지르는 철로를 놓으면서 절터가 크게 훼손되었다.

국립경주박물관에서 울산 가는 7번 국도를 따라 남쪽으로 내려가면 왼쪽으로 능지탑과 선덕여왕릉, 사천왕사터가 차례대로 모습을 보인다. 경주박물관에서 1.7km 정도 내려가면 광산마을 입구에 이르고 바로 옆에 당간지주가 서 있다. 좀더 안쪽으로 가면 사천왕사터가 모습을 드러낸다.

절터에는 금당터와 목탑이 있던 자리가 남아 있으며, 절터 앞쪽에는 잘생긴 귀부가 2기 있으나 머리 부분이 떨어져나갔다. 이 비는 문무대왕의 비로 추정되기도 한다. 귀부 아래의 흙더미를 긁어내 보면 손가락마냥 긴 발가락의 조각이 선명하다. 육각 모양이 뚜렷한 거북이 등과 당초문, 그리고 커튼 모양의 주름을 두른 것을 보면 퍽 솜씨를 부린 조각이다.

금당터 뒤로는 목탑 자리 두 곳이 있다. 신라 사찰은 금당 앞에 삼층탑이나 오층탑을 하나만 세운 일탑가람제가 대부분이었으나, 통일 이

후에는 금당을 중심으로 하여 동서에 각각 탑을 세우는 쌍탑가람제 양
식으로 변모하였다. 목탑으로서 쌍탑양식은 사천왕사에서 처음 보이며,
석탑으로서 쌍탑의 모습을 처음 보인 절은 감은사이다.

사천왕사는 부처의 힘으로 당을 막아내고자 하는 염원으로 문무왕 11
년(671)에 짓기 시작하여 문무왕 19년(679)에 완공되었다. 신라와 손
을 잡고 백제, 고구려를 친 당나라는 안동도호부와 웅진도독부를 설치
하여 고구려와 백제의 옛 땅을 그들의 직할지로 삼고 신라마저 차지하
려는 흉계를 노골적으로 드러냈다. 따라서 신라는 당을 상대로 전쟁을
하게 되었고, 십여 년의 싸움 끝에 당군을 멀리 만주 땅으로 몰아내고
통일의 대업을 마무리 지었다. 당나라는 당시 세계 제일의 강대국이었
으며 그 강대국과 대결하는 신라인의 결의는 비장한 것이었다.

당나라에 유학한 의상대사로부터 당의 침략 야욕을 전해 들은 신라는
대책을 의논하던 중 명랑법사의 건의에 따라 낭산 남쪽의 신유림에 사
천왕사를 짓기로 하였다. 그러나 절을 착공하기도 전에 당나라 군사가
출발했다는 급보가 날아들었다. 그래서 시간적 여유가 없자 명랑법사
는 오색 비단으로 절 모양을 만들고 풀로써 동·서·남·북·중앙의 오방
신장을 만들어 문두루비법(文豆婁秘法)을 행하였다. 그러자 신라로
향하던 당나라의 배들이 갑작스런 풍랑에 모조리 침몰됐다고 한다.

절터 앞쪽으로는 멀리 동남산이 바라다보이고 그 산 중턱에 있는 보
리사와 그 왼쪽 위로 마애불이 아스라히 보인다. 보리사 마애불이 있는

사천왕사터 당간지주
사천왕사터에서 출토된 여러 유물들과
는 달리 별다른 장식 없이 소박하게 만
들어졌다.

명랑법사와 문두루비법
명랑법사는 선덕여왕 10년(632) 당나
라로 건너가서 진언밀교(眞言密教,
입으로 부처의 말을 외움으로써 부처와
감응하여 성불함)의 비법을 배웠다.
귀국 후 밀교적 성격을 띤 신인종을 처
음 열었으며, 신인비법으로 당나라 군
사를 물리치는 공을 세웠다. 신인비
법, 곧 문두루비법은 불법을 믿는 사람
이 병에 걸려 생명이 위태롭거나 그 나
라가 위험에 처했을 때 오방신상을 만들
어 비법을 쓰면 오방신장들이 각각 7만
의 부하신을 거느리고 나와 보호해준다
는 것이다.

사천왕상 전돌
사천왕사 목탑 중심기둥 주변에 배치되
었던 사천왕상 전돌은 비록 깨어지기 하
였지만 마귀를 밟고 있는 자신만만한 자
세를 보여주고 있다.

사천왕사터 귀부
비록 목은 잘려나갔어도 잘생긴 모습을
간직한 귀부 2기가 남아 있다.

자리에서는 옛 경주 시내였던 이 낭산 주변이 잘 내려다보인다.

절터 앞은 울산 가는 차들로 부산하다. 절터 뒤쪽에는 절터를 두 동강 낸 부산으로 가는 철로가 있다. 철도는 일제강점기 때 건설되었다고 하는데, 먼 옛날 사천왕사가 호국을 위해 지은 절임을 저들도 알았을 터이다. 한민족 정기를 끊어놓으려는 일제의 집념은 국도를 낸다는 명목으로 결국 무열왕릉과 김인문의 묘를 반으로 절단 내고, 반월성과 안압지도 갈라놓고 말았다. 철도를 넘어서 절터 뒤쪽의 낭산을 조금만 오르면 선덕여왕릉이다.

비록 깨어지긴 하였지만 사천왕상이 새겨진 전돌이 이곳에서 출토되었으며, 지붕에 얹었던 도깨비 기와에는 당나라를 몰아낸 7세기 후반 신라인의 기상이 잘 나타나 있다. 눈은 무섭게 부릅떴으나 입은 활짝 열어 크게 웃고 있는 도깨비의 얼굴에는 자신만만함이 넘쳐흐른다. 이들은 현재 국립경주박물관에 소장되어 있다.

사천왕사는 「제망매가」와 「도솔가」라는 향가로 유명한 월명스님이

제망매가(祭亡妹歌)

월명사

생사의 길은 여기 있으매
나는 간다는 말도 못다 이르고 가는가
어느 가을 이른 바람에
여기저기 떨어지는 잎처럼
한가지에 나서
가는 곳을 모르는구나
아아 미타찰(彌陀刹)에서 너를 만나볼
나는
도를 닦아 기다리련다

살던 절이기도 하다. 월명스님은 피리를 무척 잘 불어 달 밝은 밤에 피리를 불면서 '사천왕사 앞길'을 산책하기도 하였는데, 달도 가기를 멈출 정도였다고 한다. 그래서 사천왕사 앞길은 월명로, 마을 이름은 월명리가 되었다고 한다. 그가 지은 향가에는 그윽한 뜻과 멋이 담겨 있다. 생사의 갈림길에서 초월자의 의연한 자세와 겸허한 구도의 뜻을 버리지 않았던 월명스님의 다른 향가나 일화가 전해지지 않는 것이 무척 아쉽다. 사천왕사터는 사적 제8호로 지정되어 있다.

망덕사터

경주시와 불국사를 잇는 문무로(7번 국도)를 사이에 두고 사천왕사터와 마주보고 있다. 사천왕사터에서 금호로를 따라 화랑교육원으로 들어가다 보면 화랑교가 나오는데, 다리 왼쪽으로 펼쳐지는 논밭 사이에 망덕사터가 있다. 약 1m 높이의 논둑길을 따라 걷다가 '벌지지'라는 입석 아래로 얕은 논두렁이 이어진다. 논두렁 길을 따라 100m 정도 걸

경주시 배반동 배반들 한가운데 있다. 국립경주박물관 앞에서 불국사·울산 방면으로 난 7번 국도를 따라 1.7km 가면 길 왼쪽에는 사천왕사터, 오른쪽에는 화랑교육원으로 가는 길이 나 있다. 그 길을 따라 400여m 가

면 화랑교가 나오고 화랑교 바로 앞에서 왼쪽 남천둑길로 100m 들어가면 벌지지를 알리는 비가 있다. 그 비 왼쪽 논둑길로 100m 더 가면 오른쪽에 망덕사터가 있다. 사천왕사터와 신문왕릉 사이에 난 큰길(7번 국도)에서 논길을 따라갈 수도 있다

승용차는 화랑교 앞 남천둑길 옆에 주차할 수 있으나, 대형버스는 가까이 있는 신문왕릉 주차장이나 화랑교 건너 갯마을에 주차해야 한다. 대중교통은 경주 시내에서 불국사나 외동 가는 시내버스를 타고 가다 사천왕사터에서 내려 걸어가야 한다. 망덕사터 주변에는 숙식할 곳이 없다.

망덕사터
당 사신에게 사천왕사를 감추기 위해 갑자기 지은 절이다.

으면 높이 2.5m의 소박한 당간지주가 나서고, 그 뒤로 폐허와 다를 바 없이 잡초가 무성한 망덕사터가 있다. 절터에는 건물터와 탑의 초석이 남아 있다. 망덕사에는 13층의 두 목탑이 있었다고 하는데, 이는 황룡사 구층목탑말고는 뚜렷한 목탑이 없었던 신라에서는 드문 경우이다. 마주보고 있는 사천왕사도 마찬가지다. 현재 망덕사터에 남아 있는 동탑터의 경우 1면에 4개의 초석이 나열되어 있으며, 서탑터의 경우 중심 초석이 남아 있다.

사천왕사와 망덕사가 길 하나를 두고 이웃하게 된 데는 다음과 같은 인연이 있다고 전해진다.

문무왕 14년(674)에 이르러 당은 유인궤를 계림도총관으로 삼아 신라를 공격하였으나 싸움에 지고 말았다. 당 고종은 매우 노하여 이듬해 사신으로 와 있던 문무왕의 동생 김인문을 책하여 옥에 가두고 50만 군사를 보내 신라를 치고자 하였다. 마침 당에 유학하고 있던 의상대사를

동해 이런 사실을 알게 된 신라에서 명랑법사로 하여금 절을 만들고 풀로 오방의 신상을 만든 다음 비법을 행하게 했더니 바다로 몰려오던 당나라 배가 파도와 바람에 모두 파선하였다. 그 절이 곧 사천왕사다.

신라를 침공하였으나 또다시 실패를 본 당 고종은 김인문과 함께 옥에 가두었던 박문준을 불러서 그 연유를 물었다. 박문준은 당나라에 입

장사(長沙)와 벌지지(伐知旨)

사천왕사터 앞에서 화랑교육원으로 들어가는 길목에는 화랑교가 있는데 화랑교 못미처에는 벌지지(伐知旨)라는 입석이 있다. 이 일대가 속칭 '양지버들'이라고 하는 벌지지이며, 주변의 모래밭은 장사(長沙)라고 불린다. 벌지지와 장사라는 이름이 생긴 데는 다음과 같은 애절한 사연이 있다.

내물왕에서 눌지왕 때에 이르는 시기의 신라는 국제적으로 어려움에 처해 있었다. 고구려에는 광개토왕과 장수왕 같은 영주가 나타나 국토를 넓히고 남진 정책을 강화하였는데, 신라는 이에 대항할 힘이 없었다. 뿐만 아니라 남쪽에서는 왜국이 쉴새없이 침입을 해왔다. 하는 수 없이 신라에서는 인질을 두 나라에 보내고 국력을 키울 시간을 얻어야 했다. 내물왕의 두 왕자 보해와 미해는 각각 고구려와 왜국에 보내졌다.

그 후 세월은 흘러 내물왕의 장자인 눌지가 왕위에 오른 지도 십 년이 되었다. 왕은 이국 땅에서 고생하는 동생들을 보고 싶은 마음이 날로 간절해졌다. 왕의 이 소망을 풀기 위해 나선 이가 박제상이었다. 그는 고구려로 가서 보해를 구출하고 다시 미해를 구하기 위해 왜국으로 가야만 했다.

그러나 그 길은 다시 돌아올 수 없는 길이었다. 박제상은 집에 들르지도 않고 왜국으로 향했다. 그의

부인이 이 소식을 듣고 생전에 남편을 한 번이라도 만나보기 위해 뒤쫓았으나 따라가지 못했다. 절망에 빠진 부인은 망덕사 문 남쪽 모래 위에 기다랗게 드러누워 통곡했다. 그래서 그 모래벌을 장사라고 한다.

또한 부인의 친척 두 사람이 달려와서 부인을 부축해 일으키려 하였는데 뻗친 부인의 다리가 움직이지 않아 일으킬 수가 없었다. 그래서 지명이 벌지지가 되었다. 곧 '뻗치다'의 음을 한자로 적은 것이 '伐知旨'가 된 것이다. 지금은 벌지지를 '양지버들'이라고 부르고 있다. '양지뻗음'이 전음된 것으로도 볼 수 있다.

부강한 나라를 만들려는 노력 뒤에 숨은 슬픈 이야기다.

장사·벌지지 비
박제상과 그의 아내의 애절한 사연이 깃들인 이곳에 비를 세웠다. 비 뒤 소나무 숲에 망덕사터가 있다.

은 은혜에 보답하기 위하여 경주 낭산 남쪽에 새로 절을 지었다고 들었다고만 대답했다. 고종은 이 사실을 확인하기 위하여 사신을 신라에 보냈다. 당으로부터 사신이 온다는 말을 들은 신라에서는 사천왕사를 보이면 안되겠다 싶어 사천왕사 남쪽에 새로 절을 짓고 사신을 기다렸다.

도착한 당의 사신을 새로 지은 절로 안내하였더니 그 사신도 보통내기는 아니어서 문 밖에서 "이 절은 사천왕사가 아니고 망덕요산(望德遙山)의 절이다" 하고 절로 들어서지도 않고 돌아섰다. 신라는 그날 밤금 천 냥을 주고 사신을 매수하였다. 돌아간 사신이 "신라에서는 과연 사천왕사를 지어 황수를 비옵디다" 하고 거짓 보고를 하였다. 해서 새로 지은 절의 이름은 그 사신의 말대로 망덕사라 하였다.

망덕사가 있는 들판 일대를 장사(長沙)라 하는데 토질이 그렇기도 하지만 신라의 충신 박제상과 그 아내에 얽힌 이야기 때문이기도 하다.

또한 망덕사와 관련된 기이한 일로 효소왕이 망덕사에서 제를 베풀고 석가진신을 공양한 이야기, 절을 지은 뒤 얼마 후 중국에서 안록산의 난이 일어났을 때 목탑이 흔들렸다는 이야기, 망덕사의 중 보율이 죽었다가 다시 살아났다는 이야기도 전한다. 망덕사터는 사적 제7호로 지정되어 있다.

망덕사터 당간지주
별다른 장식이 없는 소박한 이 당간지주는 세워진 연대가 뚜렷한 통일신라 초기의 작품이다.

망덕사터 당간지주

망덕사가 신문왕 5년(685)에 세워진 절이므로 당간지주 역시 같은 연대에 만들어진 것이다. 시대가 뚜렷한 통일신라 초기의 작품이기 때문에 당시의 당간지주를 연구하는 데 중요한 자료가 된다.

당간지주는 원래의 모습 그대로이며 높이는 2.5m이고, 65cm 간격으로 마주보고 있다. 안쪽 위에 장방형의 구멍을 만들어 당간을 세운 상태로 고정시키는 장치가 마련되어 있다. 각면에 별달리 조각이나 장식은 없으나 소박하고도 장중한 느낌을 준다.

선덕여왕릉

사천왕사터를 가로지르는 철길을 건너 나지막한 낭산에 오르면 울창한 소나무 숲 속 꼭대기에 선덕여왕릉이 있다. 선덕여왕릉은 둘레가 73m 정도인 평이한 원형 봉토분이며, 자연석을 이용해 봉분 아래에 2단 보호석을 쌓은 것이 특징이다. 십이지상 조각이 있을 위치에 큰 돌들이 세워져 있다. 능을 둘러싼 소나무들은 무덤 쪽으로 해바라기하듯 몸을 돌려 서 있는데, 소나무들이 무덤을 지키는 호위병처럼 느껴진다. 숲 주변에는 절이 있었던 듯 각종 석재들이 방치돼 있다.

선덕여왕(632〜647년)은 아들이 없던 진평왕의 큰딸로 태어나 신라 최초의 여왕이 되었다. 재위 16년간 분황사와 첨성대 등을 세웠고, 특히 신라 최대의 황룡사 구층목탑을 세워 신라 불교 건축의 금자탑을 이루기도 하였다. 또한 뒷날 태종무열왕이 된 김춘추와 명장 김유신 같은 영웅호걸을 거느리며, 신라가 삼국을 통일하는 데 기초를 닦아 놓았다.

여러 가지 신묘한 예언을 해서 유명한 선덕여왕의 능이 이곳 낭산 꼭대기에 자리잡게 된 데에는 다음과 같은 일화가 있다. 선덕여왕은 죽기 전 "내가 죽으면 도리천에 묻어달라"고 하였다. 도리천이란 불교에서 말하는 수미산 꼭대기, 곧 사천왕 위에 있는 부처님의 세계인데 어찌 인간이 그곳에 무덤을 만들 수 있을 것인지 신하들이 어리둥절해 하자, 여왕은 '낭산 기슭이 바로 도리천'이라고 알려주었다. 그 말을 좇아 이곳 낭산 기슭에 여왕의 능을 만들었다. 선덕여왕이 죽은 지 32년 후에 이르러 왕릉 아래에 사천왕사가 지어졌다. 결국 여왕의 예언이 증명된 셈이다. 선덕여왕릉은 사적 제

경주시 보문동에 있다. 국립경주박물관 앞에서 불국사·울산 방면으로 난 7번 국도를 따라 1.7km 가면 길 왼쪽에 사천왕사터가 나온다. 사천왕사터를 지나 동해남부선의 철길을 넘으면 토봉사로 가는 길이 나온다. 그 길을 따라 토봉사로 가다 토봉사 조금 못미처 왼쪽으로 난 산길로 약 3분 정도 오르면 선덕여왕릉이다.
사천왕사터에서 토봉사 입구 갈림길까지는 약 550여m이다. 승용차로는 능까지 갈 수 없다. 사천왕사터 한편이나 신문왕릉 주차장에 주차하고 걸어가는 것이 좋다. 대중교통은 경주 시내에서 불국사나 외동 가는 시내버스를 타고 가다 사천왕사터에서 내린다. 숙식할 곳은 없다.

낭산 자락의 왕릉 위치도

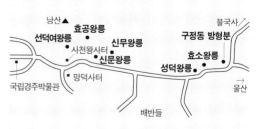

182호로 지정돼 있다.

　경주는 옛 신라인의 공동묘지라는 말이 있을 정도로 곳곳의 야산 자락이나 구릉에는 왕릉으로 전해지는 무덤들이 흩어져 있어 방문객들의 발길을 붙잡는다. 특히 문무로(7번 국도)를 따라 불국사 쪽으로 가다 보면 길 왼쪽 낭산 자락 아래에 왕릉들이 줄지어 있다. 신문왕릉과 효공왕릉, 신무왕릉, 효소왕릉, 성덕왕릉 들이다. 신라 건국 초부터 신성한 곳으로 여겨진 이 지역에 이처럼 왕릉들이 자리잡고 있는 것은 어쩌면 당연한 일인지도 모른다.

신문왕릉

사천왕사터를 지나 문무로를 조금 지나면 왼쪽으로 31대 신문왕의 능이 있다. 능 앞에는 주차장 시설이 번듯하며 잘 자란 소나무가 서 있는 묘역도 잔디로 잘 가꾸어져 있다.

천왕사터이다. 사천왕사터 앞에서 7
번 국도를 따라 약 500m 더 가면 길 왼
쪽으로 신문왕릉과 넓은 주차장이 나온
다. 신문왕릉 앞에는 교통량이 매우 많
으므로 차를 돌릴 때 주의해야 한다. 대
중교통은 경주 시내에서 불국사·외동 방
면으로 다니는 시내버스를 타고 가다 신
문왕릉 버스정류장에서 내린다. 신문왕
릉 주변에는 숙식할 곳이 없다.

신문왕릉
잘 자란 소나무가 서 있는 넓은 묘역에
는 잔디도 잘 가꾸어져 있어 시원한 느
낌을 준다.

신문왕(681~692년)은 삼국 통일의 대업을 이룬 문무왕의 맏아들
로 문무왕의 뒤를 이어 즉위하였다. 재위 12년 동안 관제를 정비하고 왕
권을 확립하였으며, 학문을 장려하고 인재를 양성하기 위해 국학을 설
치하였다. 당나라를 비롯한 외국과도 빈번히 교류하여 문화의 융성을 도
모하는 등 신라 전성 시대의 기틀을 확립하였다.

신문왕릉에서 울산 가는 길을
따라 2km 가량 더 가면 길 왼쪽에
SK 형산주유소식당이 나오는데, 음식이
맛있고 값도 저렴해 화물트럭 기사들이
자주 찾는다.

능은 원형 봉토분으로서 밑지름은 29.3m이고 높이는 7.6m이다. 밑
둘레는 메주 모양으로
다듬은 돌을 5단으로 쌓
고 그 위에 갑석을 덮었
으며 이 석축을 지탱하기
위해 44개의 호석을 설
치하였다. 이와 같은 구
조의 호석은 통일신라

신문왕릉 석축
메주 모양의 잘 다듬은 석축을 지탱하기
위하여 튼실한 호석을 설치하였다.

왕릉에 십이지신상을 새긴 호석이 나타나기 전 단계의 것으로, 고신라 고분 것보다는 한층 발달한 형식이다. 사적 제181호로 지정되어 있다.

능지탑

낭산의 서쪽에 탑재가 흐트러져 있던 것을 새로 맞추어 놓은 탑이 하나 있다. 예로부터 이 탑은 능지탑 또는 연화탑이라 불렸다. 십이지신상의 조각이 비교적 정확히 남아 있으며 연꽃을 두른 모습과 옆의 소나무 두 그루가 어우러져 부드러운 분위기를 자아낸다.

십이지신상이 새겨진 기단 위에 피어오르는 연화문을 두르고 위에 흙을 덧쌓은 뒤, 석재를 모아 탑신을 쌓고 그 위에 다시 연화문을 두른 특이한 모습을 하고 있으나, 원래는 5층의 석탑이었을 것으로 생각된다.

『삼국사기』에 의하면 문무왕은 "임종 후 열흘 안에 고문(庫門) 밖 뜰에서 화장하라. 상례의 제도를 검약하게 하라"고 유언하였는데, 능지탑 주변에서 문무왕릉비의 일부가 발견되고 사천왕사, 선덕여왕릉, 신문왕릉 등이 이웃한 것으로 보아 문무왕의 화장터로 추정할 수 있다.

경주시 배반동에 있다. 국립경주박물관 앞에서 7번 국도를 따라 불국사·울산 방면으로 1km 정도 가다 보면 길 앞에 횡단보도가 나오고, 왼쪽으로는 철길을 가로지르는 작은 시멘트길이 보인다. 시멘트길을 따라 200m 가량 가면 왼쪽으로 능지탑이 보이고 계속 가면 낭산 허리를 넘어 황복사터와 보문사터로 갈 수 있다. 승용차는 탑 주변 공터에 주차할 수 있으나 대형버스는 신문왕릉이나 국립경주박물관 주차장에 주차하는 것이 좋다. 대중교통은 경주 시내에서 불국사·외동 가는 시내버스를 타고 가다 능지탑 입구 내리마을에서 내린다. 탑 주변에는 숙식할 곳이 없다.

능지탑 주변 연화문 석재
탑을 새로 맞추어 세우다가 남은 연화문 석재를 한쪽 구석에 가지런히 쌓아놓았다.

능지탑
문무왕의 화장터로 알려져 있다. 부드러운 연화문으로 탑을 장식하였다.

중생사

능지탑 뒤편으로 200m 정도 걸으면 작은 절 중생사가 나타난다. 중생사 서쪽 약 50m 떨어진 곳에 남쪽을 향한 암벽이 있고 거기에 삼존불이 조각돼 있다. 거의 흔적을 알아볼 수 없을 정도로 마모가 심하다. 도판을 보지 않으면 형체를 알아볼 수 없을 정도인데, 숨은 그림 찾듯 마애불 위에 액자로 걸려 있는 도판을 보며 확인해 보아야 한다. 마애불

경주시 배반동에 있다. 능지탑 뒤 석재가 쌓여 있는 쪽으로 난 길을 따라 200m쯤 가면 된다. 대중교통과 숙식 모두 능지탑과 동일하다.

의 본존은 지장보살상으로 추정되며 좌우협시는 신장상이다. 본존은 모자를 쓴 모습인데, 다른 데서 보기 어려운 특이한 형식이다. 마애불을 보호하기 위해 누각을 씌웠다.

새로 지은 대웅전 앞마당 한켠에 통일신라 시대의 것으로 보이는 탑의 부재와 불상 대좌, 석등 부재들이 한 줄로 서 있다.

피모지장보살
다른 곳에서는 보기 힘든, 모자를 쓴 모습이다.

마애지장삼존불

중생사의 마애지장보살상은 모자를 쓴 보살상으로 그 유래가 희귀하여 미술사적으로도 매우 귀중한 자료가 되고 있다. 앉아 있는 본존의 높이는 90cm, 좌우에 함께 조각된 신장상은 병기를 들고 있으며 본존과 거의 같은 키이다. 보물 제665호로 지정돼 있다.

본존은 보발을 두 어깨에 드리우고, 띠줄이 있는 법의를 몸에 걸치고 있다. 스님의 복장에 가깝다. 수인은 생략되었으며 반가의 자세를 취하

마애지장삼존불
작은 암벽에 조성된 삼존불은 마모가 심해 쉽게 형체를 알아보기 힘들다. 마모를 막기 위해 누각을 씌웠다.

고 있다. 두광(頭光)과 신광(身光)도 갖추고 있다.

문무왕의 화장터로 전하는 능지탑이 가까이 있는 점과 조각 수법 등으로 미루어 통일신라 시대 작품으로 추정되며, 특히 머리에 두건을 쓰고 있는 모습이 고려 불화에 보이는 피모지장보살의 모습과 닮아 이러한 양식의 앞선 예로 여겨진다.

황복사터

경주시 구황동에 있다. 국립경주박물관 앞에서 7번 국도를 따라 불국사·울산 방향으로 700m쯤 가면 LG정유 경주고속주유소가 있는 사거리가 나온다. 주유소에서 앞으로 곧장 가면 낭산 자락을 따라 울산으로 가고, 오른쪽으로 가면 고속도로와 만나게 되며, 왼쪽으로 가면 포항 쪽으로 가게 된다. 포항 가는 길을 따라 700m 정도 가면 (배반지하로를 지난다) 오른쪽으로 구

낭산 동북쪽 구황동의 보문평야에 있다. 너른 논 사이 승용차 한 대 들어갈 만한 길이, 집이 몇 채 있는 마을로 나 있다. 그 길 끝에 지금은 삼층석탑과, 주변 논과 밭둑에 목 잘린 귀부 둘, 십이지신의 일부 조각 그리고 건물의 초석들이 남아 자리를 지키고 있다.

이곳을 황복사라 단정할 만한 확실한 고증은 없으나, 탑에 관한 기록은 비교적 믿을 만하다. 절터 주변에서 '황복' 또는 '왕복' 이라고 씌어진 기와 조각이 발견되었고, 이곳 삼층석탑에서 발견된 금동함에 기

록되어 있는 탑지의 내용으로 보아 이 절이 700년 전후에 왕실의 기복을 위하여 건립되었다는 것을 알 수 있다. 또한 신라의 고승이며 화엄종의 시조인 의상대사가 머리를 깎은 곳이었다 하니 적어도 의상대사 이전부터 있었던 절이라는 것만은 확실하다.

의상대사는 진평왕 47년(625)에 탄생하여 스무살 때 불문에 들었다. 스물여섯의 나이에 당에 건너가 종남산 지상사에서 지엄법사에게 사사했다. 때마침 당이 신라 침공 계획을 세우자 이것을 안 김인문의 부탁으로 위기를 본국에 알리기 위해 유학을 포기하고 귀국하였다. 귀국 후에 왕명으로 영주 소백산 기슭에 부석사를 창건하여 화엄종을 신라 땅에 심었으며 왕도 중심의 신라 불교를 지방으로 확산시키는 데 힘썼다.

이처럼 황복사는 의상대사와 인연이 깊은 절이었으며 의상대사의 명성과 더불어 그 지위도 높아져 왕실의 복을 비는 절로 성장했던 것으로 추정된다.

황복사터 삼층석탑

2중으로 쌓은 기단 위에 세워진 삼층석탑으로 통일신라 시대의 전형적인 모습을 보이고 있다. 탑의 상륜부는 없어졌으며, 높이는 약 7.3m로 감은사터 삼층석탑(높이 13.5m)이나 고선사터 삼층석탑(9m)에 비해 웅장한 맛은 없으나 다부진 느낌을 준다.

몸돌과 지붕돌은 각각 하나의 돌로 만들어졌다. 이는 판석을 조립해 탑신부를 짜올린 종전의 양식과는 다른 구조이다. 초층 몸돌에 비해 2, 3층 몸돌의 체감률이 급격히 떨어진다.

이 탑은 통일신라 석탑의 전형을 이루었으나 이후 시간이 지나면서 차츰 작아진 규모이다. 앞선 탑들과 기단부의 양식은 같으나 하층 기단 면석의 탱주가 3주에서 2주로 변화했다. 그리고 몸돌도 각면을 판석으로 조립한 것이 아니라 하나의 돌로 조성했으며, 우주도 따로 세우지 않고 각층 몸돌의 양모서리에 조각했다.

이 석탑은 효소왕 원년(692)부터 성덕왕 5년(706) 사이에 신문왕 등 전대 왕족의 명복을 빌기 위하여 건립하였다는 내용의 명기가 나와 정확한 연대를 알 수 있다.

황동 가는 시멘트길이 나오는데 시멘트길을 따라 600m쯤 가면 황복사터다. 승용차로는 탑 앞까지 갈 수가 있다. 주차장은 따로 없다. 대형버스는 국립경주박물관 주차장이나 구황동 입구 길가에 잠시 주차해야 한다. 시내버스는 구황동 입구 쪽으로 자주 다니며 입구에서부터는 걸어가야 한다. 숙식할 곳은 없다.

황복사터 삼층석탑 통일신라 삼층석탑의 전형적인 모습을 보여 준다. 황복사는 의상대사가 머리를 깎은 곳이다.

황복사터 금제여래좌상·입상

1943년 황복사터 삼층석탑을 해체 수리할 때 2층 지붕돌에서 사리함이 발견되었는데, 그 안에는 금으로 만든 여래좌상과 입상, 유리구슬, 팔지, 금실 등이 있었다.

사리함 뚜껑에 새겨진 명문에 의하면 석탑은 서기 692년에 승하한 신문왕을 위하여 세운 것이라고 한다. 신문왕비와 효소왕이 연이어 승하하자 성덕왕 5년(706)에 사리와 불상 등을 다시 넣고 아울러 왕실의 번영과 태평성세를 기원하였다고 한다. 왕실에서 세운 탑이었던 만큼 금불이 봉안되었다. 이와 함께 발견된 금과 은으로 만든 각종 장신구와 식기들의 호화로움도 놀랍다.

여래좌상의 높이는 12.2cm이며 국보 제79호로 지정되었고, 여래입상은 높이 14cm로 국보 제80호이다. 모두 국립중앙박물관에 보관되어 있다.

황복사터에서 출토된 금제여래좌상
미소 띤 얼굴에 뚜렷한 이목구비와 균형 잡힌 몸매를 지니고 있어 더욱 위엄 있게 보인다.

진평왕릉

진평왕릉은 경주 낭산 서쪽 산자락이 시작되는 보문동 평지에 자리잡고 있다. 주변은 논밭이며 들목에는 큰 고목이 능을 지키는 군대의 사열처럼 늠름하게 늘어서 있으나, 정작 그 끝에 있는 왕릉에는 아무런 장식이 없다. 장식이 없음에도 왕릉은 결코 초라하지 않으며 오히려 온화하고도 굳센 진평왕릉의 인품을 짐작하게 한다. 이곳에서 멀리 보이는 낭산 자락에 그의 큰딸인 선덕여왕의 능이 있다.

흙으로 쌓아올린 원형 봉분에는 커다란 자연석 하나가 박혀 있을 뿐이다. 하지만 그마저도 겉으로 드러난 호쾌한 모습이 아니고 흙 속에 묻

경주시 보문동에 있다. 황복사터가 있는 구황동 입구에서 포항으로 난 길을 따라 0.9km 정도 가면, 구황교 바로 못미처 사거리가 나온다. 여기서 오른쪽 보문단지 방향의 4번 국도를 따라 0.7km 더 가면 다시 오른쪽으로 진평왕릉 표지판과 함께 보문동 들어가는 시멘트길이 나온다. 이 길을 따라 1.1km 정도 가면 길 오른쪽에 진평왕릉 표지판과 함께 진평왕릉이 나온다.

진평왕릉
참으로 소박하면서도 화려함과 거대함
으로 가릴 수 없는 왕의 위엄이 깃들여
있다.

진평왕릉에는 주차장이 없
다. 진평왕릉 입구에서 조금 더 들어간
보문동 보문회관 앞에는 대형버스도 주
차할 수 있다. 마을 안으로는 버스가 다
니나, 시내에서 보문단지로 자주 다니
는 시내버스를 타고 보문동 입구까지 간
후 내려 걸어 들어가는 것이 더 편리하
다. 마을 안에는 설총묘도 있다. 숙식할
곳은 없다.

경주시 보문동에 있다. 진
평왕릉 입구에서 마을로 난 시멘트길을
따라 300m 정도 더 들어가면 설총묘
앞 보문회관이 나온다. 보문회관 사이
로 난 길을 따라 200여m 가면 길이 끝
나면서 오른쪽 논 가운데 연화문 당간지
주가 보인다. 연화문 당간지주에서 오
른편 위쪽으로 200m 떨어진 논 한가
운데에 석조, 절터, 당간지주 등이 있다.
논 한가운데 있어 추수 후나 모내기 이
전에만 가까이 갈 수가 있다.

혀 슬쩍 얼굴만 내밀고 있다. 전국 어디를 가나 눈에 띄는 문화재 주변
에 둘러진 철제 울타리가 없어 더 보기 좋다. 사적 제180호로 지정돼 있
다.

진평왕(579~632년)은 53년간 왕위에 있었으므로, 시조 박혁거세
이후 신라에서는 가장 오래 왕위에 있었던 임금이다. 그러한 왕의 위엄
으로 생색을 낸다면 더 크고 호화스러울 수도 있으련만 진평왕릉은 참
으로 소박하다. 그러나 그 소박함 속에는 화려함과 거대함으로 가릴 수
없는 왕의 위엄이 깃들여 있는 것이다.

보문사터

경주 동쪽 관문에 해당하는 명활산과 낭산 사이의 보문평야 동쪽에 보
문사터로 전해지는 곳이 있다. '보문'이라고 씌어진 기와 조각이 발견
되어 보문사가 있었으리라 추정할 뿐 절에 대한 기록으로 남은 것은 없
다. 절터를 알리는 표지판이 따로 있는 것도 아니고 절터였음을 알려주
는 각종 유물과 유적도 논 곳곳에 넓게 퍼져 있어 찾기가 쉽지 않다. 추
수 후에는 어림짐작으로라도 찾아갈 수 있으나 벼들이 자라고 있는 동
안에는 위치를 확인하기가 힘이 들 터이다.

논의 동쪽에 부처님을 모셨던 금당터가 있고 동서 탑자리에 초석이 남

아 있으며, 각종 석재가 논둑길에 드
문드문 박혀 있는 것을 심심치 않게 볼
수 있다.

논의 남쪽과 서쪽 두 곳에 당간지주
가 멀리 떨어져 있고, 절에서 급수용
으로 쓰던 석조가 비교적 잘 보전된 형
태로 남아 있다.

논보다 1m 가량 높은 흙으로 쌓은
축대 위 금당터에는 건물의 기단석과
초석이 남아 있다. 목탑터는 금당터 앞

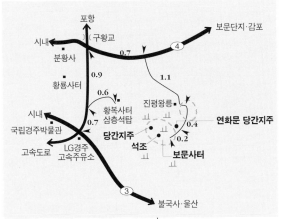

의 높은 단 위에 남아 있으며, 서탑지 중앙의 대형 초석에는 연화문이
조각되어 있다.

남쪽에 남북으로 마주보는 높이 3.8m의 당간지주가 있으며, 서쪽 논
가운데에 연화문이 새겨진 높이 1.46m의 당간지주가 있다. 이 밖에도
보물로 지정된 석조를 비롯하여 석등의 지붕돌 및 장대석 등의 석조물
이 있다.

보문사터에서 사방으로 진평왕릉, 황복사터 삼층석탑, 낭산 등을 볼
수가 있다.

초행길에 찾아가기는 쉽지 않다. 마을
에서 사람들에게 물어보고 찾아가는 것
이 좋다. 주차장은 없다. 보문동 보문회
관 주차장을 이용해야 한다. 대중교통
과 숙식은 진평왕릉과 동일하다.

보문사터
추수 후 드러난 석등받침. 보문동 논 곳
곳에서 절터의 흔적을 볼 수 있다.

보문사터 석조
보문사터에 온전히 남아 있는 몇 안 되는 유물 가운데 하나이다. 단순하고 소박하면서도 장중한 맛이 있다.

보문사터 당간지주
특이하게도 지주를 관통하는 구멍이 한 쪽에만 있다.

보문사터 석조

큰 화강암 하나에 장방형으로 내부를 깊게 파내 물을 담도록 했다. 파낸 크기는 깊이 0.61m, 길이 2.43m, 너비 1.85m이다. 아래쪽에 물을 빼고 넣고 하는 데 쓰였던 구멍이 있을 뿐 안팎으로 아무런 장식이 없다. 석조는 보통 절에서 쓰던 급수 용기라고 알려져 있으나, 부처에게 공양할 연꽃을 담는 용기라고도 한다.

이 석조의 조각 수법은 단순하고 소박하나 크기에서 느껴지는 장중한 맛이 있어 통일신라 시대 석조의 대표적인 것으로 평가되고 있다. 보물 제64호로 지정돼 있다.

보문사터 당간지주

높이 3.8m에 64cm 간격을 두고 남북으로 두 당간지주가 마주보고 있다. 장식 조각은 없지만 당간 윗부분 바깥 쪽에서 다소 도를 죽여가며 좁아지고 있어 상승감이 느껴진다. 소박하고도 장대한 멋이 있다.

남쪽 당간지주에는 상중하 세 곳에 당간을 고정시키기 위한 관통 구멍을 네모나게 뚫어놓았는데, 부러진 북쪽 당간지주에는 남쪽 당간지주의 관통 구멍에 상대되는 위치마다 구멍이 있으나 관통되어 있지는 않다. 이렇게 한쪽에만 관통 구멍을 내는 것은 무척 드문 일이다. 보물 제123호로 지정돼 있다.

보문사터 연화문 당간지주

동서로 62cm 간격을 두고 서 있는 높이 1.46m의 당간지주이다. 크기는 작지만, 다른 당간지주에서는 볼 수 없는 단아하면서도 화려한 연꽃무늬가 조각돼 있다.

현재 지주의 아랫부분이 상당히 흙에 묻혀 있는 상태이므로 간대나 기단의 유무, 아랫부분의 구조를 확인하기는 어렵다. 당간지주 위에는 당간을 고정시켰던 파임 곧 간구(竿溝)가 있으며, 당간지주의 바깥쪽에는 단박에 시선을 잡아끄는 화려한 연화문이 조각되어 있다. 조각의 아름다움은 물론이거니와 이와 같이 당간지주에 연화문을 조각하여 장식하는 예도 극히 드물다. 연꽃잎의 장식이라든가 돌을 다룬 솜씨나 양식이 통일신라 시대의 다른 당간지주에 견주어볼 때 매우 뛰어난 것이다. 보물 제910호로 지정돼 있다.

현재까지 원래의 자리를 지키고 있는 것으로 여겨지지만, 이 당간지주가 동남쪽에 남아 있는 보문사의 것이었는지 아니면 별개의 절이 또 있었는지는 확실하지 않다.

보문사터 연화문 당간지주
다른 당간지주에서는 볼 수 없는 화려한 연화문이 조각되어 있다.

낭산의 풍류인 백결선생

자비왕 때 낭산 밑에 백결 선생이 살고 있었다. 그 가계나 출신, 이름에 대해서는 아는 사람이 없었다. 집안이 지극히 가난하여 옷이 백 군데나 헤졌는데, 그 헤진 데를 꿰매 입은 모양이 마치 메추리가 달린 것과 같았다고 한다. 그래서 사람들은 그를 일러 백결 선생이라 하였다.

백결 선생은 거문고를 잘 탔다. 모든 희로애락을 거문고로 달랬으며 거문고만이 그가 사는 보람이었다. 그의 거문고 소리를 듣는 사람은 누구든 다 위로를 받았다.

어느 해 세모, 집집마다 떡방아 찧는 소리가 들려오고 있었다. 그러나 가난한 그의 집에서는 떡을 찧을 수가 없었다. 백결 선생의 아내는 가난이 서러워 "사람들이 모두 저렇게 떡방아를 찧는데 우리만이 이를 못하니 어찌 이 해를 보내고 새해를 맞으리오" 하며 탄식하였다.

이 하소연을 들은 백결 선생은 "대저 생사는 명(命)에 있고 부귀는 하늘에 달렸도다. 오는 것을 막지 못하며 가는 것은 좇을 수 없는데 그대는 어찌하여 이에 상심하는가. 내 그대를 위해 떡방아 찧는 소리를 냄으로써 이 슬픔을 위로하리다" 하며 거문고를 들고 한 곡을 탔다. 흥겹게 방아 찧는 소리였다. 온 가족들은 거문고에서 울려나오는 방아 찧는 소리에 가난의 서러움도 잊었다. 이 곡이 세상에 전하여 유명한 「방아곡」이 되었다.

코스5 토함산

신라인의 손끝에서 여문 장엄한 불국토

경주의 동쪽을 둘러싸고 있는 토함산은 높이 745m로 경주에서는 가장 높은 산이다. 옛부터 신라 오악의 하나로 숭앙받았으며 특히 동해에서 경주 시내를 잇는 가장 짧은 거리에 위치하여 군사적으로도 매우 중요하게 여겨졌다.

죽어서라도 용이 되어 왜구의 침입으로부터 나라를 지키겠다는 문무왕의 서원과 넋이 담긴 대왕암이 토함산 너머 동해에 있으며, 동악 곧 토함산의 산신이 되었다는 석탈해의 탄생과 죽음에 얽힌 이야기가 이 산자락에 묻어 있다. 그러나 우리가 토함산을 기억하는 것은 불국사와 석굴암 때문이다.

토함산이라는 이름이 붙여진 데는 여러 가지 설이 있다. 그 중 하나는 토함산과 인연이 깊은 탈해왕의 이름과 비슷하다는 견해이다. 『삼국사기』나 『삼국유사』에서 탈해는 "한편 토해(吐解)라고도 한다"고 했는데, 특히 『삼국유사』에서 토해라고 많이 쓰고 있다. 토해와 토함은 유사음이니 토함산이 되었다는 것이다.

또 다른 견해는 토함산의 경관에서 연유한 것이다. '안개와 구름을 삼키고 토하는 산'이 토함산이다. 정말로 동해의 습기와 바람은 변화무쌍하여 지척을 분별 못할 안개가 눈앞을 가리는가 하면 어느 사이에 안개가 걷히기 시작하여 잇달은 봉우리와 소나무 숲이 한 폭의 동양화를 이룬다. 동해의 잔잔한 수평선 위로 해가 가득 떠오르고 붉은 태양이 토함산을 넘어갈 때 우리는 문득 '토함'의 진의를 깨닫는다.

불국사와 석굴암은 국민 관광단지로 조성돼 교통이 무척 편리하다. 불국사에서 석굴암 근처의 토함산 꼭대기까지 자동차 도로가 닦여 있다. 차를 타고 아흔아홉 구비를 넘고 넘는 맛도 썩 괜찮다. 또한 석굴암 입구 일주문에서부터 석굴암까지 십여 분의 산길을 오르면서는 속세를 떠나는 기분을 느끼게 된다.

감포
↑보문동
↑민속공예촌
신라역사과학관
토함산
석굴암
2.2
일주문
주차장
불국사
1.5
코오롱
■호텔
경주 시내
2.3
구정동
방형분
불국사 관광단지
불국사역
(7)
외동·울산
7.5

**불국사
석굴암
구정동 방형분**

구정동 방형분

석굴암 본존불

국립경주박물관 앞에서 울산 방면 7번 국도를 따라 약 9km 가면 불국사역 앞
구정동로터리까지 간 후 여기서 왼쪽으로 난 시도로를 따라 3.8km 가량
더 가면 불국사 입구에 이른다. 석굴암을 보려면 불국사 입구를 지나 석굴로를
따라 토함산 정상으로 7.5km 정도 올라가야 한다.
보문단지에서 감포 가는 4번 국도를 따라가다 덕동호 못미처
오른쪽으로 난 시도로를 따라 7km 가도 불국사에 닿는다.
불국사 입구에는 대규모 관광단지가 있어 숙박에 어려움은 없으나
사찰 내내 관광객과 수학여행 등 단체손님이 붐벼 조금 어수선하다.
경주 시내에서 불국사까지는 시내버스가 자주 다닌다.

불국사

경주시 진현동에 있다. 국립
경주박물관 앞에서 7번 국도를 따라 울
산 쪽으로 약 9km 가면 불국사역 앞 구
정동로터리가 나온다. 여기서 왼쪽으로
난 시도를 따라 3.8km 가면 불국사
앞에 이른다.

경주 시내에서 감포로 난 4번 국도를 따
라가다 보문단지를 지나 덕동호 못미처
있는 삼거리에서 오른쪽으로 난 시도로
를 따라가도 역시 불국사 앞에 닿는다.

불국사 가는 길은 이정표가 잘되어 있어
찾아가기가 무척 쉽다. 불국사 앞 관광
단지내에는 많은 호텔, 여관과 식당, 각
종 기념품 가게 등이 있다.

경주 시내에서 불국사까지 시내버스가 자
주 다닌다.

입장료 및 주차료

어른 4,000·군인과 청소년 3,000
(2,500)·어린이 2,000(1,500)원, ( )
안은 30인 이상 단체

불국사 매표소 앞 주차장은 주차료를 받
지 않는다. 절 아래 관광단지 주차장은
승용차 3,000원·대형버스 5,000원씩
주차료를 받는다.

불국사 종무소 T.054-746-9913

'불국사' 하면 아무 말이라도 한마디 덧붙이지 못하고 묵묵히 있을 사람이 몇이나 될까. 범영루의 처마에 걸린 아침해와 긴 석축을 배경으로 찍은 사진 한 점 갖지 못한 사람은 또 몇이나 될까. 수학여행에다 신혼여행에 효도관광까지 남녀노소를 불문하고 우리 나라 사람이라면 한 번쯤 다녀간 관광지가 불국사이고 석굴암이다.

그러나 실상은 불국사에 대해 많이 알고 있다는 생각이 바로 불국사를 슬프게 하는 오해일는지도 모른다. 흔히 불국사를 조화적 이상미와 세련미를 보여주는 신라문화의 정수이며 완결편이라고들 한다. 무엇이 그런 극찬을 받게 하는 것인지, 무지의 눈과 번잡한 마음을 싹 씻어버리고 새로운 마음으로 불국사를 다시 보자.

화려하고 장엄한 부처님의 세계를 땅 위에 옮겨 세우려면 국민들의 합심과 그것을 뒤받침해줄 만한 경제력, 곧 국력이 있어야 한다. 삼국이 통일되어 나라가 안정되고 모든 문화가 골고루 발달하던 시기에 불국사는 만들어졌다.

『삼국유사』에는 경덕왕 10년(751), 김대성이 불국사를 창건하였다는 이야기가 실려 있다. 「불국사고금창기」에 의하면 불국사는 법흥왕 15년(528)에 지어졌고, 문무왕 10년(670)에 지은 무설전에서 의상의 제자인 표훈이 머물렀다고 하는 등 불국사 창건에 관해 『삼국유사』와 다른 기록을 보이지만, 이는 믿을 만한 연대가 못된다. 다만 총 2천여 칸에 이르는 60여 동의 크고 작은 건물들로 이루어졌다는 기록으로 보아 불국사의 규모만 짐작할 수 있을 뿐이다.

이후 고려와 조선을 거치면서 여러 차례 중수되었으며 임진왜란 때 크게 불타 석축만 남게 되었다. 창건 후 650여 년간 뭇 사람들에게 참된 부처님, 참된 아름다움의 세계로 기억되던 불국사는 그 뒤로 여러 차례 다시 세워지곤 하였다. 그러나 이미 전쟁으로 국력이 기운 뒤였고 숭유억불정책으로 불교도 퇴락의 길을 걷고 있던 까닭에 신라의 정신을 되살릴 길이 없었을 터이다.

그 뒤 자하문, 범종각, 대웅전, 극락전 등만 간신히 남아 있다가 1969

불국사 전경
하늘에서 내려다본 대웅전 구역이다. 김
대성이 현생의 부모를 위해 지었다는 불
국사에는 통일신라 문화의 조화적 이상
미가 잘 드러나 있다.

년 발굴조사 뒤, 없어졌던 무설전, 관음전, 비로전, 경루, 회랑 등이 1973
년의 대대적인 보수공사로 복원되었다.

    불국사는 높은 축대 위에 평지를 조성하고 여기에 전각들을 세운 대
표적 가람이다. 현재의 경내는 크게 세 영역으로 나뉘는데, 대웅전과 극
락전, 비로전이 각각 중심 건물이 된다. 극락전 뒤쪽에 복원되지 않았
으나 법화전터로 알려진 건물터가 남아 있는 것을 보면 창건 당시의 불
국사와 현재의 불국사 규모에는 차이가 있을 것으로 짐작된다.

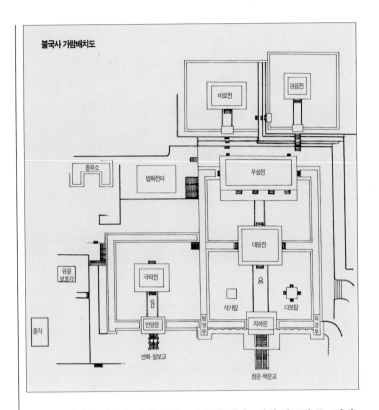

불국사 가람배치도

현재 낱낱의 영역은 영역에 이르기 위한 계단, 영역 입구인 문, 영역의 중심 건물, 영역을 둘러싼 회랑 등의 네 가지 기본 요소로 이루어진다. 불교적 해석을 빌면 각 영역이 하나의 이상적인 피안세계인 불국을 형상화한 것으로, 대웅전 영역은 석가여래의 피안세계를, 극락전 영역은 아미타불의 극락세계를, 비로전 영역은 비로자나불의 연화장세계를 나타낸 것이다.

대웅전 영역

이들 세 영역 가운데 중심이 되는 공간은 대웅전 영역이다. 이 영역은 다리(청운교, 백운교)와 중문(자하문), 건물(대웅전과 무설전)이 남북 일직선상의 축으로 중심을 이루며 이를 감싸고 있는 회랑으로 이루어졌다. 남북 일직선상에 가람이 배치된 것은 평지 가람에서 지켜지던

김대성에 관한 전설

김대성은 머리가 크고 이마가 평평하여 성과 같이 생겼다고 하여 이름을 대성(大城)이라 하였다. 홀어머니를 모시고 사는 그는 너무 가난하여 마을의 부자 복안 밑에서 머슴살이를 하였는데, 열심히 일한 그는 초가삼간과 밭을 조금 마련할 수 있었다. 어느 날 점개라는 스님이 복안에게 흥륜사 법회에 시주하기를 권하자 복안이 베 50필을 바쳤다. 점개는 신도가 보시하면 천신이 항상 보호하여 하나를 보시하면 만 배를 얻게 되고 안락과 장수를 누리게 될 것이라 축원을 하였다.

이 말을 들은 대성이 어머니에게 말씀드리기를 "우리가 과거에 좋은 일들을 해놓은 것이 없어 이같이 곤궁하니 지금 보시를 하지 않으면 내세에 더 가난해질 것입니다" 하여 밭을 흥륜사 법회에 보시하기로 하였다.

그후 얼마 지나지 않아 대성이 죽었다. 대성이 죽은 그날 밤 재상 김문량의 집에 이상한 일이 생겼다. "모량리의 대성이라는 아이가 너의 집에 환생하리라" 하는 소리가 지붕에서 들려왔다. 그리곤 김문량의 아내가 임신하여 아이를 낳았는데 아이가 왼손을 꼭 쥐고 펴지 않다가 7일 만에야 폈다. 그 손바닥 안에 '대성'이라는 두 글자가 새겨진 쇠붙이가 있었다. 따라서 아이 이름을 그대로 대성이라 하고 모량리에 사는 전생의 가난한 어머니도 김문량의 집에 모셔와 편히 살게 하였다.

부잣집 아들로 다시 태어난 대성이 장성하여 하루는 토함산에 올라 곰을 잡았다. 꿈에 곰이 귀신으로 변해 원망하며 말하는데 "네가 나를 어째 죽였더냐" 하며 으르렁댔다. 두려움에 대성이 용서를 빌자 그 곰은 자신을 위해 절을 하나 지어달라 하였다.

잠에서 깬 대성은 크게 반성하고 이후 사냥을 그만두고 곰을 잡았던 자리에 장수사를 지었다. 이 일로 인하여 사람으로 살면서 영(靈)에 등한하였음을 깨달은 대성은 김문량 부모를 위해서는 불국사를 세우고, 모량리의 옛 어머니를 위하여는 석불사 곧 석굴암을 세웠다 한다.

이 기록이 어느 정도 사실인지는 믿기 어려우나 불국사가 창건된 것은 35대 경덕왕 때의 일로 김대성이 어느 정도 이 불사에 참여하였음은 부인할 수 없을 것이다.

규율이 산지 가람에도 예외없이 적용되는 엄정함을 보이는 것이다. 대웅전 앞마당에는 석등과 석가탑, 다보탑이 있고, 앞쪽에 범영루와 좌경루가 좌우대칭이 되어 팽팽한 긴장감을 준다. 꽤 넓은 대웅전 앞 공간이 활기를 잃지 않는 것은 이런 석조물들이 계획적으로 배치되어 있는 까닭이다.

흔히 불국사를 돌아볼 때 놓치기 쉬운 것이 경내로 들어가기 전의 석축 장치이다. 불국사는 다른 절과는 달리 경내로 들어서면 크게 둘로 갈라지는데, 석축 위는 불국이고 그 아래는 범부의 세계이다.

경주고속터미널 옆 천마관광(054-743-6001~5)에서 운영하는 순회관광버스를 잘 이용하면 짧은 시간에 경주 일대를 알차게 돌아볼 수 있다.

퍽 단아한 모습의 석축은 1층 기단엔 큰 돌을, 2층 기단에는 작은 냇돌을 쌓았으며, 그 사이에 인공적으로 반듯하게 다듬은 돌로 기둥을 세워 지루하지 않게 변화를 주었다. 석축의 단아함은 두툴두툴 제멋대로 생긴 자연석과 인공으로 다듬은 매끈한 돌이 서로 부딪치지 않고 화합을 이룬 데서 비롯된다. 특히 불국사 축대의 자연과 인공의 조화는 인공적인 틀 속에 자연스러움을 끼워넣은 멋을 보여준다.

또한 석축 중간에 다리(연화·칠보교, 청운·백운교)를 내고, 하늘로 날아오를 듯한 처마가 돋보이는 범영루와 좌경루를 세워서 수평적으로만 둘러진 것 같은 석축에 변화를 주었다. 불국세계의 위엄과 굳셈을 함께 상징하는 이 석축으로 불국과 범부의 세계가 구분되며, 청운·백운교와 연화·칠보교가 두 세계를 잇는다.

대웅전 경내에 들어서면 불국사의 사상과 예술의 정수라 할 수 있는 석가탑과 다보탑이 시선을 끈다. 두 탑은 서로 크게 다른 모습을 하고 있으나 모양과 그 주변 분위기가 서로 어우러져 경내를 장엄한 불국토로 만들고 있다. 석가탑과 다보탑은 각기 석가여래상주설법탑과 다보여래상주증명탑으로 불교의 이상이 이곳에서 실현된다는 깊은 상징성을 갖는다.

창건 당시 대웅전의 본존불 시각에서 두 탑을 바라보면 화려한 다보탑 뒤로는 단순한 건물인 경루가 들어섰고, 단아한 석가탑 뒤로는 화려한 종루가 배치되어 각기 생김새가 다른 두 탑과 누각이 전체적으로 다양함 속에서도 통일성을 잃지 않는 균형을 이루었다고 한다. 그러나 임진왜란 때 불에 타 원래 모습이 크게 손상되었으며 이후 여러 차례 복원되는 과정에서 종루와 경루는 제 모습을 잃어버렸다.

또한 대웅전 앞 공간이 갖가지 조형물로 밀도 있게 구성된 반면, 뒤쪽의 무설전 앞은 아무 조형물 없이 빈 공간을 이루는 것도 의미 있는 대조이다.

대웅전 앞의 석등과 봉로대(배례석)도 주목할 만하다. 석등은 신라의 것으로 가장 오랜 것에 속하며 소박하면서도 늠름해보인다. 석등 앞에 면마다 안상을 새긴 석대가 향로를 얹어 향을 피우던 봉로대이다.

불국사의 중심이 되는 대웅전 건물은 1695년에 다시 세운 것이고, 기

단은 신라 때 것 그대로이다.

　백운·청운교와 대웅전을 잇는 자하문의 좌우에는 임진왜란 후 중건할 때 만든 동서 회랑이 있었지만 1904년경에 무너졌다. 회랑 양끝에 역시 경루와 종루가 있었지만 동쪽 경루는 일찍이 없어지고 서쪽의 종루만 남아 있다가 1973년 복원 때 범영루로 복원되었다.

　대웅전 뒤쪽의 무설전은 경론을 강의하는 곳으로, 신라 때 만든 기단 위에 아홉 개의 기둥이 다섯 줄로 서서 육중한 맞배지붕을 떠받치고 있는 잘 지은 강당이다. 말이 많이 오가는 곳이 강당인데 이름은 오히려 역설적으로 '말이 없는 곳'이라는 뜻. 지극한 진리에 이르려면 모든 진리를 뛰어넘어야 한다는 불교의 가르침을 여기에서 느끼게 된다.

　꽤 넓은 대웅전 영역에는 모두 회랑이 둘러져 있다. 회랑을 건립한 근본취지는 부처에 대한 존경의 뜻이다. 대웅전의 정문을 바로 출입하는 것은 불경(不敬)을 의미하므로 참배객은 존경을 표하는 뜻에서 정면으로 출입하지 않고 이 회랑을 따라 움직인다.

　무설전 뒤쪽의 가파른 계단을 오르면 피라미드식의 지붕을 얹은 아름

다운 관음전이 있다. 관음전에는 관세음보살을 모시고 있다. 이 가파
른 계단을 낙가교라 하는데, 이곳에 오르면 회랑이 어떻게 무설전과 대
웅전을 두르고 있는지 잘 볼 수 있다.

청운·백운교

범영루와 좌경루가 솟아 있는 석축 중앙에 쭉 힘차게 내뻗은 계단이 있
다. 위쪽의 16계단이 백운교이고 아래쪽의 17계단이 청운교이다. 이
돌계단을 올라서면 자하문을 거쳐 대웅전으로 들어가게 된다.

청운교 밑에는 무지개처럼 둥근 들보 모양으로 만들어진 홍예문이 있
다. 지나치게 고요하고 안정된 긴 석축에 둥근 곡선으로 변화를 일으켜
생동하는 기운을 불어넣고 있다.

원래 석축 아래에는 연못이 있었다고 하는데, 지금도 계단 왼쪽에 토
함산의 물을 끌어들여 연못으로 물이 떨어지게 한 수구가 남아 있다. 이
수구에서 연못으로 물이 떨어지면 거기서 이는 물보라에 무지개가 떴다

고 한다. 못 위에 놓인 청운·백운교와 연화·칠보교, 긴 회랑과 경루, 종루 등 높은 누각들이 거꾸로 물 위에 비쳐 절경을 이루었을 터이다.

청운·백운교 계단을 올라서면 자하문이다. 자하문은 석가모니의 피안세계인 대웅전 영역으로 들어서는 관문이다. 부처님의 몸을 자금광신(紫金光身)이라고도 하는데 자하문이란 부처님의 몸에서 나오

정면에서 바라본 청운·백운교와 자하문

는 자줏빛 금색이 안개처럼 서리고 있다는 뜻이다. 이 문을 통과하면 세속의 무지와 속박을 떠나서 부처님의 세계가 눈앞에 펼쳐진다는 것을 상징하고 있다. 국보 제23호로 지정돼 있다.

한편, 자하문에서 내려다보면 범영루와 좌경루를 받들고 있는 주춧돌이 보인다. 특히 범영루의 주춧돌은 특이하게 쌓여 있다. 주춧돌은 동서남북 네 방향으로 각기 8매의 판석으로 조립되었는데, 밑부분을 넓게 하고 중간에는 가늘고 좁게 하였다가 다시 밑부분과 같이 넓게 쌓았다. 이러한 건축 양식은 아무 데서도 찾아볼 수 없으며, 모방할 수 없는 신라 특유의 슬기이다.

청운·백운교 옆 수구
석축 아래 있던 연못터에 물을 끌어들이기 위한 수구장치가 지금도 남아 있다. 수구 주위로 자연석과 인공석이 화합을 이룬 단아한 석축이 보인다.

다보탑

사면으로 계단을 놓은 사각의 육중한 기단 위에 날개를 편 듯 힘찬 추녀가 가로뻗친 사각 기와집 형식이며, 그 위에 연꽃잎 모양으로 창문을 낸 팔각정이 세워진 3층 양식의 화려한 탑이다. 팔각지붕에는 귀마다 풍경이 달려 있었던 것으로 보이는 구멍이 뚫려 있다. 탑의 높이는 10.4m이며 국보 제20호로 지정돼 있다.

다보탑은 다른 탑에서는 전혀 볼 수 없는 통일신라 최전성기의 화려한 탑으로 완전히 규범에서 벗어나 참신하고 기발한 착상으로 이루어졌다. 또한 각 부분의 조각 수법에 있어서도 마치 목조구조물을 보는 듯 아름답다.

다보탑은 그 화려함만큼 설명이 시끄러울 정도로 복잡한 구조로 짜여

다보탑 석가여래가 영취산에서 설법할 때 땅에서 솟아나와 석가여래 설법이 참이라고 증명한 다보여래를 상징하여 조성한 탑으로, 목조구조물처럼 화려하다.

져 있다. 그러나 그것은 짜증을 만들어내는 복잡함이 아니라 정교함과
조화를 느끼게 하는 세밀함이라는 데에 묘미가 있다.

1층은 억센 사각, 2층은 아담한 팔각, 3층은 부드러운 원. 이렇게 변
화를 주면서 강함은 차츰 연약하게 되고 억센 힘은 점점 부드러워진다.

사각의 기와집 앞에 놓인 돌사자는 원래 네 마리였으나 지금은 한 마
리만 남아 있다. 하지만 연화대좌에 새긴 꽃 모양이며 화려한 목걸이로
미루어보아 이 사자는 원래 있었던 것이 아니고 장식적인 사치를 즐겼
던 9세기 초에 만들어진 것이 아닐까 하는 짐작도 된다.

흙을 주무르듯 돌을 잘 구슬리고 다듬어낸 것이 다보탑의 솜씨라면,
석가탑의 솜씨는 커다란 통돌의 크기를 줄이면서 깔끔하게 상승하는 느
낌을 만들어낸 것이다.

기단 위 돌사자
원래 네 마리였으나 지금은 한 마리만 남
아 있다.

대웅전 앞 석등
가장 오래된 신라의 늠름한 석등이다. 앞
에 있는 단은 향로를 얹어 향을 피우는 봉
로대. 극락전 앞에도 이와 같은 석등과
봉로대가 있다.

석가탑

튼실한 2중의 기단 위에 탑신부의 몸돌과 지붕
돌이 단순한 모양으로 크기가 줄어들면서 차곡
차곡 쌓아져 3층으로 솟아오른 석가탑은 감은사
터 삼층석탑과 고선사터 삼층석탑에서 이어지는
통일신라 삼층석탑의 전형을 이루고 있다. 탑의
높이는 8.2m이며 국보 제21호로 지정돼 있다.

석가탑은 창건 이후 상륜부를 제외하고는 큰
손상 없이 원형대로 잘 보존되어왔다. 1966년
보수공사 도중 석탑 안에서 사리 장엄구와 세계
최고(最古)의 목판인쇄물이라 할 수 있는 무구
정광다라니경(국보 제126호)이 발견되었다.
이 유물들은 현재 국립경주박물관에 보관돼 있
다.

석가탑이 보여주는 완벽한 균형미는 치밀한 계
산으로 만든 상승감과 안정감에서 비롯된다. 1
층의 몸돌과 2, 3층의 몸돌의 비율이 4:2:2를
보이는 것은 감은사탑의 경우와 마찬가지로 아

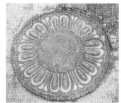

팔방금강좌
석가탑 주위에 팔방금강좌라 불리는 연
꽃 대좌 8개를 만들어놓은 데에는 다음
과 같은 까닭이 있다.
석가여래가 영취산에서 제자들에게 법
화경을 설법할 때 다보여래를 상징하는
칠보탑이 땅에서 솟아나와 큰소리로 석
가의 말이 진리라고 하였다.
이때 제자들이 다보여래를 뵙기를 청하
자, 석가여래는 백호에서 빛을 내어 찬
란한 부처의 세계를 임시로 만들고, 팔
방에 금강좌를 만들어 온 우주에 차 있
는 부처님의 분신을 모여앉게 하고 다보
여래를 친견할 수 있도록 하였다.
석가탑 주위에 이 팔방금강좌를 놓은 까
닭은 석가탑에 석가여래가 상주한다는
것을 상징하기 위한 것이다.

래쪽에서 바라보는 사람의 시선을 고려한 것이다. 또한 지붕돌의 ㄲ트머리를 보면 위로 치켜올려진 것 같지만, 실제로는 지붕돌의 낙수면 끝을 사선으로 내려친 것으로 끝이 위로 올라가는 듯한 느낌을 준다.

단정한 기단부와 탑신부에 비해 상륜부가 다소 시ㄲ럽고 무겁게 보이는 것은 석가탑보다 백 년이나 뒤에 만들어진 남원 실상사 삼층석탑의 상륜부를 그대로 본떠 만들어 얹었기 때문이다. 또한 석가탑 아래에는 넓은 꽃잎으로 된 팔방금강좌가 둘러져 있어 전체적인 안정감을 더해준다.

석가탑은 '무영탑' 이라고도 불리는데, 이 탑을 만들었다는 석공 아사달과 아사녀의 전설이 있는 영지가 불국사 입구 매표소에서 멀리 서쪽으로 내다보인다.

비로전 영역

비로전은 무설전 뒤쪽 높은 곳에 있으며 관음전 왼쪽 아래에 있다. 건물은 1973년 대복원공사 때 고려 시대 양식으로 지은 것이다. 비로전 안에는 통일신라 때 조성된 비로자나불이 있다. 비로자나란 '빛을 발하여 어둠을 쫓는다' 는 뜻으로, 여러 부처 가운데 가장 높은 화엄 불국의 주인이 되는 부처이다. 비로전 옆뜰에는 얼핏 석등으로 여겨지는 회백색의 화려한 고려 초기의 부도가 전각 안에 갇혀 있다.

석가탑 ◄◄
통일신라 삼층석탑의 완성을 보여주는
탑으로 완벽한 균형미를 갖추었다.

금동비로자나불상

높이 1.8m, 머리 높이는 55cm, 폭은 1.36m이다. 몸은 바로 앉아서 정면을 향한 모습이고 오른손의 둘째손가락을 세워서 왼손으로 잡는 지권인을 하고 있다. 오른손은 불계를 표시하고 왼손은 중생계를 표시한 것이다. 지권인은 중생과 부처가 둘이 아니며, 어리석음과 깨달음이 둘이 아니라는 심오한 뜻을 나타낸다.

살진 듯한 얼굴에서 중후함이 느껴진다. 목에는 삼도를 나타내어 위

엄을 보이고 있다. 다부지게 꼭 다문 입술, 지긋하게 아래세상을 내려다보는 자비로운 눈, 단정히 결가부좌하고 손을 지권인으로 하여 가슴 앞에 들고 있는 힘찬 모습은, 민첩한 활동력을 나타내는 부드럽고 힘차게 흐르는 옷자락과 더불어 8세기 중엽 통일신라 시대의 씩씩한 기상을 보여준다. 국보 제26호이다.

금동비로자나불
위엄 있는 얼굴과 힘찬 모습의 이 불상은 백률사 금동여래입상, 불국사 아미타여래좌상과 함께 통일신라 3대 금동불이라 불린다.

부도

안상이 새겨진 팔각대석 위에 탐스러운 꽃잎을 밑으로 늘어뜨린 연꽃 받침을 놓고, 그 위에 서로 얽혀 하늘로 오르는 구름기둥을 세우고 다시 피어오르는 연꽃을 얹어 대좌를 만들었다. 그 조각 장식이 화려하고 섬세하다.

연꽃대좌 위에는 배가 부른 둥근 탑신을 놓았는데, 사방에 감실을 만들고 석가모니불, 다보불, 제석, 범천을 사방불로 새겼으며, 십이각의 기와 지붕을 본떠 만든 지붕돌을 얹었다. 높이 2.06m이다. 고려 초기의 작품으로 여겨지나 누구의 부도인지는 알 수가 없다.

다른 데에서는 보기 힘든 화려한 장식의 부도로, 현재 좁은 전각 속에 갇혀 있어 무척 답답해 보인다. 보물 제61호로 지정돼 있다.

부도
고려 초기에 만들어진 것으로 누구의 부도인지는 알 수 없으나 좀처럼 보기 힘든 화려한 장식을 하고 있다.

극락전 영역

무설전과 대웅전의 서쪽 회랑에서 계단을 밟고 내려서면 극락세계의 중심 건물인 극락전이 있다. 불국사 입구에서부터 들어오면 석축 왼쪽에 있는 연화·칠보교를 밟고 안양문을 올라 이르게 되는 곳이다.

견고한 석단 위에 목조로 세워진 극락전은 임진왜란 때 불타버린 이후, 영조 26년(1750)에 중창되었다가, 1925년 일제 때 다시 지어졌다. 극락전의 정연한 기단부는 신라 시대 때 만들어진 것이나 그 위에 근래에 지어진 건물이 기단부와 조화를 이루지 못해 아쉬움이 남는다. 극락전 안의 아미타불을 모신 목조수미단은 일제 당시 만들어진 것이다.

극락전 앞에도 대웅전 앞에 있는 것과 같은 시기에, 같은 양식으로 만들어진 석등과 봉로대가 놓여 있다.

안양문에서 연화·칠보교를 다시 한 번 더 내려다보며 연꽃무늬를 확인하고 돌아나오는 길에 불국사 들목에서 주목했던 석축의 옆면을 보게 된다. 평지인 정면 쪽에서 보는 석축과는 또 다르게 단정하고도 시원한 눈맛을 준다. 그 비결은 자연돌 중간에 끼운 인공돌이다. 언덕 위에 지었기 때문에 측면이 되는 비탈길의 축대를 어떻게 처리할 것인가가 문

연화·칠보교와 안양문
연화·칠보교를 거쳐 안양문에 들어서면 아미타여래의 극락세계에 이르게 된다.

극락전
통일신라 때의 정연한 기단 위에 근래 건물을 새로 지어 올렸으나 잘 어울리지는 않는다.

극락전 측면 축대
경사진 지형에 맞게 석축의 선에 변화를 주어 정면의 석축과는 달리 단정하고 시원한 눈맛을 준다.

제였다. 그런데 인공돌을 수평으로 놓다가 어느 한 지점에서 비스듬히 경사지게 놓아 비탈을 올라간다는 느낌을 주어 안정감과 상승감을 동시에 만족시킬 수 있었던 것이다.

이렇게 지상에 구현된 불국토의 세계를 돌아보고 다시 불국사의 석축 아래로 내려서면 범부의 세계로 나오게 된다. 그러면 신기하게도 들어갈 때 보지 못했던 두 쌍의 당간지주와 석조가 눈에 띈다. 연화·칠보교 앞 널찍한 뜰에 서 있는 두 쌍의 당간지주는 크기가 다른데, 이는 불국사가 여러 차례 중수되는 동안 각기 다른 시기에 만들어진 것으로 짐작된다.

당간지주 앞에는 거대한 석조가 놓여 있다. 이는 신라 석조 가운데서는 보기 드물게 큰 것으로 둔탁하고 장중한 돌로 만들어졌으나 경쾌하다. 특이하게도 바로 옆에 석조를 덮었던 돌뚜껑이 놓여 있다. 좌경루 앞쪽에 있는 또 하나의 석조는 지금도 물을 담는 그릇으로 쓰이고 있어 불국사를 찾는 사람들의 목을 적셔주고 있다. 이처럼 볼거리가 풍부하고 뜻이 깊은 불국사는 사적 및 명승 제1호로 지정돼 있다.

금동아미타여래좌상
통일신라 시대에 만들어진 가장 크고 훌륭한 불상 중의 하나이다.

금동아미타여래좌상

극락전 안에는 아미타여래불상이 결가부좌를 하고 있다. 오른손은 무릎 위에 놓고 가슴께로 올린 왼손은 엄지와 장지 손가락을 짚어 극락에 사는 이치를 설법하고 있는 자세이다. 풍만하고 탄력 있는 살결 위에 간결하게 흐르는 옷주름, 전체적으로 인자하고 침착한 모습의 이 불상은 국립경주박물관에 있는 백률사의 약사여래상과 함께 통일신라 3대 금동불로 불린다.

높이 1.66m, 머리 높이 48cm, 무릎의 너비 1.25m의 크기로 8세기 중엽의 작품이며 국보 제27호로 지정돼 있다.

연화·칠보교

연화·칠보교의 양식은 청운·백운교와 같으며 다소 규모가 작을 뿐이다. 연꽃잎이 새겨진 아래쪽의 계단이 연화교이고 위쪽이 칠보교이다. 연화교에 새겨진 연꽃무늬는

연화교 연꽃 문양
연화교 계단마다 연꽃잎을 곱게 새겨 화려한 장식을 하였으나 지금은 마모가 심해 겨우 그 흔적만을 볼 수 있다.

「조선고적도보」에 실린 연화·칠보교
뒤쪽 일부 보이는 것이 극락전이다. 연화·칠보교는 무너진 상태로 방치되어 있다.

너무 오랫동안 방치되고 사람들의 통행이 심했던 까닭에 거의 마멸되기에 이르렀다. 지금은 통행을 금지하고 있으니 안양문에서 내려다보아야 한다. 이 계단을 거쳐 안양문에 오르고 안양문을 통과하면 아미타의 극락세계인 극락전 영역에 이르게 된다. 오르는 계단 하나하나에 조각된 활짝 핀 연꽃은 불국으로 향하는 걸음을 향기롭게 한다. 국보 제22호로 지정돼 있다.

석굴암

경주시 진현동에 있다. 불국사 입구에서 토함산 정상으로 난 아혼아홉 굽이 고갯길을 7.5km 정도 오르면 토함산 정상 석굴암 입구에 이른다. 석굴암으로 오르는 석굴로는 유료도로이며 불국사 앞에서 석굴암 입구까지는 석굴암 관광버스가 아침 10시부터 약 40분 간격으로 다닌다. 숙식할 곳은 없다.
입장료 및 주차료(유료도로)
어른 4,000·군인과 청소년 3,000 (2,500)·어린이 2,000(1,500)원, ( )안은 30인 이상 단체
승용차 2,000·대형버스 4,000원

토함산에서 바라보는 그 유명한 동해 일출은 대기에 습기가 적은 10, 11월 정도에야 제대로 볼 수가 있다. 해가 뜨기 전 석굴암 관리소(054-746-9933)에 일출 상황을 미리 알아보는 것도 좋은 방법이다.

석굴암은 통일신라의 문화와 과학의 힘, 종교적 열정의 결정체이며 국보 중에서도 으뜸으로 꼽히는 문화재이다. 석굴암이 있는 토함산 정상에서는 동쪽으로 푸른 바다가 하늘 끝과 맞닿고 서쪽으로는 끝없이 이어진 봉우리들이 하늘과 만나는 절경을 볼 수 있다.

불국사에서 석굴암까지 이어진 도로로 차를 타고 약 7.5km 정도 올라가 주차장에 하차한 후 십여 분 가량 산길을 걸으면 석굴암이다.

석굴암은 불국사와 함께 김대성에 의해 창건되었는데, 그는 전생의 부모를 위해 석불사 곧 석굴암을 창건하고 현생의 부모를 위해서는 불국사를 세웠던 것이다. 석굴암은 경덕왕 10년(751)에 착공하였으며 김대성이 죽은 뒤에는 나라에서 공사를 맡아 완성시켰다.

석굴암은 자연석을 다듬어 돔을 쌓은 위에 흙을 덮어 굴처럼 보이게 한 석굴사원으로, 전실의 네모난 공간과 원형의 주실로 나뉘어 있다. 주실에는 본존불과 더불어 보살과 제자상이 있고 전실에는 인왕상과 사천왕상 등이 부조돼 있다. 석굴사원이긴 하지만 사찰건축이 갖는 격식을 상징적으로 다 갖추어 하나의 불국토를 이루었다.

우선 전실에서부터 배치된 조각을 살펴보면, 석벽 좌우에 팔부신중 4체씩이 각각 마주보고 있고, 연이어 금강역사가 한 체씩 서 있다. 일반 사찰과 견주어보면 이들 조각은 사천왕문 같은 도입부에 속한다. 그러나 이 전실은 여러 차례에 걸쳐 보수했기 때문에 원래의 모습을 단정 짓기가 어렵다. 전실과 주실은 비도(扉道)로 연결돼 있다. 비도 좌우

에는 사천왕상이 두 체씩 조각되어 있다.

　주실은 본존불을 중심으로 둘러싼 공간으로 되어 있고 앞쪽 좌우에는 돌기둥이 있다. 입구에서부터 좌우에 차례대로 천부상 하나, 보살상 하나, 십대 제자상 다섯, 그리고 본존불 바로 뒤에 십일면 관세음보살이 있다. 십일면 관세음보살 위로 본존불의 광배가 새겨져 있으며, 광배 양 옆으로 각 다섯 개의 감실이 있다.

　감실 안에는 문수, 유마, 지장 등 기타 보살상이 안치되어 있다. 다만 현존하는 것은 좌우 넷씩 모두 8체뿐이며, 나머지 두 감실은 빈 공간으로 남아 있다. 전실의 조각까지 합하면 현존하는 석굴암의 조각은 모두 38체로 저마다의 특징과 표정이 잘 표현되었다. 주실의 본존불은 일반 사찰의 대웅전에 해당하고 관음상은 관음전을, 다른 보살 군상들은 천불전쯤에 해당된다 하겠다.

석굴암 본존불 뒤에는 대리석으로 된 작은 탑이 있었고 앞에는 화강암으로 만들어진 탑이 있었다. 본존불 뒤의 탑은 일제 시대에 일본으로 반출된 뒤 행방을 알 수 없게 되었고 본존불 앞의 탑은 상륜부가 부러지고 탑신 아래쪽이 깨어진 상태로 현재 국립경주박물관에 보관되어 있다. 다만 이들 쌍탑을 받쳤던 기단 중 하나가 남아 석굴암 한쪽 구석에 놓여 있다.

석굴암 일주문에서 바라본 동해
맑은 날에는 동해의 푸른 바다가 선명히 보인다. 그런 날에 석굴암에서 바라보는 일출은 그야말로 장관이다.

천장은 아치형으로
되어 있고, 본존불 바
로 위에는 연화문을
새긴 하나의 큰 천개가
있다. 이 천개에는 석
굴암을 지을 때 세 조
각으로 갈라진 것을 천신이 다시 붙여놓고 갔다고 하는 김대성의 꿈 이
야기를 증명이라도 하듯 세 줄의 균열이 그대로 남아 있다.

석굴암이 창건된 이후 고려나 조선 시대에는 어떠한 모습으로 있었는
지 알 길이 없으나, 큰 변화 없이 창건 당시의 모습을 유지해왔던 것으
로 짐작할 수 있다. 조선 숙종 때 정시한의 『산중일기』를 보면 석굴암
에 유숙하면서 석굴암의 장관을 찬미하고 그 절묘한 솜씨에 감탄했다는
내용이 적혀 있다. 또한 겸재 정선은 『교남명승첩』에 경주의 골굴암과
석굴암을 그려놓았다. 이 화첩은 최근의 복원공사에서 석굴암 입구에
목조 전실을 첨가하는 데 자료가 되었다. 이러한 사실은 이삼백 년 전
까지만 해도 석굴암이 잘 보존되어 있었음을 말한다.

그런데 일제 시대 한 일본인 우편배달부가 마치 자신이 이 석굴암을
지하동굴에서 발굴한 양 과장선전하여, 이후 일본의 무뢰한들이 우리

1913년 석굴암 해체 모습
일제에 의해 완전히 해체·보수될 때 잘못 복원됨으로써 석굴암의 구조를 전혀 알지 못하게 되었고, 보존에도 문제가 생겼다.

의 수많은 문화재급 유물들을 반출해가는 계기를 만들었다. 일제는 석굴 전체를 해체하여 일본으로 가져갈 계획까지 세웠으나 한일합방으로 굳이 반출할 필요를 느끼지 않았다고도 한다.

일제는 석굴암에 세 차례의 복원공사를 하였다. 그러나 석굴암을 완전 해체하고 잘못 조립하였기 때문에 지금으로서는 불상들의 위치와 석굴암의 정확한 구조를 전혀 알 수가 없게 되었다. 뿐만 아니라 습기가 많은 자연적인 장애를 극복하고 천년을 넘게 버텨온 석굴암은 그 자체가 과학기술의 결정체라 할 만큼 우수한 것으로 자체적으로 환기와 습도를 조절할 수 있는 능력이 있었으나, 보수를 하면서 당시 신소재로 각

석굴암 전경
목조 전실을 만들어놓아 석굴암 보존에 더욱 많은 문제가 생겼다.

광을 받던 시멘트로 석굴암 둘레를 막아버렸다. 결국 이는 석굴암 내부에 습기가 차는 원인이 되고 말았다.

현재의 석굴암 구조

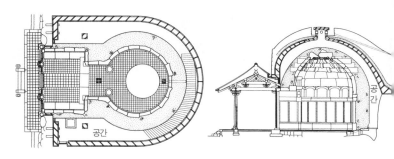

공간

공간

석굴암은 원래 석굴법당뿐만 아니라 주변 건물까지 포함해 석불사라 불렸는데, 일본인들이 석굴암이라 부르면서부터 그렇게 굳어져버렸다.
또 잘못된 고증으로 인해 만들어진 목조 전실 때문에 목굴암으로 불리기도 하고, 내부의 환기를 차단해서 생긴 결로현상 때문에 수굴암으로 불리기도 한다. 지금이라도 올바른 고증을 통해 본래의 모습을 되찾고 석불사라는 이름도 되찾아야 할 것이다.

이후 석굴암은 해방 뒤 혼란한 사회 속에서 거의 주목을 받지 못하고 방치돼 있다가 1961년에 들어서서야 우리 손으로 다시 복원되었다. 이때는 이미 일제가 만들어놓은 시멘트벽 때문에 내부 벽면에 물방울이 생기는 등 보존에 문제가 생겼다. 그러자 실내습도를 유지한다 하여 일차 시멘트벽 위에 공간을 띄어놓고 다시 시멘트로 발라놓았다. 그러고는 따로 인위적인 환기장치를 석굴암 내부에 마련하였다.

또한 석굴암에 악영향을 미치는 자연 조건을 차단한다는 명목으로 목조 전실을 설치하고 또 목조 전실과 석굴암 사이에 유리벽을 설치하였다. 이렇게 앞뒤로 외부와 완전 차단된 석굴암은 이제 스스로의 자정능력을 완전히 잃어버렸으며 습도나 온도를 인위적으로 조절해주지 않으면 안될 지경에 이르렀다.

현재 일반 관람객은 목조 전실로 들어가 유리로 막아놓은 벽 너머로만 석굴암의 내부를 들여다볼 수밖에 없다. 무척 안타까운 일이다.

팔부신중

전실 맨 앞쪽 좌우에 나란히 네 체씩 서 있는 팔부신중 혹은 천룡팔부는 천, 용, 야차, 건달바, 아수라, 가루라, 긴나라, 마후라가 등의 가상 동물들로 원래는 인도의 힘있는 신들이었는데, 석가모니의 교화를 받아 불교의 수호신이 되었다.

이를 석굴암 창건 당시의 조각이 아닐 것으로 짐작하는 이유는 첫째, 팔부중상 신앙은 8세기 중반 이후에 나타나는 것으로 석굴암이 조성된 연대와는 차이가 있고 둘째, 본존불이 있는 석굴암 후실의 조각에 비해 전체적으로 솜씨가 둔하고 움직임이 적다는 것이다. 그 중 전실 쪽에서 본존불을 향해 오른쪽 두번째에 있는 건달바와 왼쪽 네번째에 있는 용의 조각이 비교적 우수하다. 다음은 천·긴나라·야차·마후라가 상을 새긴 솜씨가 비슷한데, 헝겊으로 만든 부드러운 옷자락이 아니라 철갑을 두른 듯 도식화되어 있다. 아수라상과 가루라상은 아주 후세에 만들어진 듯 솜씨가 가장 치졸하다. 이처럼 팔부신중의 조각 수법이 각기 다른 것은 여러 번 파손되어 보수되었기 때문이 아닌가 생각된다.

한편, 석굴암의 다른 조각들에 비해 팔부중상만이 유독 풍화작용으

팔부신중
고대 인도의 신이었는데 석가모니의 교화를 받아 불교의 수호신이 되었다.

가루다 ①
마후라가 ②
야차 ③
긴다라 ④

①	②
③	④

로 인한 마멸이 심한 것으로 미루어 석굴암에는 원래 전실이 없었을 것으로 짐작된다.

인왕상

인왕상
부릅뜬 눈과 불쑥 튀어나온 근육에 용맹한 기운이 넘쳐난다.

금강역사 또는 인왕역사라고 부르며 보통 탑 또는 절의 문 양쪽에서 수문신장의 역할을 맡는다. 머리 뒤에는 커다란 원형의 두광(頭光)이 있다. 단순히 힘센 자가 아니라 신성한 지혜를 고루 갖춘 존재임을 나타내는 것이다.

왼쪽의 역사는 입을 벌려 '아' 소리를 내며 공격하는 모습이고, 오른쪽의 역사는 입을 굳게 다문 채 빈틈없는 방어의 자세를 갖추고 있다. 전신에 행동하는 힘, 서 있는 듯하지만 날쌘 동작의 순간을 포착한 듯한 옷자락, 무서운 표정이지만 조금도 악의가 없는 얼굴이 표현되어 있다. 이는 중국이나 일본의 금강역사상에서는 볼 수 없는 독특한 모습이다. 입을 굳게 다문 인왕은 높이 2.16m, 입을 벌려 '아' 소리를 내고 있는 인왕은 높이 2.11m이다.

한편 국립경주박물관에 가면 이와 똑같은 모양의 인왕상 머리와 왼팔 등의 파편을 볼 수 있는데, 이것은 해체공사 당시 발견된 파편으로 현재의 인왕상이 새로 조성된 것임을 알 수 있게 한다.

사천왕상

수미산 중턱의 동서남북 네 지역을 관장하는 천왕상이 본존불을 맞이하는 문턱 좌우에 각각 2체씩 조각돼 있다. 동방은 지국천, 서방은 광목천, 남방은 증장천, 북방은 다문천왕이 지키고 있다.

지국천왕은 갑옷을 입은 아주 용맹스러운 무사 차림으로 두 손에는 칼을 들고 입은 굳게 다물었으며 악귀를 밟고 있다. 다문천왕은 얼굴을 북쪽으로 돌리고 왼손으론 옷자락을 쥐고 오른손은 위로 들어올려서 보탑을 손 위에 올려놓고 있다. 역시 지국천왕과 복장이 비슷하며 밟고 있는 악귀의 모습도 상당히 비슷한데, 악귀의 모습이 이처럼 실감 나게 표현된 것은 흔치 않다. 지국천왕은 높이 2m, 다문천왕은 높이 1.92m

이다.

　본존불의 왼쪽에 있는 것이 남방 증장천과 서방 광목천이다. 증장천왕도 지국천왕과 비슷하나 발 아래에 악귀가 엎드려 있다. 광목천왕은 오른손을 가슴에 올려 칼을 쥐었으며 발 밑에 엎드린 악귀를 밟고 있다. 얼굴은 딴 돌로 새겨져 있는데 이는 나중에 다시 조각된 것이 틀림없으나 언제의 것인지는 알려지지 않고 있다. 증장천왕은 높이 2.03m이고, 광목천왕은 높이 2.04m이다.

본존불

본존불은 연꽃잎을 엎어놓은 화대석과 팔각중대석, 연꽃을 위로 떠받드는 상대석이 갖추어진 연화대좌 위에 앉아 있는데, 오른손 검지손가

석굴암 본존불의 대좌 밑에는 지하수가 솟아나는 샘이 있었는데 일제가 석굴암을 해체·보수하면서 막아버렸다. 이 샘은 원래 감실의 환기구멍과 함께 석굴암 안의 습도를 조절하는 구실을 하였다. 한편 이 샘이 대종천의 발원지라는 이야기도 있다.

보존 문제로 석굴암 전실 앞에 유리창을 만들어놓아 일반인은 본존불을 친견하기 어렵다.
아직도 석굴암의 실체에 관한 많은 이견들이 있는데, 불국사에서 보문단지로 가는 길에 있는 경주 민속공예촌 내 신라역사과학관(054-746-4998)에서는 석굴암 사진과 여러 이견들을 토대로 석굴암 모형 87기를 만들어 석굴암에 대한 이해를 돕고 있다.
또한 첨성대에서 바라본 경주의 별자리와 옛 경주의 모습을 그린 그림 등이 전시되어 있어 경주 여행을 더욱 알차게 해주고 있다.

락으로 살포시 땅을 짚어 부처의 영광을 증명함으로써 악마의 유혹을 물리치는 항마촉지인을 하고 있다. 연화대좌는 높이 1.6m, 기단 최하부는 직경 3.7m이며, 본존불의 높이는 3.4m이다.

통일 이전의 부처들이 주로 입상으로 다정하게 웃고 있는 모습이었던 것과는 달리 석굴암의 본존불은 높은 단 위에 앉아 우아하고 위엄 있는 모습을 하고 있다. 그것은 지혜와 능력이 극치에 달한 승리자의 모습이다. 본존불은 성냄도 없고 뚜렷한 미소도 없으나 명상과 깊은 침묵이 감도는 무(無)의 세계를 만들어 범인이 감히 가까이할 수 없는 위엄이 흐른다.

인공적인 부자연스러움 없이 부드럽게 넘치는 생명력을 표현한 어깨선, 가부좌한 두 다리와 무릎, 두 팔과 손, 반쯤 내린 눈, 온화한 눈썹, 양미간에 서려 있는 슬기로움, 자애로운 입가, 그리고 백호. 이 모든 선들이 조금의 허점도 보이지 않는다. 뿐만 아니라 돌 위에 마치 얇은 천의를 걸친 듯 옷주름도 아름답게 조각되었다.

본존불 뒤 벽에 깊숙이 새겨놓은 소박하고도 빼어난 연화문 광배는 본존불의 영광을 드러낸다. 광배를 불상에 직접 붙이는 일반적 방법과는 달리 간격을 두고 멀리 배치하여 더 입체적인 조화를 느끼게 한다. 특히 주목되는 것은 광배의 둘레를 돌아가며 장식한 연꽃잎을 위로 올라갈수록 크고 아래로 내려올수록 작게 한 것이다. 이는 아래에서 기도하는 사람의 착시현상을 이용한 것이다. 불두의 크기가 몸의 크기에 비하여 크게 만들어진 것도 이와 같은 원리를 이용한 것이다.

또한 본존불은 주실의 한가운데에 자리하지 않고 뒤로 약간 물러난 위치에 있다. 이는 앞을 향해 전진하는 듯한 동적인 이미지의 본존불을 만든다. 만약 본존불이 중앙에 자리 잡고 있었다면 주실이 비좁고 답답한 느낌이 들었을 것이다.

신비로움을 가득 간직한 본존불의 고요한 모습은 석굴 전체에서 풍기는 은밀한 분위기 속에서 신비의 깊이를 더해주고 있다. 그런데 1913년 중수 때 비도와 본존불 사이에 있는 좌우 돌기둥을 연결하는 아치형의 양석(梁石)을 가로질러 놓아 동해 바다를 내려다보는 본존불의 시야를 가리고 말았다.

본존불 높은 단 위에 우아하고 위엄 있는 모습으로 앉아 있는 본존불에는 이상적인 아름다움이 사실적으로 묘사되어 있다.

이 본존불이 석가모니불이냐 아미타불이냐 하는 판단을 두고 서로 다른 견해가 있으나 우선 석가모니불의 특징인 항마촉지인을 하고 있다는 점, 둘째, 본존불 주위에 십대 제자가 있고 문수와 보현 보살이 협시하고 있다는 점, 셋째, 손오공이 나오는 서유기의 현장스님이 부다가야에서 본 석가모니성도상이 당나라 척도로 폭 11.8척, 높이 13.2척이라고 『대당서역기』에 적고 있는데, 이를 기준으로 석가모니성도상의 크기인 폭 11.8척, 높이 13.2척으로 만들었다는 점 등으로 석가모니불로 판단하는 견해가 설득력을 얻고 있다. 이 견해에 따르면 '수광전' 이라는 현판 등이 있었던 것은 당시 유행하던 아미타 신앙의 요소를 받아들인 때문이라는 것이다.

제석천과 범천

제석천과 범천은 인도 고대신화에 나오는 신이었으나 불교에서는 석가여래를 찬양하고 불법을 지키는 신으로 나타난다. 제석천과 범천, 그리고 잇달아 서 있는 문수와 보현은 팔등신으로 돌 속에서 금방이라도 튀어나올 듯 환상적으로 조각돼 있다.

제석천은 왼손에 깨끗한 물을 담은 병을 들었다. 그가 중생을 다스리는 도구는 먼지를 터는 불자와 때를 씻는 물병이다. 두 얼굴의 표정에는 오직 정적만이 깃들이고, 거친 욕심이 다 사라져버린 안온한 마음의 경지가 드러나 있다. 배 앞에서 부채꼴로 펴져내린 치마주름은 두 허벅다리를 양감 있게 둘러싸고 있다. 두 팔에 걸친 옷소매와 길게 늘어진 천자락은 양쪽에 균형을 이루며 흘러내린다. 높이는 2.11m이다.

석굴암의 범천상은 우리 나라 불교미술에 나타나는 범천상 중에서 가장 뛰어난 조각이다. 원래 범천상은 남성도 여성도 아닌 중성적인 신이지만 이 범천상은 가냘프고 풍만한 여체의 아름다운 곡선미가 얇은 비단옷 주름 속에 감춰져 있는 것 같은 인상을 준다. 부드럽게 드리운 왼팔에 정병을 들고 오른손은 가슴 높이로 올려서 불자를 든 균형 잡힌 자태의 아름다움은 동적인 아름다움 위에 신라인의 고요한 사색을 담은 정적인 아름다움을 더한 것이라 할 수 있다. 높이 2.14m이다.

문수와 보현

제석천 다음으로 문수보살, 대범천 다음으로 보현보살이 서 있다. 문수
보살은 지혜와 이론에서 뛰어났으며 반야경을 결집했다고 알려져 있다.
보현보살은 불타의 이(理)와 정(定), 행(行)의 덕을 맡아보는 보살
이다.

두 보살은 모두 원형의 소박한 두광을 갖고 있다. 머리에는 삼면의 보
관을 썼고 귀와 가슴 등에는 구슬로 된 장식이 달려 있다. 입고 있는 옷
또한 구름처럼 부드럽고 달빛처럼 얇아서 입김에도 나부낄 듯하다. 두
보살 모두 높이 2.2m이다.

문수와 보현
둥근 두광과 장신구, 부드러운 옷 표현
이 돋보이는, 석굴암에서 가장 우아한 조
각이다.

십대 제자

석굴암 십대 제자 부조상은 세계 불교미술사에 있어서도 극히 드문 대
형 조상으로, 특징 있는 표현과 예술성으로 높이 평가받고 있다. 십대
제자상은 여러 차례의 보수과정에서 순서가 바뀌었을지도 모를 일이며,
열 명의 제자가 제각기 맡은 바 설법, 수도, 불사 등을 행하고 있는 모
습으로, 조각에 탄력과 긴장감이 엿보인다.

이들 제자상은 모두 머리를 깎았고 발목에 이르는 가사를 입었는데 두
어깨에 걸치거나 또는 오른쪽 어깨를 드러내고 있다. 머리에는 둥근 두
광이 새겨져 있고 두 발 밑에는 타원형의 대좌가 놓여 있다. 높은 코와

십대 제자
각 제자들 저마다의 모습과 표정이 잘 나타나 있다.

깊은 눈 등은 서역 사람들과 닮은 듯싶다. 제일 작은 제자상이 높이 2.08m 이며, 가장 큰 제자상이 높이 2.2m이다.

십일면 관음보살

석굴 앞쪽에서 보면 본존불 뒤에 숨어서 잘 보이지 않는다. 화불이 새겨진 십일면 관음보살의 가장 큰 특징은 관음보살의 정면 본 얼굴을 제외하고 머리 위에 부조된 머리가 11면이라는 말이다. 이 11면은 다방면의 기능과 양상을 드러내기 위한 것이라고 한다.

십일면 관음보살
다른 조각과는 달리 많이 돌출되어 있다.
6.5등신의 현실감 있는 모습으로 신라
의 아름다운 여인을 보는 듯하다.

석굴암 전실의 인왕상과 주실의 십일면
관음보살상은 내부의 여러 부조들과 달
리 환조에 가까운 부조로 만들어졌다.
예전에 목조 전실이 없던 상태에서는 태
양빛을 정면으로 받는 부분에 해당하여
그림자의 음영이 드러나지 않아 부조의
특색을 보여줄 수 없자, 의도적으로 환
조에 가까운 고부조로 만듦으로써 음영
을 강조한 것이다.
이렇듯 신라인들은 조각 하나하나의 조
명까지도 염두에 두면서 석굴암을 조성
하였다.

9면이라고 알려져왔으나 실상은 일본인이 2면을 떼어가 9면이 된 것이다. 섬세한 옷자락과 화려한 장식, 가냘프고도 깔끔한 모습으로 불타에 바치는 지성을 절절하게 표현하고 있다.

팔등신에 가까운 다른 천부상이나 보살상들과는 달리 6.5등신에 정면을 바라보고 또 돌출이 심해 현실감이 느껴진다. 긴 몸에 섬세하게 표현된 천의와 온몸을 덮고 흐르고 있는 구슬목걸이는 화려함을 한층 더하고 있다. 오른손을 내려서 목걸이를 잡았고 왼손은 병을 잡아 가슴 앞에 들었는데, 그 병에는 활짝 핀 한 송이의 연꽃이 꽂혀 있다. 몸의 아래로는 몇 겹으로 겹쳐진 연화좌가 두 발을 받치고 있으며 구슬목걸이와 천자락이 연화좌에까지 걸쳐져 있다. 가히 '미스 신라'라 이름할 만큼 뛰어난 아름다움을 지닌 관음보살상이다. 높이는 2.2m이다.

감실

석굴 위쪽 본존불의 얼굴 높이에 열 개의 감실이 있다. 감실에는 환조로 된 보살상 7구와 유마거사상으로 보이는 나한상 1구가 앉아 있다. 비어 있는 감실은 일제시대 때 도둑 맞은 까닭이다. 감실 안의 보살들은 본존여래의 얼굴을 바라보면서 설법을 하고 있는 모습이다. 자세와 표정이 각양각색이면서도 각기 독특한 예술적 가치

감실 안 보살상
자세와 표정이 각양각색인 보살들이 감실 안에 있다. 감실 뒤에는 환기를 할 수 있는 공간이 있었는데 일제가 해체·복원하면서 막아버렸다.

를 잃지 않았다. 크기는 73cm에서 81cm 내외이다.

특이한 것은 보살들 틈에 유마거사가 끼여 있다는 점인데, 머리 깎고 중이 되지 않더라도 부처님의 세상에 들어갈 수 있다는 희망을 심어준다.

원래 감실 뒤에는 환기와 통풍을 위한 공간이 있었다고 하는데, 일제

천장 연화문
궁륭천장을 받치고 있는 돌못은 요철 모양을 이뤄 공간감을 더해준다.

가 해체·복원할 때 시멘트로 막아버려 공기순환이 자유롭지 못해 이슬이 맺히는 결로현상이 더 심하게 됐다.

천장 연화문
천장은 하늘처럼 둥글게 짜인 궁륭 모양인데 30개의 돌못이 쐐기처럼

박혀 궁륭천장을 받치고 있
다. 해체·복원 전에 천장
의 일부가 무너졌지만 이
돌못 때문에 다행히 다 무너
지지 않고 여래상을 보존
할 수 있었던 것이다. 뿐만

석굴암 광창 석재
석굴암에 관한 여러 이견 가운데 광창의
유무에 대한 것만큼 논란이 많았던 것도
드물다. 1910년경 찍은 석굴암의 사진
을 보면 주실 입구 위 돌이 시작되는 부
분에 광창이 있었음을 확인할 수 있다.
이 광창은 동해에서 떠오른 찬란한 태양
빛을 받아들여 주실 전체를 조명하고 석
굴 내부의 환기까지도 조절하는 역할을
하였다.
1913년 일제는 석굴암을 해체·복원
하면서 비도와 본존불 사이의 돌기둥에
아치형의 양석을 설치하면서 광창도 함
께 막아버렸다. 현재 석굴암 수광전 위
에는 석굴을 보수하면서 찾아 끼우지 못
한 석재들과 광창의 석재들이 함께 놓여
있다.

아니라 돌못은 둥근 아치형의 천장이 지루하지 않게 변화를 주는 장식
역할까지 하고 있으며, 햇살처럼 여래의 빛이 하늘가에서부터 퍼져나
오는 느낌을 주어 공간감을 느끼게 한다.

천장 맨 꼭대기에는 하나의 큰 돌을 중심으로 하여 웅장하고 화려한
단선 복판의 연화를 새기고 있는데, 이 큰 돌은 김대성의 창건설화에 나
오는 바와 같이, 천신이 세 조각을 이어붙인 듯 균열이 있다.

천장은 앉아 있는 본존불이 일어서서 움직이더라도 머리 끝이 천장에
닿지 않을 정도의 높이로 치밀하게 만들어졌다.

석기둥

비도(하늘로 들어가는 길)에서 둥근 주실로 들어가는 입구 양쪽에 대문
처럼 팔각기둥이 서 있다. 둥근 복련꽃으로 된 주춧돌 위에 팔각기둥을
세우고 기둥 높이 3분의 2 되는 곳에 둥근 연꽃을 장식하였다. 일제는
본존불의 눈높이에서 두 기둥을 가로지르는 아치형의 양석을 놓았는데,
이는 일본 신사의 양식일 뿐더러 동해를 바라보는 본존불의 시야를 가
려놓고 말았다.

실상 이 팔각기둥이 석
굴암을 떠받치고 있는 것
은 아니나, 시각적으로는
석굴암 전체를 떠받들고 있
는 것처럼 보이며 이 기둥
으로 하늘세계와 땅세계의
경계를 표시하고 있는 것
이다.

석굴암 앞 석등 받침
조각솜씨가 화려하면서도 긴장감이 살
아 있다.

원형 삼층석탑
원과 사각과 팔각이 잘 조화된, 유례를
찾아볼 수 없는 독특한 양식의 삼층석탑
이다.

원형 삼층석탑

석굴암을 나와 요사채 앞을 가로질러 왼쪽 언덕으로 올라가면 독특한 삼층석탑을 볼 수 있다. 원형의 지대석과 팔각 원당형으로 된 2중 기단에 방형의 3층 탑신부가 놓여진 독특한 양식의 삼층석탑이다. 이런 석탑 형식은 매우 독특한 예인데 어디에서 유래된 것인지는 불분명하다. 높이는 3.03m이며, 8세기 말의 것으로 추정된다.

각 몸돌에는 우주를 모각하였는데, 특히 1층 몸돌은 2층 몸돌에 견주어 훨씬 크고 높직하다. 각층의 지붕돌 층급받침은 3단이며 지붕돌은 평평하고 얇은 형태이다. 크고 높직한 1층 몸돌은 둥근 대좌와 잘 대비되고 있다.

직선적인 처마, 얇고 산뜻한 낙수면은 단아하게 느껴지며, 전체적으로 원과 사각, 팔각이 조화를 이루고, 기단부와 탑신부 상하가 균형을 이룬다. 보물 제911호로 지정돼 있다.

그 밖에도 석굴암 아래쪽에는 해체·수리 당시 복원되지 못한 석재들이 방치돼 있다.

박종홍과 석굴암

박종홍(1903~1976년)은 평양에서 태어났다. 호는 열암(洌巖). 그는 일생을 철학가이자 교육가로 살았으며 학자로서 활발한 저술활동을 폈다. 대표적 저서로『한국의 사상적 방향』, 『한국사상사 - 불교사상편』, 『자각과 의욕』 등이 있고, 유고로는『변증법적 논리』, 『한국사상사- 유학편』이 있다. 만년에는 '국민교육헌장' 기초위원으로 참여하기도 하였다.

1922년『개벽』에 '한국미술사'를 연재하여 큰 인기를 모았던 그에게 석굴암은 뛰어넘을 수 없는 한계였던 듯, 그는 어느 날 석굴암을 계기로 한국미술사 연구를 그만두게 된다.

"……석굴암을 보더라도 그들 조각 하나하나가 또는 전체로서 무엇을 의미하는 것이며, 그러니까 이것은 어떤 위치, 저것은 어떤 자세 그리고 어떠한 정신이 나타나 있는 것인가를 알아야 적절한 감상이 가능할 것이다. 그렇다면 불교 전체에 대한 풍부한 지식이 요구됨을 짐작할 수 있다. 나는 어느 해인가 리프스의 미학책을 트렁크에 넣어가지고 경주 석굴암을 찾아가 그 앞에 있는 조그만 암자에서 한여름을 지낸 일이 있었다. 리프스의 조각에 관한 이론을 기준으로 석굴암을 설명해보려고 하였던 것이다. 석굴암 속에서 거의 살다시피 하면서 무한 애를 써보았으나, 어떻게 하였으면 좋을직하다는 엄두도 나지 않았다. 오래 머물러 있었던 덕에 아침 저녁으로 광선 관계가 달라진다든가, 특히 새벽에 해 돋아 오를 때도 좋지만, 둥근 달이 석가상을 비추일 때면 석굴암 전체가 그야말로 신비의 세계가 된다는 것을 알게 되었다.

나의 우리 미술사는 석굴암을 설명할 수 없는 나 자신의 부족함을 느끼자 계속할 용기가 없어지고 말았다. 나는 기초적인 학문부터 다시 시작하여야 되겠다고 절실히 느꼈다. 그후에 나는 섣불리 석굴암 설명을 하려면 차라리 아니함만 못하다고 생각한 것을 잘한 일이라고 알게 되었다. 일본 사람 야나기 무시요네(柳宗悅)가 그의『조선과 그의 미술』이라는 저술에서 이 석굴암을 광선관계를 가지고 상당히 세밀하게 고찰하였기 때문이다. 탄복한 것이 사실이다. 그리고 우리가 우리의 것을 연구하면서 남의 나라 사람보다는 잘하여야 면목이 서지, 그보다 못하려면 차라리 발표하지 않는 것이 좋다고 생각하였던 것이다. 그리하여 나의 한국미술사는 중단된 셈이다."

경주시 구정동, 불국사역 앞 구정동로터리 바로 왼쪽에 있다. 방형분 앞에는 대형버스까지 주차할 수 있는 공간이 있으나 간혹 화물트럭이서 있어 주차하기 곤란한 경우도 생긴다. 경주 시내에서 불국사나 외동행 시내버스를 이용할 경우 불국사역에서 내린다. 주변에 숙식할 곳이 많다.

구정동 방형분

불국사역 앞 구정동로터리에 주위가 아담하게 꾸며진 네모난 고분이 있다. 삼국 시대의 고구려 고분에는 장군총과 같이 방형으로 된 것이 있지만 신라 것은 거개가 원형분이다. 방형으로 신라에서는 유일한 것이라는 점도 기억할 만하지만, 무덤 안의 석실을 들여다볼 수 있어 더 흥미롭다.

고분의 앞쪽 중앙에 안으로 들어가는 입구와 통로가 있다. 석실 안 바닥은 돌로 만들었으며, 입구 왼쪽 면에는 안상이 그려진 직사각형의 받침돌이 있다. 무덤 주위에 십이지상이 조각된 호석이 있어, 지위가 높은 사람의 무덤으로 생각되나 누구의 무덤인지는 알려져 있지 않다.

정사각형으로 된 고분은 한 변의 길이가 9.5m, 높이 약 3m 가량이다. 길게 다듬은 큰 돌을 3단으로 쌓았으며 그 위로 판석을 넓게 놓아 봉토의 흙이 무너져내리는 것을 막았다. 각면에는 무사 옷을 입은 십이지신상을 새긴 돌을 놓고 양쪽 귀퉁이에 우주를 세웠다.

경상남도 거창이나 진주 등에서 나타나는 둘레돌을 갖춘 네모무덤(고려 전기)의 선구적인 형태로 보여진다. 사적 제27호로 지정되어 있다.

구정동 방형분
신라에서는 유일하게 네모난 형태의 고분이다.

방형분 십이지신상 중 말
고분 입구에는 갑옷을 입은 말이 새겨져 있다.

방형분 바로 옆 로
터리 중앙에는 삼층
석탑 하나가 서 있다.
이 탑은 남산동 삼층
쌍탑 근처에 있는 염
불사터에서 옮겨온
것이다.

구정동 삼층석탑
남산동 삼층쌍탑 부근 염불사터에서 옮
겨왔다. 1층 지붕돌이 제 짝이 아니어서
단정한 아름다움이 반감되었다.

　염불사는 본래 피
리사라 불리던 절이
었다.　피리사에는
한 스님이 계셨는데
그는 누구에게도 자
기의 이름조차 말한
적이 없어 스님의 내력에 대해서 아는 이는 아무도 없었다.　스님은 절
에서 항상 염불을 외우셨는데 그 염불 소리는 서라벌 구석구석까지 들
리지 않은 곳이 없었다.　염불 소리를 들으면 화난 사람은 마음이 평안
해지고 슬픈 사람은 슬픔을 잊었다.　그래서 사람들은 그 절을 염불사라
부르게 되었다.　세월이 흘러 절은 없어진 지 이미 오래고 2기의 탑자리
만 남아 있었는데 삼층석탑은 근래 이곳으로 옮겨왔다.　지금은 도지동
이거사터에 있는 석탑의 지붕돌을 이용하여 다시 세워놓았으나 1층 지
붕돌이 제 짝이 아니어서 단정한 아름다움이 반감되었고, 탑의 내력을
알려주는 표지판 하나 없어 지나치는 이들이 그저 무심히 바라볼 뿐이다.

코스 6 외동읍

조각 장식이 뛰어난 능과 탑

외동은 경주와 울산을 잇는 길목으로 7번 국도와 철도가 읍내를 가로지르고 있어 울산과 부산 방면으로 가는 교통량이 많다. 옛 서라벌의 남쪽 관문이기도 했던 외동읍은 신라 시대에는 울산만을 거쳐 침입해오는 왜구를 막는 방벽 구실을 하였다. 외동 방면에서 찾아볼 만한 유적지로는 영지와 괘릉, 원원사터가 있다.

이승에서 다 맺지 못한 아사달과 아사녀의 사랑 이야기가 깃들여 있는 영지. 그러나 영지는 애틋한 사랑 이야기에 그치지 않고, 불교를 일으켜 나라를 발전시키겠다는 국사(國事)에 동원된 백성들의 생활상을 짐작할 수 있게 한다.

괘릉에는 이국적인 풍채와 얼굴 모습으로 잘 알려진 무인석과 신라인의 여유를 나타낸 듯 장난끼마저 보이는 표정과 자세를 한 네 마리 사자가 있다. 원성왕의 능이라고도 하는데 통일신라 시대의 능묘로 가장 완비된 형태이며 연구 가치가 높다.

외동읍 남쪽 끝 봉서산 깊숙한 곳에 외따로 떨어진 원원사터는 신라의 영원한 번영을 염원하여 지은 호국 사찰이다. 옛 절터 바로 앞에 근래 원원사라는 이름의 절이 들어서 비록 고풍스러운 멋을 잃었지만, 대웅전 뒤로 오르는 돌계단이 허물어진 채 옛 모습 그대로 남아 있다.

또 호젓한 숲 속에 십이지상과 인왕상 들이 빼어난 솜씨로 조각된 삼층석탑 두 기와 남아 있어 매우 고즈넉한 분위기를 자아낸다. 깊은 산속에 꼭꼭 숨은 이 절은 여간한 결심이 아니면 찾기 어렵다.

영지
괘릉
원원사터

불국사역 앞 구정로터리에서 7번 국도를 따라 울산 쪽으로 2km 정도 가면
오른쪽 철길 넘어 영지로 가는 작은 길이 나오고,
0.8km 정도 더 내려가면 왼쪽으로 괘릉 가는 길이 보인다.
이 길을 따라 약 9km 정도 더 가면 외동읍 모화리다.
외동읍은 옛 서라벌의 남쪽 관문에 해당하며 원원사가 자리 잡고 있는
곳이다. 외동읍에는 식당은 여러 군데 있으나 잠잘 곳은 마땅치 않다.
경주 시내에서 묵는 것이 좋다.
시내에서 외동읍 모화리까지는 시내버스가 약 10분 간격으로 다닌다.

영지

영지

불국사역에서 울산으로 향하는 국도를 따라 2km쯤 지나면 오른쪽으로 영지라는 못이 있다. 아사달과 아사녀의 슬픈 전설을 안은 못가에서는 물론 석가탑의 그림자를 볼 길은 없으나, 동쪽으로 토함산 불국사 앞 주차장이 멀리 보여, 전설이긴 하지만 터무니없지는 않다는 생각이 든다. 눈에 띄는 유적은 없으나 석가탑에 얽힌 전설의 현장을 확인하는 재미가 있다. 현재 영지는 저수지로 조성돼 있어 강태공들의 낚시터로 인기가 높다.

저수지 남쪽에 얼굴 모습을 알아보지 못할 정도로 마멸이 심한 석불좌상이 하나 있다. 아사달이 조각했다는 석불이다. 마멸이 심한 것도 있지만 원래 미완성의 불상이라는 말도 있다. 그러나 연화좌대나 석불의 몸체로 미루어 보면 마멸로 인한 것이든 미완성의 작품이든 단정한 얼굴 모습이 조각되었을 터이다.

경주시 외동읍 영지리에 있다. 불국사역에서 7번 국도를 타고 울산쪽으로 2km 정도 가면 길 오른쪽으로 철도 건널목을 가로지르는 8번 시도로 가 나온다. 이 길로 450m쯤 가면 왼쪽 솔숲 사이로 영지석불이 보이고 더 들어가면 오른쪽에 영지가 있다. 영지 옆에는 넓은 주차장만 있다. 경주 시내에서 불국사역을 경유해 영지를 지나는 시내버스가 시간마다 있으나, 경주에서 외동까지 10여 분 간격으로 다니는 버스를 이용해 영지 입구 못안마을에서 내려 걸어가는 것이 좋다. 주변에 숙식할 곳은 없다.

영지 석불
아사달이 아사녀의 모습을 생각하며 조각했다는 전설이 깃들인 석불이다. 경상북도 유형문화재 제204호로 지정되어 있다.

영지
아사달과 아사녀의 슬픈 전설이 담긴 영지 너머로 불국사 관광단지가 보인다.

영지에 얽힌 아사달과 아사녀의 전설

석가탑을 창건할 때 김대성은 당시 가장 뛰어난 석공이라 알려진 백제의 후손 아사달을 불렀다. 아사달이 탑에 온 정성을 기울이는 동안 한해두해가 흘렀다. 남편 일이 하루 빨리 성취되어 기쁘게 만날 날만을 고대하며 그리움을 달래던 아사녀는 기다리다 못해 불국사로 찾아왔다. 그러나 탑이 완성되기 전까지는 여자를 들일 수 없다는 금기 때문에 남편을 만나지 못했다. 그래도 천리길을 달려온 아사녀는 남편을 만나려는 뜻을 포기할 수 없어 날마다 불국사 문 앞을 서성거리며 먼발치로나마 남편을 보고 싶어했다.

이를 보다 못한 스님이 꾀를 내었다. "여기서 얼마 떨어지지 않은 곳에 자그마한 못이 있소. 지성으로 빈다면 탑 공사가 끝나는 대로 탑의 그림자가 못에 비칠 것이오. 그러면 남편도 볼 수 있을 것이오."

그 이튿날부터 아사녀는 온종일 못을 들여다보며 탑의 그림자가 비치기를 기다렸다. 그러나 무심한 수면에는 탑의 그림자가 떠오를 줄 몰랐다. 상심한 아사녀는 고향으로 되돌아갈 기력조차 잃고 남편의 이름을 부르며 못에 몸을 던지고 말았다.

탑을 완성한 아사달이 아내의 이야기를 듣고 그 못으로 한걸음에 달려갔으나 아내의 모습은 볼 수가 없었다. 아내를 그리워하며 못 주변을 방황하고 있는데, 아내의 모습이 홀연히 앞산의 바윗돌에 겹쳐지는 것이 아닌가. 웃는 듯하다가 사라지고 또 그 웃는 모습은 인자한 부처님의 모습이 되기도 하였다.

아사달은 그 바위에 아내의 모습을 새기기 시작했다. 조각을 마친 아사달은 고향으로 돌아갔다고 하나 뒷일은 전해진 바 없다. 후대의 사람들은 이 못을 '영지'라 부르고 끝내 그림자를 비추지 않은 석가탑을 '무영탑'이라 하였다.

너를 새기련다

신동엽

너를 조각하련다 너를 새기련다
이 세상 끝나는 날까지
이 하늘 끝나는 날까지
이 하늘 다하는 끝 끝까지
찾아다니며 너를 새기련다
바위면 바위에 돌이면 돌몸에
미소 짓고 살다 돌아간 네 입술
눈물 짓고 살다 돌아간 네 모습
너를 새기련다

나는 조각하련다 너를 새기련다
이 목숨 다하는 날까지
정이 닳아서 마치가 되고
마치가 닳아서 손톱이 될지라도
심산유곡 바위마다 돌마다
네 모습 새기련다
그 옛날 바람 속에서
미소 짓던 네 입모습
눈물 머금던 네 눈모습
그 긴긴 밤
오뇌에 몸부림치던 네 허리
환희에 물결치던 네 모습
산과 들 다니면서 조각하련다

1968년 상연된 「석가탑」이라는 오페레타의 노래가사

경주시 외동읍 괘릉리에 있다. 불국사역에서 7번 국도를 타고 울산 쪽으로 약 2.8km 가면 괘릉교 못미쳐 횡단보도가 나오고 왼쪽 숲 속으로 시멘트길이나 있는데, 이 길 600m 안쪽에 괘릉이 있다. 대형버스까지 주차할 수 있는 넓은 주차장이 있으나 다른 시설은 아무것도 없다. 경주에서 외동으로 10여 분 간격으로 다니는 버스를 타고 괘릉 입구에서 내리면 된다.

문인상 ◣
옷이 매우 사실적으로 표현되어 있어 당시 신라의 복장을 짐작하게 한다.

무인상 ▼
서역인 얼굴 모습을 하고 있다.

괘릉

무덤덤하게 아무 장식이 없거나 십이지신상을 둘러 장식을 하는 정도에 불과했던 통일신라 시대의 원형 봉분은 사실 볼거리를 풍성히 전해준다거나 아기자기하게 살펴보는 재미를 준다고는 말할 수 없을지 모른다. 하지만 이 괘릉만큼은 그런 선입감을 단박에 무색하게 만든다. 괘릉은 현존하는 신라 왕릉 가운데 가장 화려한 무덤이며, 통일신라 시대의 가장 완벽한 능묘제도를 대표한다는 치사를 절대 배반하지 않는다. 묘역은 소나무 숲 속에 단정하게 단장돼 있다.

우선 괘릉을 구성하고 있는 석조물들을 살펴보자. 봉분의 밑둘레에는 십이지신상을 새긴 호석을 둘렀고 그 주위로 수십 개의 돌기둥을 세워 난간을 둘렀으며, 봉분 앞에 안상을 새긴 석상을 놓았다. 봉분에서 멀찍이 떨어진 남쪽에는 돌사자 두 쌍과 문인석, 무인석 각 한 쌍을 좌우대칭으로 배치하였고, 그 앞에 화표석 두 개를 좌우에 세웠다.

호석에 배치한 활달한 십이지신상의 힘찬 조각 수법은 당시 신라인의

문화적 독창성과 예술적 감각을 잘 보여주고 있다. 서역 사람의 얼굴 모
습을 조각한 무인석은 당시 신라가 당나라뿐만 아니라 먼 서역과도 활
발한 문물교류를 하였음을 알려준다. 눈이 깊숙하고 코가 우뚝하며 곱
슬머리인 서역인의 모습이 무인상에 생동감 있게 조각되었다. 또 무인
상과 문인상이 입고 있는 옷의 조각도 매우 사실적이어서 당시 신라의
복장이 어떠했는지 짐작할 수 있게 한다.

괘릉을 지키고 있는 네 마리의 사자는 힘이
넘쳐 한 발은 땅을 짚고 한 발로는 땅을 파헤
치고 있으며 얼굴에는 싱글벙글한 웃음이 가
득하다. 각기 동서남북을 지키고 있다. 재미
있는 것은 두 마리씩 마주보고 있는 사자가 몸
체는 그대로 둔 채 고개만 자기가 지키고 있는
방위를 향해 돌리고 있는 모습이다.

사자를 돌로 만들어 성문이나 무덤이나 탑
을 지키게 하는 풍속은 고대 여러 나라에서 볼

수 있지만 이렇게 유쾌한 사자의 모습은 어느 나라에서도 볼 수가 없다. 향토사학자 윤경렬 님은 이 밝은 표정을 화랑도의 수련으로 자신있게 힘을 길러 나가던 신라 화랑들의 웃음이라 하였다. 신라의 우수한 문화 수준에서 나오는 여유이겠다. 사적 제26호로 지정돼 있다.

이는 신라 원성왕(785~798년)의 능으로 추정되지만 확실치는 않다. 이 능은 본래 이곳에 있던 작은 연못의 수면 위에 왕의 유해를 걸어 안장하였다는 속설에 따라 괘릉이라고 불린다.

웃는 돌사자
얼굴에 싱글벙글 웃음이 가득하고 장난기가 어려 있다.

원원사터

원원사터는 모화리의 봉서산 기슭에 있다. 모화리 마을 어귀에서 동북쪽으로 난 길을 따라 2.8km 거슬러 올라가면 『삼국유사』에 자주 등장하는 원원사터가 나온다. 마을 집집마다 울타리는 물론 논둑까지 돌로 쌓아 만든 것이 유난스럽게 보인다. 아니

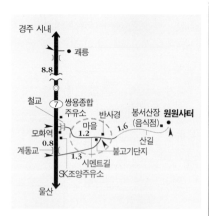

나다를까, 원원사는 장대한 석축을 이용한 산지가람으로, 비탈진 산 지형을 잘 이용한 흔적이 아직도 눈에 띄게 남아 있다.

옛 절터 아래쪽에는 근래에 새로 지은 원원사가 있다. 이 원원사 입구에 들어서면 돌을 쌓아 갖가지 꽃과 작은 나무들을 사이사이에 심은 현대식 석축이 보인다. 그 위의 대웅전 역시 최근에 지었는데, 색이 진하고 화려한 대웅전 건물을 받치고 있는 오랜 세월을 견디어온 견고한 석축이 돋보인다.

종루가 있는 오른쪽으로 돌아 돌계단을 오르면 옛 원원사터가 나온다.

경주시 외동읍 모화리에 있다. 불국사역 앞 구정로터리에서 7번 국도를 따라 울산 쪽으로 11.6km 가면 길 앞에 육교가 나오고 왼쪽에는 불고기단지 표지판과 함께 원원사터로 가는 시멘트길이 나온다. 육교 조금 못미처 쌍용정유 종합주유소가 나오므로 주유소를 이정표로 삼는 것이 좋다. 이 길을 따라 철길 밑을 지나 산길로 2.8km 정도 가면 원원사다. 철길 밑을 지나가야 하기에 대형버스로 절 앞까지 가기는 어렵다. 대형버스로 가려면 불고기단지 표지판 앞에서 가던 길로 0.8km 더 가면 (모화역을 지난다) 계동교를 건너게 된다. 계동교를 건너 왼쪽으로 난 길을 따라 다시 개울을 건너 1.3km 가면 불고기단지가 나오고 모화농원(음식점) 뒤에서 위에 설명한 길과 합류하게 된다. 대형버스는 불고기단지 주변에 주차하고 걸어서 가야 한다. 불고기단지 모화농원 뒤에서 원원사까지는 1.6km이다. 절 입구에는 봉서산장이라는 음식점이 하나 있고 넓은 공터가 있다. 경주 시내에서 모화까지는 10분 간격으로 버스가 다니는데 모화역 앞에서 내려 걸어가야 한다.

원원사
옛 원원사터 앞에 새로 들어선 원원사. 이 절 뒤가 옛 원원사터이다.

옛 원원사는 현재의 대웅전보다 높은 곳에 있는데, 오르는 길에 남아 있
는 돌계단이 무척 인상적이다. 이지러지고 깨진 돌이 많지만 옛 모습 그
대로 크게 손을 대지 않은 상태이다. 발바닥이라도 베일 듯 새로 깎아
놓은 요즈음의 계단에 견주어보니 오랜 세월의 맛이 그렇게 싼 것은 아
닌 듯싶다.

아직도 흐트러지지 않은 수수한 모습의 돌계단을 오르면 두기의 삼층
석탑이 나란히 서 있다. 소나무로 울타리를 삼은 듯 주변에 소나무가 빙
둘러쳐 있고 삼층석탑 뒤로는 금당터임을 알 수 있는 부재들이 남아 있
다.

금당터 앞의 두 삼층석탑은 기단부와 탑신부에 새겨진 십이지신상과

원원사터
김유신 등이 신인종의 고승 안혜, 낭융
들과 더불어 불력으로 나라를 지키고자
세운 절이다.

사천왕상의 조각이 빼어나다. 이는 탑에 십이지신상을 조각
한 드문 예이며 조각이 선명하게 남아 있는 것과 그렇지 못한
것이 뚜렷한 차이를 보인다. 서쪽의 것은 지붕돌이 크게 깨
졌다. 비교적 또렷이 남아 있는 조각들은 신라 예술의 또 하
나의 자랑이 될 만하다.

우물터
원원사터 한쪽에는 현재 용당이라 불리
는 신라 때의 우물터가 남아 있다.

금당터 왼쪽으로 조금 가면 아주 작은 누각이 하나 있다. 누
각 문을 열고 들여다보면 용왕을 모신 그림이 벽면에 그려졌
고 바닥에는 생각지도 않은 우물이 있다. 우물과 이어진 구멍이 누각 밖
으로 뚫려 있으며 이 구멍은 움푹하게 물길을 낸 돌을 통해 하수구로 연
결되어 있다. 절에서는 이를 '용당'이라 하였다. 우물 하나에 들인 정
성이 놀랍기만 하다.

현재의 절 이름은 원원사(遠願寺)이지만 『삼국유사』에는 '遠源寺'
로 되어 있고 『동경잡기』에는 '遠願寺'로 되어 있다. 절이 창건된 연
유를 생각할 때 '遠願寺'가 타당할 듯싶다. 이 절을 창건한 목적은 통
일된 신라의 영원한 번영을 염원하는 데 있었기 때문이다.

통일 직후 신라는 참으로 어려운 시기였다. 당나라와의 싸움은 국가
의 존망을 건 전쟁이었다. 정치가니 종교가니 예술가니 가릴 것 없이 국
민 모두가 온 힘을 호국에 쏟았다. 전국의 사찰에는 호국을 기원하는 향
불이 꺼질 사이가 없었고, 호국염원을 담은 절들이 연이어 세워졌다.

김유신 장군은 김의원, 김술종 들과 당군을 물리치는 데 이미 불력을
과시한 바 있는 신인종의 고승 안혜, 낭융 들과 더불어 원원사를 창건
하였다. 절의 위치가 바다에서 들어온 적이 서울로 쳐들어오는 길을 막
는 곳이며, 동해로부터 들어오는 적을 방어하기 위한 관문산성이 여기
서 멀지 않은 곳에 세워져 있다는 점, 그리고 당군을 격퇴시키는 데 큰
불력을 나타낸 신인종의 승려들과 힘을 모아 절을 세웠다는 점도 원원
사가 갖는 호국불교적 성격을 말해주는 셈이다.

이처럼 창건정신이 숭고하고 탑의 조각이 화려한 옛 원원사터는 사적
46호로 지정돼 있다. 한편, 동북 계곡 500m 지점에 석종형 부도가 3
기, 서북 계곡 300m 지점에 부도가 하나 있으나 모두 고려 시대 이후
의 것으로 추정된다.

원원사터 삼층석탑
기단에는 십이지신상을, 1층 몸돌에는
사천왕상을 조각하는 등 화려한 장식성
을 보이고 있다.

탑 기단의 십이지신상
수호신의 이미지와는 조금 다르게 평복
을 입고 고요하게 앉아 있는 것이 특징이
다. 탑 각면마다 3구씩 조각되어 있는데
아래에 보이는 면은 돼지다.

원원사터 삼층석탑

동서 쌍탑인 두 삼층석탑은 도괴되었던 것을 1933년에 복원한 것이다. 상하 기단 면석에 탱주 2개가 조각돼 있는 것으로 보아 통일신라 시대에 건립된 것임을 알 수 있다. 특히 상층 기단과 1층 몸돌에는 각기 십이지신상과 사천왕상을 강하게 조각하는 등 화려한 장식을 보이고 있다.

상층 기단 한 면에 3구씩 조각된 십이지신상은 연화대 위에 앉아 있는데, 평복의 옷자락을 아름답게 휘날리며 앉은 모습이 고요하다. 두 손은 앞가슴에 모은 자세로 강한 수호신 이미지의 십이지신상과는 조금 다르다.

이와는 대조적으로 1층 몸돌에는 힘찬 사천왕상이 강하게 조각되었다. 사천왕상은 네 방위를 지키는 수호신이며, 십이지신상도 십이지방위신이라 하여 역시 수호의 관념에서 나타난 것으로 보여진다. 탑신부가 다른 것들에 비해 조금은 가늘어 보이지만 사천왕상과 십이지신상의 조각이 풍성하여 이를 보완하고 있다.

탑은 8세기 중엽에 건립된 것으로 보인다. 신라 중기에 접어드는 8세기가 되면 석탑 표면에 여러 가지 불교상을 조각하여 장식하는 일이 시작되고 9세기 이후에는 더 크게 유행한다. 이 시기부터는 탑 자체의 존엄성보다는 장식성을 강조하게 된다. 원원사터의 삼층석탑과 경주 남산동 삼층쌍탑 중 서쪽의 것이 대표적 예이다.

탑의 높이는 각각 7m이다.

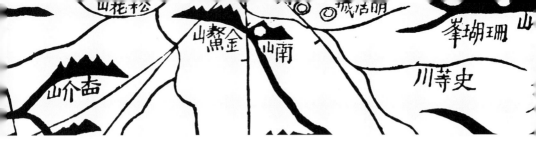

제3부 남산
땅 위에 옮겨진 부처님 세상

서남산
남산종주길
동남산

3 남산

아주 오래 전 쉬벌이라 불리던 경주는 맑은 시내가 흐르는 푸른 벌판이었다. 맑은
시냇가에서 빨래하던 한 처녀가 이 평화로운 땅을 찾은 두 신을 보았다. 강한 근육
이 울퉁불퉁한 남신과 부드럽고 고운 얼굴의 여신이었다. 너무 놀란 처녀는 "저기
산 같은 사람 봐라!" 해야 할 것을 "산 봐라!" 하고 소리를 질러버렸다. 비명에
놀란 두 신이 발길을 멈추었는데, 어찌된 일인지 다시는 발을 옮길 수가 없었다. 처
녀의 외침으로 두 신이 산으로 변하게 된 것이다. 여신은 남산 서쪽에 아담하게 솟
아오른 망산이 되었고, 남신은 억센 바위의 장엄한 남산이 되었다.

　경주의 산치고 신라의 유적이 없고 전설이 없는 산이 있을까마는 그 으뜸의 자

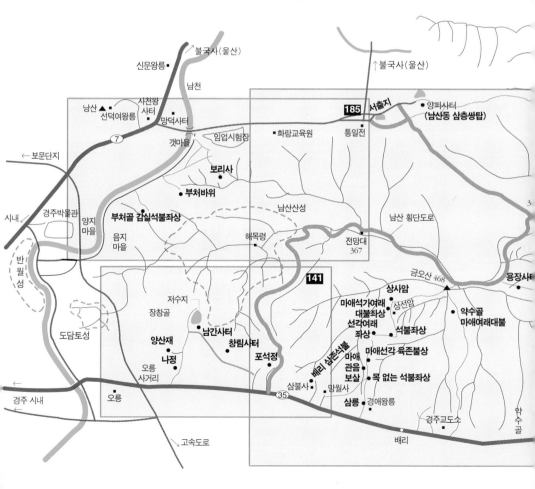

리에는 남산이 선다. 남산을 불국토로 여긴 신라인들이 천년을 두고 보듬었으니, 남산 자체가 그대로 신라의 절이며 신앙인 셈이다.

금오봉(468m)과 고위봉(494m)의 두 봉우리에서 흘러내리는 40여 개의 계곡과 산줄기들로 이루어진 남산은 남북 8km 동서 4km로, 남북으로 길게 뻗어내린 타원형이면서 약간 남쪽으로 치우쳐 정상을 이룬 직삼각형의 모습을 취하고 있다. 크게 동남산과 서남산으로 나뉘는데, 동남산 쪽은 가파르고 짧은 반면 서남산 쪽은 경사가 완만하고 긴 편이다. 한두 계곡을 빼고는 유적과 전설이 없는 계곡이 없으니, 남산에 문화재가 있는 것이 아니라 남산 그 자체가 문화재라는 표현이 옳을 듯하다.

아득한 석기 시대 유물에서부터 신라 건국설화에 나타나는 나정, 그리고 신라의 종말을 맞았던 포석정이 남산 기슭에 함께 있다. 나정과 포석정은 거리로는 불과 1km 정도밖에 떨어져 있지 않지만 그 사이에는 900여 년이라는 간격이 있는 것이다. 남산은 신라 역사의 시작과 끝을 지켜보았다 해도 과언은 아닐 터이다. 그 밖에도 왕릉을 위시한 많은 고분들이 있고 산성터가 있다.

유적뿐만 아니라 남산은 자연경관도 뛰어나다. 변화무쌍한 많은 계곡이 있고 기암괴석들이 만물상을 이루어 각별히 불적에 관심이 없는 등산객의 발길도 잦다.

엄지손가락을 곧추 세워 남산을 일등으로 꼽는 사람들은 '남산에 오르지 않고서는 경주를 보았다고 말할 수 없다'고 한다. 곧, 자연의 아름다움에다 신라의 오랜 역사, 신라인의 미의식과 종교의식이 예술로서 승화된 곳이 바로 남산인 것이다.

단 며칠 만에 남산과 그 일대의 유적을 다 돌아본다는 것은 불가능한 욕심이다. 하루 정도의 짧은 시간에 가능한 한 남산을 대표하는 문화유산을 볼 수 있도록 동선을 잡아보았다.

코스 7 서남산

신라의 탄생과 멸망이 한 자리에

서남산은 경주 시내 오릉에서 언양으로 가는 국도 쪽에 있는 남산을 말한다. 탑동 일대에는 신라의 첫 왕인 박혁거세가 태어난 나정과 신라 이전 진한 여섯 촌의 시조들을 모신 양산재, 신라의 첫 궁궐터였던 창림사터가 있다.

또한 이 일대는 남산의 장창계곡으로 이어져 신석기 시대의 유물이 가장 많이 발견되는 곳이기도 하다. 지대가 높아 양지 바르니 농사 짓기 편하고, 침입하는 적을 빨리 발견할 수 있었으니 사람들이 많이 모여 살았을 법도 하다.

서남산에서는 포석계곡과 선방계곡, 그리고 삼릉계곡 일대가 자연 경관이 뛰어나고 사적이 많아 유명하다. 해방직후 남산을 관광지로 만들기 위해 건설한 남산 횡단도로가 포석정 입구에서 시작돼 포석골을 올라 동남산으로 넘어가고 있음도 이를 뒷받침해주는 사실이다.

포석계곡 입구에 있는 포석정은 신라 55대 왕인 경애왕이 이곳에서 유흥에 빠져 놀다가 견훤에게 치욕을 당했다는 역사적 현장이다. 흥청거리던 주객들과 정자는 없어지고 흐르는 물 위에 술잔을 띄우며 놀았다는 유명한 돌홈만이 생생하게 남아 있다.

포석정에서 남쪽으로 더 나가면 삼릉계곡으로 들어가는 입구가 나온다. 여기서부터 남산의 종주코스가 이어지는데 이는 뒤로 가서 더 자세히 살펴보기로 하자.

남산 여행의 첫 길로 잡은 이 지역은 신석기 시대부터 부족 사회가 형성되었으며 신라의 첫 왕조가 태동한 곳이라는 데 뜻이 있으며, 멀지 않은 곳에 신라 패망의 현장인 포석정이 함께 있어, 왕조의 시작과 끝을 생각하게 한다. 반나절이면 걸어서 이 유적들을 모두 볼 수 있다.

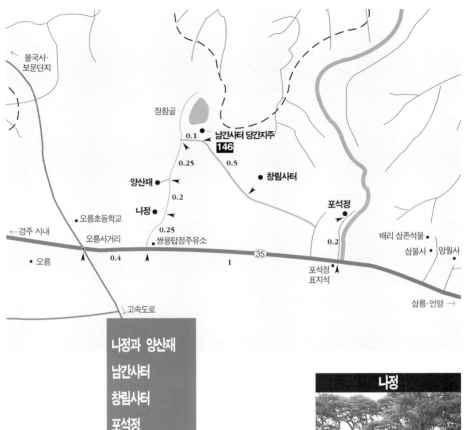

장창골

남간사터 당간지주
146

0.1

0.25   0.5   ● 창림사터

양산재

0.2   포석정

나정 ●   ■오릉초등학교

←경주 시내   오릉사거리   0.25   쌍용탑정주유소   배리 삼존석불 ■

■ 오릉   0.4   1   35   삼불사 ■   ■ 망월사

포석정
표지석

고속도로   삼릉·언양 →

**나정과 양산재
남간사터
창림사터
포석정**

나정

창림사터 쌍귀부

서남산으로 가는 길은 여러 갈래가 있으나 모두 다 오릉사거리를 거쳐야 한다.
경주 시내에서 언양으로 난 35번 국도를 따라 사정동을 거쳐 오릉을 지나면
오릉사거리가 나온다. 불국사 쪽에서는 7번 국도를 따라 국립경주박물관
방향으로 가다가 LG정유 경주고속주유소가 있는 사거리에서 왼쪽 고속도로로
가는 길로 접어들어 조금 가면 오릉사거리이고, 경부고속도로 경주IC에서는
경주 시내로 들어가다 나정교를 건넌 뒤 처음 만나는 삼거리에서 왼쪽 시내로
가지 않고 앞으로 난 길을 따라 조금 더 가면 오릉사거리이다.
서남산의 여러 유적지와 골들은 오릉사거리에서 언양 쪽으로 난
35번 국도를 따라 1km 내외의 간격으로 이어진다.
경주 시내에서부터 용장리까지는 시내버스가 자주 다니며 포석정
입구에는 식당과 기념품 가게가 몇 곳 있다.
짧은 거리를 두고 곳곳에 유적이 있어 걸어서 돌아보는 것도 좋을 듯싶다.

경주인터체인지에서 바라본 서남산 전경 신라 사람들에게 신앙의 대상이었던 남산은 그 자체가 박물관이다.

나정과 양산재

오릉에서 언양 쪽으로 가는 사거리에서 포석로를 따라 400m쯤 가면 탑정주유소가 있다. 이 주유소 옆길로 약 250m 오르면 박혁거세가 태어난 나정이 나온다. 신라는 여기서부터 천 년, 정확히 말하자면 기원전 57년부터 서기 935년까지 993년간 이어졌다. 그렇게 신라는 첫발을 내딛은 셈이다.

지금부터 2천여 년 전, 고조선에서 남하한 유민들이 한반도의 남동쪽 진한 땅에 여섯 개의 촌을 이루고 살았다. 이 여섯 촌에는 하늘에서 내려온 신인들이 촌장으로 지내고 있었다. 이들 여섯 촌 시조의 위패를 모시고 제사를 지내는 양산재가 나정 위쪽에 있다.

그 중 진한의 고허촌장 소벌도리공이 남산에 올라 서쪽 양산촌을 바라보니 하늘에서 오색찬란한 빛이 나정을 비추고, 샘 옆에는 흰 말 한 마리가 상서로운 그 빛을 향해 절을 하는 것이었다. 이를 신기하게 여긴 소벌도리공이 샘으로 다가가니 인기척을 들은 흰 말은 구름을 헤치고 하늘 높이 사라지고, 말이 있던 자리에는 붉은 알 하나가 빛나고 있었다. 알 속에서 용모 단정한 아기가 태어났다. 이처럼 신비롭게 태어난 아기는 자라면서 유달리 총명하고 숙성하였다. 아이가 열세 살 되던 해 진한의 육부 촌장들이 모여 여섯 촌을 합하여 나라를 세우고 그 아이를 받들어 왕으로 삼았다. 이로써 한반도의 동남쪽에 새 나라가 탄생하였으니 나라 이름은 서라벌, 첫 임금의 이름은 박혁거세 거서간이었다.

박혁거세는 표주박같이 생긴 알에서 나왔다 하여 성을 박이라 하고 세상을 밝게 다스린다는 뜻으로 혁거세라 하였다. 거서간은 세상을 밝게 비추는 큰 임금이라는 뜻이고 서라벌은 아침 해가 맨 먼저 비치는 성스러운 땅이라는 뜻이다. 대궐은 나정 남쪽 언덕 위 지금의 창림사터에 세

경주시 탑정동에 있다. 오릉 사거리에서 35번 국도를 따라 울산 쪽으로 400m 정도 가면 왼쪽으로 쌍용탑정주유소와 시멘트길이 보인다. 이 길을 따라 250m쯤 가면 왼쪽으로 나정이, 200m 더 올라가면 역시 왼쪽으로 양산재가 나온다.
양산재 앞에는 대형버스도 주차할 수 있는 주차장이 있다. 경주 시내에서 오릉 사거리를 지나 용장리로 가는 시내버스가 자주 있는데 탑정주유소 앞에서 내려 걸어가야 한다. 주변에 숙식할 곳은 없

진한의 여섯 촌과 촌장
알천 양산촌—이씨 시조 알평공
고허촌—최씨 시조 소벌도리공
무산 대수촌—손씨 시조 구례마공
취산 진지촌—정씨 시조 지백호공
금산 가리촌—배씨 시조 지타공
고야촌—설씨 시조 호진공

나정 ◀
신라의 첫 왕인 박혁거세가 태어난 곳이다.
양산재 진한 육촌의 시조를 모셔 놓았다.

워졌다.

해묵은 소나무 숲 속에 아늑하게 자리 잡은 나정에는 아기의 몸을 씻었다고 하는 우물과 기념비가 있다. 비각 뒤쪽에 있는 우물은 돌로 덮여 있다. 기념비는 조선 시대 순조 2년(1802)에 세워진 것이다.

남간사터

경주시 탑정동에 있다. 오릉사거리에서 언양 쪽으로 난 35번 국도를 따라 400m 정도 가면 길 왼쪽으로 쌍용탑정주유소와 시멘트길이 보인다. 시멘트길을 따라 700여m 가면 길 오른쪽에 창림사터 표지판과 함께 시멘트 농로가 나온다. 농로를 따라 100m 가면 길 왼쪽에 당간지주가 서 있다. 주차장은 따로 없다. 남간사터로 가는 도중 나오는 양산재 주차장에 주차해야 한다. 대중교통은 경주 시내에서 오릉사거리를 지나 용장리로 가는 시내버스가 자주 있는데 탑정주유소에서 내려 걷는다. 숙식할 곳은 없다.

나정과 양산재에서 조금 더 올라가면 마을 앞쪽으로 넓은 논이 나타난다. 논 가운데에 당간지주만 남았을 뿐이다.

남간사는 남산에 있던 여러 절 가운데서도 가장 이름이 높은 절 중의 하나였다. 이곳에 살던 일념이라는 스님이 7세기 초에 촉향분예불결사문(觸香墳禮佛結社文)을 지어 신라 땅에 불교를 승인시키기 위해 스스로 목숨을 바쳤던 이차돈의 순교 사실을 알렸다는 기록이 『삼국유사』에 있다.

남간사터 당간지주
남산 지역에서 볼 수 있는 유일한 당간지주로 꼭대기에 있는 십자형 간구가 특이하다.

남간사터 당간지주

남산 지역에서 볼 수 있는 유일한 당간지주이다. 높이 약 3.6m, 폭 66cm, 두께 45cm의 돌기둥으로, 기둥의 윗부분과 옆모서리를 줄여나갔다. 꼭대기에는 당간을 고정시키기 위한 십자형의 간구(竿溝)가 있고, 몸체에는 두 곳에 동그란 구멍이 나 있다. 특히 십자형 간구는 다른 당간지주에서는 볼 수 없는 특수한 것이다. 보물 제909호로 지정돼 있다.

창림사터

남간사터 당간지주에서 오른쪽으로 보이는 산 언덕에 있다. 절터에서 볼 수 있는 것은 남산에서 가장 크다고 하는 삼층석탑과 창림사터 쌍귀부이다. 절터를 알리는 표지가 근래 생겼지만 작아서 눈에 띄지 않고 따로 길도 없으며 삼층석탑은 잡목이 우거진 숲에 가려 찾기가 쉽지 않다.

창림사터는 반월성 이전에 박혁거세가 신라 최초의 궁궐을 세운 곳이라 전하지만, 어디에도 이곳이 옛 신라의 첫 궁궐터였음을 알려주는 흔적은 없다. 왕궁이었다고는 하지만 우리가 선뜻 상상하는 성벽을 두른 웅장한 궁궐이 아니었기 때문일 터이다. 다만 숲 속과 논둑 여기저기에 절에 쓰였을 것으로 여겨지는 석재들이 나뒹굴고 있다.

경주시 배동에 있다. 남간사터에서 농로를 따라 500여m 더 가면 시멘트포장길이 끝나면서 길 오른쪽에 창림사터 표지판이 서 있다. 표지판 앞에서 논둑을 지나 숲으로 들어서면 창림사터이다. 주차장은 없다. 승용차는 농로를 따라 포장길이 끝나는 곳까지 갈 수 있지만 나오는 차나 경운기 등을 만나면 피하기가 곤란하다. 양산재 주차장에 주차하고 걸어가는 것이 편하다. 포석정 입구 마을에서 거슬러 올라갈 수도 있지만 나정에서 가는 것이 더 편리하다. 대중교통은 경주 시내에서 오릉 사거리를 지나 용장리로 가는 버스가자주 있는데 탑정주유소에서 내려 걷는다. 숙식할 곳은 없다.

창림사터 삼층석탑
남산 일대 석탑 중에서 가장 크고 우람하다.

석탑 기단부의 팔부중상
기단부에는 사실적인 팔부중상이 조각되어 있다. 아래에 보이는 것은 아수라상이다.

창림사터
탑 주변 숲 속과 논 사이로 주춧돌과 석
탑 부재들을 볼 수 있다.

창림사터 삼층석탑

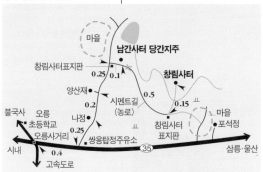

창림사터의 삼층석탑은 높이 6.5m로
남산 일대에서는 가장 크고 우람하다. 현
재 서 있는 석탑은 1976년 복원된 것으로
상층 기단에는 팔부신중을 조각하였는데
조각이 매우 사실적이다. 조선의 서예가
김정희가 허물어진 탑 속에서 동판에 새
겨진 무구정탑원기(無垢淨塔願記)를
입수하여 소개하였는데, 그에 의하면
문성왕 17년(855)에 왕이 세운 탑이라고 한다.

창림사터 쌍귀부

탑 아래쪽 소나무 숲 속에 아주 이색적인 쌍귀부가 있다. 비신도 없어

창림사터 쌍귀부
목이 잘려나간 쌍거북이의 둥글둥글한 앞
발이 헤엄을 치는 듯 장난스런 몸짓이다.

생의사 미륵삼존불(삼화령 애기부처)

경주박물관에서 가장 인기 있는 문화재로 꼽힌다. 전시물에 손대지 못하게 경고하고 있음에도 관람객들이 슬금슬금 만진 손때가 발등에 까맣게 묻어 있을 정도이다. 그 인기의 비결은 착하게 생긴 동안의 표정이다. 그래서 '삼화령 애기부처'라는 별명이 붙어 있다. 장창골 삼화령에서 발굴된 것을 경주박물관에 옮겨다놓은 것이다.

의자에 앉은 듯한 자세는 본존상 중 매우 드문 것이다. 높이 1.57m, 폭 90cm 정도이며 몸에 비해 머리와 손이 크다. 부처의 위엄을 표시하는 삼도가 생략되었으며 입가에 담긴 미소 역시 보는 이의 긴장을 풀어준다. 법의는 어깨를 지나 전신을 덮고 있으며 가슴 중앙에는 희미하게 卍자를 양각하고 있는 것이 눈에 띈다.

크기와 양식이 거의 같은 두 보살입상은 본존여래상에 비하면 매우 왜소하다. 머리는 정면과 좌우에 꽃무늬를 새긴 삼면보관을 썼으며, 두 눈은 여래와 마찬가지로 반구형으로 돌출시켰다. 입가의 미소가 무척 부드럽고 귀여워 친근하다. 삼도 역시 생략되었다. 옷자락은 두 어깨를 지나 허리 아래와 다리 부분에 U자를 그리면서 다시 양손에 걸쳐진 뒤 아래로 길고 넓게 퍼져 있다.

수인(手印)은 두 보살상이 각기 다른데 오른쪽 보살은 오른손을 가슴 아래로 굽혀서 줄기가 긴 연꽃을 들었으며 왼손은 내리고 있다. 두 다리는 바르게 세웠으나 왼쪽 다리를 약간 굽혀 율동감을 보이고 있다.

왼쪽에 있는 보살은 오른손을 앞으로 굽혀서 엄지와 검지손가락으로 무엇인가를 잡고 있으며 왼손은 어깨까지 들어서 받치고 있다. 다리는 오른쪽 보살과 반대로 오른쪽 다리를 약간 굽혔다.

생의사 미륵삼존불 귀엽고 해맑은 웃음을 지닌 앳된 불상이다. 삼화령 고개에서 발견되어 국립경주박물관으로 옮겨졌다.

지고 거북이 머리도 다 떨어져나가고 없지만, 살이 통통히 오른 동글동글한 앞발이며 서로 다른 쪽을 향하고 있는 모습들이 무척 귀엽다.

창림사비는 당대의 명필인 김생이 비신에 글을 썼다 하여 유명하다. 원나라의 학자 조자앙이 창림사비의 글씨를 평한 글의 일부가 『신증동국여지승람』의 21권 경주부에 전한다.

"……이 글은 신라의 스님 김생이 쓴 창림사비인데, 자획이 깊고 법도가 있어 비록 당나라의 이름 난 조각가라도 그보다 더 나을 수는 없다. 옛말에 '어느 곳엔들 재주 있는 사람이 나지 않으랴' 하였더니 진실로 그러하구나."

포석정

경주시 배동에 있다. 오릉사거리에서 언양쪽으로 난 35번 국도를 따라 1.4km 가면 길 오른쪽에 포석정 표지석이 서 있고 왼쪽에 포석정 입구가 나온다. 가는 길 곳곳에 포석정을 알리는 표지판이 있다. 포석정에는 넓은 주차장과 식당, 기념품 가게가 있다. 대중교통은 경주 시내에서 오릉사거리를 지나 용장리로 가는 버스가 자주 있는데 포석정 입구에서 내린다.
입장료 및 주차료
어른 500(400)·군인과 청소년 300(200)·어린이 200(150)원, ( ) 안은 30인 이상 단체
승용차 2,000·대형버스 4,000원
포석정 매표소 T.054-745-8484

신라 멸망 연표
895 궁예, 후고구려 건국
900 견훤, 무진주에서 반란, 후백제 건국
918 고려 건국
926 발해 멸망
927 견훤, 경주 침입
935 신라 멸망
936 후백제 격파, 고려 전국 통일

나정에서 언양 쪽으로 난 도로를 따라 1km쯤 내려오면 신라 시대 가장 아름다운 이궁지였던 포석정이 사적 제1호로 지정돼 있다. 작은 공원처럼 꾸며진 현재의 포석정터에서는 그런 화려함과 아름다움을 찾아볼 수 없으나 유상 곡수연을 즐기던 전복 모양의 돌홈(곡수거)만 남아 있다. 그리고 정자에 오르던 섬돌이 하나 있다.

유상 곡수연이란 수로를 굴곡지게 하여 흐르는 물 위에 술잔을 띄우고, 그 술잔이 자기 앞에 올 때 시를 한 수 읊는 놀이로, 그런 목적으로 만든 도랑을 곡수거(曲水渠)라 한다. 이 놀이의 유래는 천년 전 중국에까지 거슬러 올라가지만 중국에도 남아 있는 유적이 거의 없어, 이곳 포석정의 곡수거가 매우 중요한 연구자료가 되고 있다.

포석정과 곡수거가 통일신라 시대에 만들어진 것은 분명하나 축조연대는 밝혀지지 않고 있다. "헌강왕대(875~885년)의 태평스러운 시절에 왕이 포석정에 들러 좌우와 함께 술잔을 나누며 흥에 겨워 춤추고 즐겼다"는 내용이 『삼국유사』에 기록되어 있다. 또 『동국통람』에는 "경애왕 4년(927) 10월에 왕이 신하와 궁녀들과 함께 술을 마시며 즐기다가 견훤군이 입성했다는 말을 듣고 왕비와 함께 황급히 빠져나가 성남의 이궁에 숨었다. 그러나 곧 견훤에게 잡힌 경애왕은 자결을 하여 신

경주 남산 횡단도로는 포석정 입구에서
시작해 동서로 남산을 넘어 통일전 옆을
지나고 있다. 해방 직후 이 도로를 만들
때 절터 여러 곳이 훼손되었다고 한다.
5·16 이후 군사정부는 이 도로를 폭
10m 이상의 관광도로로 확장하려 하
였으나 남산을 사랑하는 사람들의 반대
로 무산되었다.
엄숙하고 신성히 여겨져야 할 남산이 용
기 있는 사람들에 의해 그나마 보존될 수
있었던 것이 다행이다. 남산을 보존하
는 최선의 방법은 자연 그대로 두는 일
일 것이다.

라의 패망을 재촉하였다" 라고 씌어 있다.

곡수거는 가장 긴 세로축이 10.3m, 가로축이 약 5m 크기로, 깊이
50cm 가량 되는 도랑이 나 있다. 모두 63개의 석재로 조립되었다.

포석정터 옆으로 남산의 포석계곡에서는 맑은 계곡물이 흐르고 있고,
주위에는 수백 년 된 느티나무와 소나무, 대나무 숲이 남산의 기암들과
어울려 아름다운 경관을 이루고 있다. 포석계곡의 물을 곡수거에 끌어
들였던 것으로 보인다.

십이영가(十二詠歌)

서거정

포석정 앞에 말을 세울 때
생각에 잠겨 옛일을 돌이켜보네
유상 곡수하던 터는 아직 남았건만
취한 춤 미친 노래 부르던 일은 이미 옳지 못하네
함부로 음탕하고 어찌 나라가 망하지 않을쏜가
강개한 심정을 어찌 견딜까
가며가며 오릉의 길 읊조리며 지나노니
금성의 돌무지가 모두 떨어져버렸네

_{코스 8} 남산 종주길

잰 걸음으로 맛보는 남산의 정수

남산의 40여 개 골짜기에 산재한 100여 곳의 절터와 60여 구의 석불, 40여 기의 탑을 하루 혹은 반나절에 다 볼 수는 없다. 경주 신라문화원이 1993년 제작한 지도에서는 남산 순례 길만 70개를 잡아놓았는데, 남산을 처음 오르는 사람은 어느 길을 택해야 할지 마음 정하기가 쉽지 않다.

　우선 하루 동안에 많은 유적과 유물을 보고 싶다면 삼릉골로 올라가서 용장골을 거쳐 칠불암으로 내려오면 된다. 또 남산 전체에서 유적이 제일 많은 계곡은 절터가 열여덟 곳 있는 용장골이다. 유물이 가장 많은 골짜기는 삼릉골(냉골)로서 열여덟 개의 유물이 발견되었다. 그 중 가장 규모가 큰 유적은 칠불암이고, 가장 큰 절터는 용장사이다.

　남산 계곡은 어느 골짜기로 들어서서 어느 곳으로 내려오나 변화 있는 풍경에 분위기가 각기 다르다. 더욱이 발닿는 곳마다 옛 유적과 유물을 대하게 되니 다른 산에서는 맛볼 수 없는 보람과 기쁨이 느껴진다.

　많은 유적을 한꺼번에 보려는 욕심을 버리고 그냥 평범한 돌산과 다를 바 없이 뵈는 남산에 불국토의 이상을 실현하려 했던 신라인의 마음에 다가간다면 남산의 돌 하나하나가 모두 부처이며 또 예비 부처인 것처럼 여겨질 터이다.

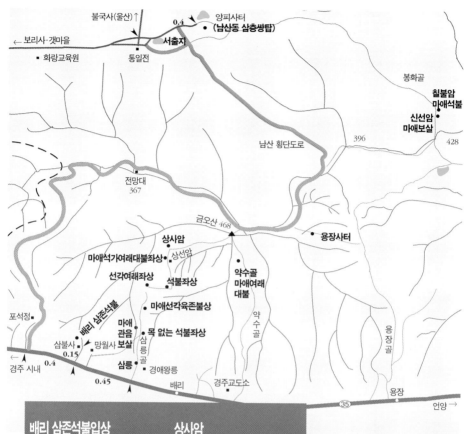

불국사(울산)↑
0.4
양피사터
(남산동 삼층쌍탑)
← 보리사·갯마을
서출지
화랑교육원
통일전
봉화골
칠불암
마애석불
신선암
마애보살
남산 횡단도로
396
428
전망대
367
금오산 468
상사암
용장사터
마애석가여래대불좌상
상선암
선각여래좌상
석불좌상
약수골
마애여래
대불
용장사터
마애선각육존불상
포석정
배리 삼존석불
마애
관음
보살
목 없는 석불좌상
약
수
골
용
장
골
삼불사
0.15
망월사
삼
릉
골
←
경주 시내
0.4
삼릉
경애왕릉
0.45
배리
경주교도소
용장
35
언양 →

배리 삼존석불입상
삼릉
삼릉골 마애관음보살상
삼릉골 마애선각육존불상
삼릉골 선각여래좌상
삼릉골 석불좌상
상선암 마애석가여래대불좌상

상사암
약수골 마애여래대불입상
용장사터
신선암 마애보살상
칠불암 마애석불
남산동 삼층쌍탑
서출지

삼릉골 마애관음보살상

오릉사거리에서 35번 국도를 따라 약 1.8km 가면 배리 삼존석불이 있는
삼불사 입구가 나오고, 삼불사 입구에서 국도를 따라 450m 더 가면 울창한
노송 숲으로 둘러싸인 삼릉 주차장에 이른다. 이곳을 남산 종주의 첫 출발지로
삼는 것이 좋다. 대중교통은 경주 시내에서 오릉사거리를 지나 용장리로 가는
버스가 자주 있는데 삼릉에서 내린다. 삼릉 주변에는 음식점과 가게가 있다.

삼릉골에서 금오산 정상까지

배리 삼존석불입상

경주시 배동에 있다. 오릉사
거리에서 언양으로 난 35번 국도를 따
라 1.8km 정도 가면 길 왼쪽에 삼불사
표지판이 서 있는 작은 길이 나온다. 이
길을 따라 150m 가면 삼존석불이 있
는 삼불사가 나온다.
대중교통을 이용할 때는 경주 시내에서
옹장리 가는 버스를 타고 삼불사 입구에
서 내린다. 넓은 주차장과 공중화장실
이 있으나 다른 편의시설은 없다.

배리 삼존석불입상
보호각을 씌워 햇빛에 따라 변하는 천진
스런 웃음을 이젠 볼 수 없게 되었다.

포석정을 지나 삼릉 쪽으로 약 400m 가다 보면 삼불사를 가리키는 표
지판이 있고 거기서 약 150m쯤 올라가면 근래 지어진 삼불사가 있다.
움직이는 햇살에 따라 시시각각 달라지는 신비한 미소로 유명한 삼존불
상은 삼불사 뒤쪽 얕은 담장과 보호각 속에 있다. 그러나 아쉬운 것은
이제 그 미소를 볼 수가 없게 되었다는 점이다. 비바람으로 인한 마멸
을 줄인다는 이유로 보호각을 입혔기 때문이다. 단지 보호각을 씌우는
것으로 문화재보호의 책임을 다했다는 듯한 단순한 처사에 왜 더 세심
한 주의를 기울여 보호대책을 세우지 못한 것인지 못내 원망이 남는다.
    보물 제63호로 지정된 이 삼존불상은 원래 이 자리에 흩어져 누워 있

던 것을 1923년 10월 한곳에 모아 세워놓은 것이다.

중앙 여래상은 높이 2.6m로 평면의 기단석 위에 서 있다. 얼굴은 전체적으로 풍만하고 단아하며 입가의 미소가 뛰어나다. 오른손은 다섯 손가락을 모두 펴 위로 향해 치켜든 시무외인(施無畏印)을, 왼손은 팔을 아래로 내려뜨리고 손바닥을 정면을 향하도록 편 시여원인(施與願印)의 자세를 취하고 있다. 이러한 수인은 특히 고신라의 유물에서 많이 발견된다. 옷무늬는 아래로 내려올수록 크게 조각되었는데 발은 그대로 드러나 있다. 광배는 불상과 한 돌로 세워져 있다.

왼쪽의 보살상은 약 2.3m의 높이로, 이중의 연화대좌 위에 서 있다. 삼존 가운데 가장 조각이 섬세하며, 목에서 다리까지 드리운 구슬목걸이를 오른손으로 감싸쥐고 있다. 얼굴 모습은 본존과 마찬가지로 부드럽고 자애로운 미소를 한껏 머금고 있으며, 왼손은 어깨까지 쳐들고 불경을 쥐고 있다. 불행히도 무릎 부위에서 불상이 잘렸는데도 위험한 대로 그냥 두고 있다. 광배에는 작은 부처 다섯을 새겨놓았는데, 그 부처들도 또한 작은 광배를 가지고 있어 특이하다. 광배의 가장자리는 구름무늬로 둘렀다.

오른쪽의 보살상은 삼존 가운데 가장 수법이 떨어지는 편에 속한다. 높이는 2.3m이며, 오른손은 펴서 가슴에 얹고 왼손은 굽혀서 허리 부분에 대고 있다. 왼쪽의 보살상이 다소 가냘픈 느낌을 주는 반면, 오른쪽의 보살상은 전체적으로 몸을 뒤로 젖혀 다소 우람한 느낌을 준다.

이 삼존불의 전체적인 특성은 동안(童顔)의 미소라든가 손의 모습, 몸의 체감 비율, 옷무늬를 처리한 방식 들로 삼화령 애기부처를 떠올리게 한다.

이런 점에서 이곳 삼존불상과 삼화령 애기부처, 그리고 부처골 석불좌상(감실부처)은 남산에서 볼 수 있는 고신라 시대의 작품이다. 보물 제63호로 지정돼 있다.

신라 때 유렴이라는 재상이 부모의 제삿날에 아는 스님을 통해 스님을 한 분 소개받았는데 초라하고 불결한 행색이었다.
유렴이 그를 매우 푸대접하고 업신여기자 스님은 가만히 소맷자락에서 사자를 꺼내어 타고 가버렸다.
그제서야 잘못을 깨달은 유렴이 밤새 엎드려 빌었고 동네 사람들은 이를 비꼬아 이 동네를 절 잘하는 동네, 곧 배리(拜里)라 하였다.

삼릉 주변 소나무 숲

삼릉

경주시 배동에 있다. 삼불사 입구에서 35번 국도를 따라 약 450m 가면 노송 숲길 왼쪽으로 삼릉이 나온다. 주차장 주변에는 가게와 음식점이 몇 곳 있다. 대중교통 이용 방법은 배리 삼존석불입상과 같고 삼릉에서 내리면 된다.

삼불사 입구에서 언양 쪽으로 약 450m 지나면 울창한 소나무 숲이 보이는데, 여기서부터 삼릉계곡이 시작된다. 아달라왕과 신덕왕, 경명왕의 능으로 추정되는 세 왕릉이 계곡 입구에 있어 삼릉계곡이라 불린다. 세 능은 평범한 원형의 봉분이다.

삼릉계곡을 냉골이라고도 하는데, 사시사철 시원한 계곡물이 끊이지 않으며 남산에서 가장 길고도 가장 많은 불상조각이 있는 계곡이다. 봄이면 소나무 사이로 진달래가 지천으로 피어 등산길을 즐겁게 해준다.

삼릉
울창한 소나무 숲 속에 아달리왕, 신덕왕, 경명왕의 능이 나란히 있다.

삼릉 목 없는 석불좌상
머리가 없어지고 두 무릎이 파손되었지만 앉아 있는 모습이 편안하고 의연해 보인다. 특히 자연스런 옷주름과 섬세한 매듭은 당시 스님들의 복장을 알 수 있게 한다.

삼릉골을 따라 올라가 남산에서 처음 만나는 불상은 목이 잘린 채 결가부좌하고 있는 부처님이다. 손도 잘린 채 몸만 남았음에도 털끝만큼도 흔들리지 않는 그 모습이 의연하다. 높이 1.6m, 무릎 너비 1.56m 정도의 크기이다. 이 불상은 원래 계곡에 묻혀 있었는데 지금의 자리에 옮겨진 것이다. 왼쪽 어깨에서 흘러내린 옷주름이 자연스럽고, 옷을 여민 매듭과 장식이 무척 정교하며 단아하다. 당시 스님들의 복장이 이러하지 않았을까. 이렇게 단정한 자세로 앉아 있는 부처의 얼굴 표정이 무척 궁금해지지 않을 수 없다. 사실적이며 기백이 넘치는 조각 수법으로 보아 통일신라 시대의 것으로 추정된다.

삼릉을 거쳐 작은 솔숲을 지나면 남산의 바윗길이 시작된다. 아주 험하고 힘든 길은 아니다.

남산에는 신라 초기 왕인 혁거세·아달라·지마·일성왕의 능과 신라 하대 왕인 현덕·정강·신덕·경명·경애왕의 능 등 모두 9기의 왕릉이 있다. 그러나 모든 능묘가 무열왕 이후의 양식이고 규모도 작아 실제 위의 왕들의 능인지 의문스럽다.

삼릉골 마애관음보살상 얼굴
풍만한 얼굴에 화사한 미소는 입술가의 붉은 빛깔로 인해 더욱 인상적이다. 마애관음보살의 밝은 표정과 아름다운 미소는 석양이 불상을 붉게 물들일 때 더욱 더 잘 볼 수 있다.

삼릉골 마애관음보살상
환한 미소를 머금고 금방이라도 내려올 것 같은 자애로운 불상이다.

삼릉골 마애관음보살상

경주시 배동에 있다. 삼릉에서 개울 옆으로 난 계곡길을 따라 약 300m 가면 삼릉의 목 없는 석불좌상이 나온다.
이 석불좌상 왼쪽 산등성이로 난 길을 따라 40m 가량 오르면 마애관음보살상이 있다.

옷 매듭이 아름다운 불상에서 왼쪽으로 난 오솔길을 따라 40m쯤 오르면 높이 솟아오른 돌기둥 위에 관음보살이 새겨져 있다. 높이는 약 1.55m이다. 오른손은 가슴에 들고 설법인을 했으며 왼쪽 손은 정병을 들고 있다. 머리의 보관에는 화불인 아미타불이 조각되어 있다.

이 관음보살의 자애롭고 화사한 웃음은 마치 등산객을 맞이하는 환영의 인사같이 생각되는데, 입술가에 도는 붉은 빛깔로 인해 이 미소가 더욱 인상적이다. 이는 인공으로 첨색한 것이 아니라 자연암석의 붉은색을 그대로 이용한 것이어서 더 신비하다.

정확한 조각 연대는 알려져 있지 않으나 통일신라 시기의 작품으로 추정된다. 지방 유형문화재 제19호로 지정돼 있다.

삼릉골 마애선각육존불상

경주시 배동에 있다. 마애관음보살상을 보고 목 없는 석불좌상으로 다시 내려와 삼릉골을 따라 200m쯤 오르면 마애선각육존불상 바로 못미처 두 갈래 길이 나온다. 왼쪽 길은 마애선각육존불상으로 가는 길이고, 오른쪽 길을 따라 개울을 끼고 계속 가면 작은 냉골을 통해 금오산 정상으로 오르게 된다.

배수로
불상이 선각된 바위 위에 배수로를 파 빗물이 불상으로 흘러내리지 않게 하였다. 또한 전실을 씌웠던 흔적이라 여겨지는 작은 홈도 남아 있다.

마애관음보살을 보고 다시 삼릉골을 따라 200m 오르면 개울 건너 널찍한 곳에 암벽이 펼쳐진다. 앞뒤로 솟아 있는 큰 바위(앞의 바위는 높이와 폭이 약 4m, 뒤의 것은 높이 4m에 폭 7m 정도이다)에 정으로 쪼아 새긴 것이 아니라 붓으로 도화지에 그림을 그리듯이 각각의 암벽에 삼존불을 그려놓았다. 자유로운 필치가 돋보이는 작품이다.

앞쪽 바위에 그려진 삼존불의 본존은 입상, 좌우 협시보살은 좌상이다. 본존의 높이는 2.65m, 협시보살의 높이는 1.8m 정도이다. 본존은 오른손을 올려들고 왼손을 배에 대고 있으며, 협시하는 보살은 무릎을 꿇고 본존을 향해 공양하는 자세를 취하고 있다. 협시보살 두 손에 모아쥔 것이 꽃인지 다기(茶器)인지는 분명하지 않다.

뒤쪽에 새겨진 삼존불 중 본존은 좌상으로 높이 2.4m, 두 협시보살은 높이 2.6m 정도 되는 입상이다. 음각으로 두광과 신광을 나타냈으며, 아래쪽에 연화대좌를 조각하였다.

살아서 움직이는 듯한 선 마무리, 바위에 이만한 소묘를 하려면 수천

수만 장의 탱화를 그려본 솜씨가 아니고서는 불가능할 터이다. 이렇게 훌륭한 조각을 하면서도 바위면을 다듬지 않고 자연 그대로의 바위에 새긴 것이 신라인들의 자연존중사상으로 여겨짐은 억지일까.

이 자연암석 위로는 인공으로 길게 홈을 파놓았다. 이것은 아마도 빗물이 마애불 위로 직접 흘러내리지 않게 하는 배수로의 역할을 한 듯싶다. 긴 돌홈 바로 앞에는 전실(前室)을 씌웠던 흔적으로 여겨지는 작은 홈도 양쪽에 나 있다. 지방 유형문화재 제21호로 지정돼 있다. 8세기 후반의 작품으로 추정된다.

삼릉골 선각여래좌상

마애선각육존불상을 지나 위쪽으로 500m 되는 지점에 또 하나의 선각여래좌상이 있다.

높이와 너비 모두 10m쯤 되는 절벽의 중앙에 자연적으로 수평으로 금이 갔는데 그 금 아래쪽을 대좌로 삼아 여래좌상이 새겨져 있다. 몸체는

경주시 배동에 있다. 마애선각육존불상 위(배수로)에서 산 정상을 향해 기어오르듯 약 500m 오르면 가로막듯이 나오는 바위 절벽 중앙에 선각여래좌상이 있다.

삼릉골 선각여래좌상 높은 절벽 중앙에 얼굴 부분만 돋을새김했다. 조금은 치졸한 솜씨를 보이는 고려 시대의 불상이다.

선각을 하고 얼굴만은 돋을새김을 하였다. 코는 길고 입술은 두껍고 커서 과히 점잖은 얼굴이라 할 수 없으나 위엄이 있다.

이 불상은 조각 수법이 세련되지 못하고, 특히 다리 부분에 거의 손을 대지 않은 듯하여 미완성 작품으로 여겨지기도 한다. 높이 1.2m이며 지방 유형문화재 제159호로 지정돼 있다. 고려 시대의 작품으로 추정된다.

경주 남산의 지정문화재

삼릉골 석불좌상

선각여래좌상이 있는 곳에서 계곡 아래쪽으로 약 300m 정도 내려가면 얼굴 아랫 부분을 시멘트로 발라놓은 흉칙한 인상의 석불좌상이 있다. 항마촉지인을 취한 이 석불좌상은 상당히 우수한 작품이지만 코 밑에서 턱까지 완전히 파손되었고 넘어진 광배도 여러 조각으로 잘려나갔다. 보수를 하느라 턱 부분을 시멘트로 발라 머리 윗부분과 몸체를 이었는데 그 모습은 손보지 않음만 못하다. 남산의 훌륭한 불상에 먹칠을 한 셈이다. 차라리 보수해놓은 부분을 가리고 보면 매우 우수한 불상임을 단박에 알 수가 있다.

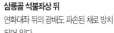

경주시 배동에 있다. 마애선 각육존불상이 새겨진 바위 오른쪽으로 난 길을 따라 약 300m 내려가면 아주 좁은 터에 석불좌상이 있다.

삼릉골 석불좌상
파손된 얼굴 부분에 시멘트를 발라놓아 균형 잡힌 몸매와 당당한 자세를 지닌 우수한 석불이 흉측한 인상이 되었다.

삼릉골 석불좌상 뒤
연화대좌 뒤의 광배도 파손된 채로 방치되어 있다.

당당하고 풍부한 몸체에 옷주름은 가늘게 표현되었다. 원형의 신광과 보주형의 두광으로 된 큰 광배가 있으나 파손된 채 석불좌상 뒤쪽에 방치되어 있다. 연화대좌 위에는 그 광배를 꽂았던 자리가 남아 있다. 통일신라 시대 후기의 작품으로 추정되며, 보물 제666호로 지정돼 있다.

상선암 마애석가여래대불좌상

경주시 배동 상선암 위에 있다. 삼릉골 석불좌상 아래로 난 길을 따라 조금 내려 가면 개울이 나오고 이 개울을 따라 1km 정도 위로 다시 올라가면 상선암에 이른다.
상선암 뒤로 난 계단을 따라 오르면 마애석가여래대불좌상이 나온다.

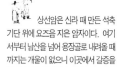

상선암은 신라 때 만든 석축 기단 위에 요즈음 지은 암자이다. 여기서부터 남산을 넘어 용장골로 내려올 때까지는 개울이 없으니 이곳에서 갈증을 풀거나 물을 준비해야 한다.

상선암은 남산에서 제일 높은 곳에 있는 암자이다. 삼릉골 석불좌상 뒤쪽으로 약 1km 정도 걸어올라 상선암에 이르면 남산 불상 중 가장 크고 조각이 우수한 마애석가여래대불좌상을 볼 수 있다. 높이 5.2m, 무릎 폭 3.5m 정도 되며, 연화대좌의 폭은 약 4.2m이다.

머리 부분은 돋을새김을 하였으며 몸 아래쪽으로 갈수록 선각에 가까운 조각으로 단순화시켰다. 오른손은 앞으로 펴고 왼손은 무릎 위에 얹었다. 통견의 옷무늬는 부드럽게 나부끼며 좌대에는 연화를 음각하였다.

귀 뒷부분에는 진달래 한줄기가 있어 봄마다 분홍빛 진달래를 피우는데, 삼릉골 최고높이에서 고요히 인간세계를 굽어살피는 불상의 위엄을 한결 부드럽게 녹여낸다. 동쪽으로는 남산의 주봉을 대하고 서쪽으로는 배리의 평야를 내다보고 있다.

거대함에서 뿜어나오는 위엄뿐만 아니라 자비에 넘치는 얼굴 모습은 믿음을 불러일으키기에 충분하며, 신령스러운 이 암벽 아래에는 기도하기에 알맞은 터가 자연적으로 마련되어 있어 소원성취를 기도하는 부인들의 발걸음이 잦다.

사각에 가까운 머리는 풍만하며 가늘고 긴 눈은 정면을 보고 있다. 예리하게 다듬어진 코는 굳세며 굵은 눈썹은 단정하게 초생달을 그리고 있다. 입술은 굳게 다물고 있지만 살진 두 뺨과 입 언저리에는 조용한 미소가 깃들여 있다. 소발한 머리에 육계는 자그마하고 큰 귀가 어깨까지 닿아 있다. 경상북도 유형문화재 제158호이다.

상선암 마애석가여래대불좌상 얼굴
살진 두 뺨과 입 언저리에는 조용한 미
소가 깃들여 있다. 얼굴 부분은 거의 환
조에 가깝게 다듬었다.

상사암

삼릉골 정상의 마애석가여래대불좌상을 보면서 남산의 능선을 타고 오르면, 포석계곡에서 올라오는 길과 만나게 되는데 이곳에 상사암이라는 영험한 바위가 있다.

경주시 배동에 있다. 상선암
마애석가여래대불좌상에서 오른쪽 길을
따라 100m 가량 오르면 거대한 바위

가 나오는데, 이것이 상사암이다. 바위
뒤로 돌아가면 감실과 석불입상을 볼 수
있다.

상사암
아이 갖기를 원하는 이의 소원을 들어준
다는 상사암은 토속신앙과 불교가 혼합
된 이색적인 곳이다.

상사암은 높이 13m, 길이 25m쯤 되는 주름이 많은 큰 바위이다. 이 험상궂은 바위더미는 아득한 옛날부터 상사병에 걸린 사람들의 병을 낫게 하고 아들 낳기를 바라는 부녀자의 소원을 들어주던 바위로, 지금도 바위 동쪽면 중앙에 가로 1.44m, 높이 56cm, 깊이 30.3cm 되는 감실이 있다. 감실은 소원을 비는 사람들이 켠 촛불에 검게 그을려 있다.

상사암의 감실 아래에는 석불입상이 있는데, 이는 오랫동안 토속신앙과 불교가 밀착되어왔음을 알게 한다. 석불입상은 높이 80cm에 너비

상사암에서 바라본 상선암과 배리들판
상사암에서 마애석가여래대불좌상 쪽을 바라보면 대불좌상과 함께 그 너머로 배리들판의 멋진 풍경을 볼 수 있다. 배리들판 건너 고속도로 옆으로 흐르는 강이 동해로 흐르는 형산강이다.

35cm의 작은 석불이다. 머리는 없
어졌고 두 손은 가슴에 모아 붙이
고 있다. 아마도 남산에서 가장 작
은 불상일 것이다. 바위 서쪽면에
는 사람들이 남근석과 여근석으로
여기고 치성을 드린 자리가 있다.

상사암에서 금오산 정상으로 가
는 능선길이 계속 이어진다. 지금
까지 올라왔던 바윗길과는 달리 보
드라운 흙길이 나타난다. 발걸음
을 가볍게 하는 능선길이다.

상사암 석불입상
남산에서 가장 작은 불상으로 머리도 없
고 마멸도 심해 금방 알아보기 힘들다.

금오산 정상에서 약수골, 용장사까지

약수골 마애여래대불입상

약수골은 이름과 같이 안질에 효과 있는 약수가 나온다 하여 붙은 이름
이다. 골짜기의 입구는 순한 언덕으로 되어 있으나 안에 들어서면 깎아
세운 듯한 산세에 큰 암석이 벽이 되어 앞을 가로막는다. 이 골짜기에
는 절터가 여섯 군데 있고 불상 둘과 석탑 하나가 있다.

그 중에서도 가장 눈길을 끄는 것이 금오산 정상의 헬기장 아래쪽에
있는 웅대한 마애불이다. 이 마애불은 남산의 많은 마애불 가운데 제일
큰 것으로 몸체는 높이가 8.6m, 폭이 4m 정도 된다. 머리는 다른 돌
을 조각해서 얹게 만든 구조인데 아깝게도 없어지고 목 부분만이 부근
에 남아 있다. 불상의 조각솜씨도 우수하여 약수계곡의 절경을 한층 돋
보이게 하고 있다. 부처의 발은 만들어 붙인 것이고 오른쪽 발이 따로
불상 앞에 놓여 있다.

엄지와 장지를 마주잡은 왼손은 가슴에 올리고 오른손은 배 앞에 들

경주시 내남면 용장리에 있
다. 금오산 정상에서 약수골을 따라 약
500m 내려가면 마애여래대불입상
이 나온다.
그러나 정상에서 내려가는 길은 바위능
선과 뒤섞여 있어 찾아가기 쉬운 편이 아
니다. 차라리 경주교도소 뒤 약수골에
서 계곡을 따라 금오산 정상으로 오르며
찾아가는 것이 편하다.

금오산 정상 바로 밑으로 경
주 남산 횡단도로가 나 있다. 남산을 종
주하지 않을 경우 이 길을 따라 동쪽으
로는 통일전, 서쪽으로는 포석정으로 빠
르게 내려올 수 있다.

약수골 마애여래대불입상 거대한 암벽에 장쾌하게 새겨진 몸체만 남아 있다. 남산에서 가장 큰 불상이다.

어 설법하는 모습이다. 왼쪽 어깨에서 오른쪽 겨드랑이 밑으로 흘러내
린 비스듬히 옷주름이 양쪽 팔에 걸쳐져 수직으로 내려오는 옷주름과 직
선과 곡선의 대조를 이루는 아름다움을 보여준다.

　부처 몸체 이외의 바깥쪽 바위면을 깎아내 부처의 몸체를 도드라져 보
이게 한 것도 재치 있는 기법이지만, 옷주름을 3cm 정도로 예리하게
각으로 파내 햇빛이 비치면 그림자가 생겨 옷주름이 뚜렷이 보이도록 한
것도 놀랍다. 경상북도 유형문화재 제114호이다.

용장사터 (용장골)

고위봉과 금오봉 사이로 흐르는 용장골은 남산의 많은 계곡 중에서도 가
장 깊고 큰 계곡이다. 금오산 정상 아래의 도로(포석정↔통일전)에서
1km 정도 통일전 방향으로 걸어가면 용장사를 가리키는 안내판이 나
온다. 산기슭에서부터는 언양행 국도변에 있는 용장리 마을에서 계곡
으로 더듬어 올라가는데, 땀 흘리며 오르다가 멀리 산꼭지의 용장사터
삼층석탑을 바라보면 마치 부처님의 나라를 우러러보는 것 같은 숭고함
을 느끼게 된다.

　이 용장사에는 신라 경덕왕 때 고승인 태현(太賢)과 조선 시대 생육
신의 한 사람인 김시습에 얽힌 설화가 전한다. 『삼국유사』에 의하면 유
가(瑜伽)의 대덕 태현은 용장사에 살면서 그 절에 있는 미륵불인 석조
장륙상을 예배하였다. 태현이 불상 주위를 예배하면 불상도 또한 태현
을 따라 얼굴을 돌렸다고 한다.

　또한 『동경잡기』에는 "……매월당의 사당은 금오산의 남쪽 동구(東
丘)에 있다. 즉 그곳은 용장사의 옛터로서 김시습이 노닐던 곳이
다.……김시습은 국내의 명산을 두루 편력하여 발길이 닿지 않은 곳이
없었으나, 만년에는 금오산에서 불우한 생을 마쳤다. 그의 매월당이라
는 호 역시 금오산의 매월(梅月)이라는 뜻을 딴 것이라고 한다. 금오
신화의 시에서 매화의 달 그림자가 창에 가득하다는 것이 바로 그것이
다"라는 구절이 있다.

경주군 내남면 용장리에 있
다. 금오산 정상에서 통일전 쪽으로 난
횡단도로를 따라 약 1km 내려가면 길 오
른쪽으로 용장사터를 알리는 안내판과
작은 산길이 나온다. 이 길을 따라 조금
내려가면 용장사터에 닿는다.
　횡단도로에서 용장사터로 내려가는 지
점은 급경사인 데다가 큰 바위들 사이를
지나야 하므로 미끄러지지 않게 조심해
야 한다.

아무튼 김시습 때까지만 해도 용장사라는 절이 있었던 것은 틀림없는 사실이 되는 셈이다.

매월당 김시습과 금오신화

김시습(1435～1493년)은 조선 초기의 학자이며 문인이다. 본관은 강릉, 호는 매월당이다. 서울 성균관 부근에서 태어난 그는 이미 다섯 살 때 신동이라는 소문이 날 만큼 타고난 재주가 뛰어났다.

21세에 수양대군의 왕위찬탈 소식을 듣고, 보던 책들을 모두 모아 태워버린 뒤 스스로 머리를 깎고 전국을 유랑하였다. 31세부터 37세까지 경주 금오산에 칩거하였는데, 그가 머물렀던 곳이 용장사이다. 이후 정처 없이 떠돌아다니다가 충청도 만수산 무량사에서 59세의 나이로 병사하였다.

그의 문학세계를 엿볼 수 있는 현존 자료로는 시문집인 『매월당집』과 단편소설집 『금오신화』가 있다. 『금오신화』는 우리 나라 최초의 한문소설로 인정되고 있는데 그 중 다섯 편이 전할 뿐 완본은 알 수가 없다.

다섯 권 중 「만복사저포기」는 노총각 양생이 죽은 처녀의 혼백과 연애하는 이야기이며, 「이생규장전」 역시 이런 사랑을 다루었다. 「남염부주지」, 「용궁부연록」, 「취유부벽정기」도 모두 현실을 벗어난 또 다른 세계를 무대로 하였다. 이들 작품의 공통적인 특징은 귀신이나 염라왕, 용왕 같은 비현실적인 소재를 끌어들였으며, 중국이 아닌 우리 나라를 배경으로 우리 나라 사람의 감정과 풍속을 묘사하였다는 점이다.

또한 결말에서 주인공들이 모두 세상을 등지는 것으로 그릇된 세계의 질서를 받아들이지 않겠다는 비장한 결의를 보이고 있으며, 시를 많이 삽입하여 인물의 심리와 분위기를 잘 묘사하고 있다는 점도 공통적 특징이다.

이 작품이 창작된 시기와 장소에 대해서는 여러 가지 설이 있으나, 금오산에 머물렀던 30대의 작품이라는 설이 가장 유력하다. 작가의식과 내용과 기교에 있어서 훌륭한 문학적 가치를 지니고 있으며, 한국소설의 출발점이라는 의미에서도 매우 중요한 문학사적 의의를 갖는다.

김시습이 『금오신화』를 쓸 때만 하더라도 금오산(남산) 일대에는 보살들의 목탁소리, 염불소리, 경 읽는 소리와 자연이 한데 어울렸을 터이다.

용장사

김시습

용장골 깊어 오가는 사람 없네
보슬비에 신우대는 여울가에 움돋고
비긴 바람은 들매화 희롱하는데
작은 창가에 사슴 함께 잠들었네
의자에 먼지가 재처럼 깔렸는데
깰 줄 모르네 억새 처마 밑에서
들꽃은 떨어지고 또 피는데

용장사터 삼층석탑

용장골의 정상에 있는 이 삼층석탑의 전
체 높이는 4.5m밖에 안되지만, 남산
에서 가장 장엄한 위엄을 갖춘 유물이
다. 신라 탑의 전형인 2층 기단을 이루
었으나 특이한 것은 2중의 기단을 따로
만들지 않고 자연암석 위에 바로 상층
기단을 세웠다는 점이다. 남산 전체를
하층 기단으로 삼은 셈이다. 천연의 조
건에다 인공적 요소를 가미해 석탑을 만

용장사터 삼층석탑
남산 전체를 하층 기단으로 삼았으니 세
계 어느 곳에서도 유례가 없는 큰 탑인
셈이다.

용장골에서 올려다본 삼층석탑
용장골 어디서나 볼 수 있는 삼층석탑은
마치 부처님의 나라를 우러러보는 듯한
숭고함을 느끼게 한다.

든 신라인의 마음씀새가 엿보인다.

상층 기단의 면석은 한 면이 1석이고 다른 세 면은 2석씩으로 모두 7
매 판석으로 구성되었다. 각면에는 우주와 탱주 하나씩을 조각하였으
며, 갑석은 2매 판석으로 이루어져 있다. 갑석 위에 2단의 탑신부 굄을
두고 3층의 탑신을 올렸다.

탑신부의 각층 몸돌과 지붕돌은 1석씩이며, 1층 몸돌은 상당히 높은
편으로 네 귀퉁이에 우주가 조각돼 있다. 2층 몸돌부터는 급격히 줄어
들었다. 지붕돌 층급받침은 각층이 모두 4단이고, 전각(轉角) 상면에
경쾌한 반전을 보이고 있다.

상륜부는 하나도 남아 있지 않고, 3층 지붕돌 위에 찰주공만 남아
있다.

일찍이 무너져 있던 것을 1922년 다시 건립하였는데, 당시 조사에 의
하면 2층 몸돌 상부에 한 변이 15cm 정도인 방형 사리공이 있었다고
한다. 용장골에 들어서면 어디에서나 볼 수 있는 이 삼층석탑은 신라 하
대의 대표적인 우수작으로 꼽힌다. 보물 제186호로 지정돼 있다.

용장사터 마애여래좌상

삼층석탑 아래로 10m 정도 내려가면 암벽에 결가부좌한 자세를 취하
고 있는 마애여래좌상이 있다. 긴장되고 활력에 차 있으며, 유려하고 세
련된 선의 흐름들이 전체적으로 무척 깔끔하다는 인상을 준다. 기법이
사실적이면서도 밑부분의 연꽃 무늬 때문에 환상적이다. 높이 1.14m,
폭 1.14m 정도이며, 8세기 중엽의 사실주의 불상의 형태를 보여주는
대표작이다. 보물 제913호로 지정돼 있다.

지상에서 높지 않은 바위면에 새겼으며 광배와 대좌를 모두 갖추고 있
다. 불상의 머리는 나발이나 육계의 표시가 불분명하다. 얼굴은 비교적
풍만한 편이며 입은 꼭 다물어 입 양끝이 돌 속으로 쏙 들어갔다. 코는
크고 긴 편인데 코에서 반달처럼 휘어진 선이 눈썹을 이루고 있다. 눈
은 바로 뜬 편인데 눈썹과 더불어 음각선으로 둥글게 표현돼 있어 볼록
한 입과 입 양끝의 보조개 같은 묘사와 함께 얼굴 전체에 미소를 만들고
있다.

용장사터 마애여래좌상
유려하고 세련된 선의 흐름들이 전체적
으로 무척 깔끔하다는 인상을 주는 이 마
애불은 8세기 중엽의 불상이다.

　목은 삼도가 있지만 밭은 편이고 어깨는 둥글면서도 활기 차며 가슴
은 당당한 힘을 느끼게 한다. 오른손은 무릎 위에 얹어 손 끝을 아래로
내렸으며, 왼손은 다리 위에 올린 항마촉지인으로 비교적 섬세하게 조

각돼 있다.

앉은 자세는 결가부좌로 오른쪽 발만 내보이고 있다. 옷은 통견의로 매우 얇게 빚은 듯한데 주름이 일정하게 밀집되어 있다.

광배는 두광과 신광을 각각 두 줄의 음각선으로 표현하고 있으며 대좌는 무릎 밑에다 위로 향한 연화문을 길게 새기고 있다. 중앙에 있는 연화문은 제일 크게 바로 세웠으며 좌우의 것들은 뿌리를 모두 중심 쪽으로 향하게 배열되어 있다.

상현좌란 부처의 옷자락이 대좌를 덮고 흘러내리는 것을 말한다. 삼국 시대의 좌불에 주로 많이 보이는데, 이곳 석불좌상을 삼국 통일 이후 마지막으로 보이는 상현좌 불상으로 보고 있다.

용장사터 석불좌상

삼층석탑형 높은 대좌 위에 놓여 있어 삼륜대좌불이라고도 한다. 목은 잘려나가고 몸체만 남아 있다. 불상의 명칭은 확정 짓기 어려우나 『삼국유사』에 기록된 용장사의 보살형 미륵상인 미륵장륙상으로 추정하는 견해도 있다.

결가부좌한 불상은 비교적 보존상태가 좋고, 불상과 상대석은 하나의 돌로 되어 있다. 어깨는 좁은 편이지만 당당함을 잃지 않았으며, 몸의 굴곡을 세세하게 나타내지는 않았으나 균형 잡힌 신체가 사실적으로 묘사되어 있다.

두 손은 오른손을 오른쪽 무릎 위에 올려놓고 왼손은 왼쪽 무릎 위에 자연스럽게 올려놓아 언뜻 항마촉지인을 좌우로 바꾸어놓은 듯하다.

옷은 통견의로 주름이 자연스러우며, 왼쪽 어깨에 가사를 묶는 띠매듭이 있다. 이 가사 띠는 대개 승려의 초상화에 표현되는 것인데, 삼릉골의 목 없는 불상 등에도 드물게 나타나고 있다. 대좌를 덮어버린 옷자락은 앞과 옆으로만 흘렀으며 뒤쪽에는 연화문을 표현하였다. 옷자락은 복잡하지만 명쾌하게 처리되었으며 연화문 역시 깔끔하다.

삼층석탑처럼 보이는 대좌는 기단부가 자연석이고 간석과 대좌가 탑의 지붕돌 모양처럼 놓여 있는데 모두가 둥근 모양의 특이한 형태이다.

1923년 봄에 대좌에서 굴러떨어진 몸체를 복구했다고 하며, 1932년 다시 도괴된 것을 그 해 11월에 제자리에 놓았다고 한다. 높이는 4.56m이고 보물 제187호로 지정돼 있다.

용장사터 석불좌상 둥근 형태의 특이한 3층 대좌 위에 몸체만 남아 있다. 신라 유가종의 대덕인 대현스님이 염불을 하며 불상 주위를 돌면 불상도 함께 따라 얼굴을 돌렸다는 이야기가 전해진다.

신선암에서 내려오는 길

신선암 마애보살상

경주시 남산동 남산에 있다. 용장사터에서 용장골을 따라 내려가, 다시 왼쪽으로 난 계곡을 끼고 좀 지루하다 싶을 정도로 계속 가면 산죽과 잡목들 사이로 호수가 나온다.
이 호수를 지나면 곧 두 갈래 길이 나오고 왼쪽 풀숲으로 난 길을 지나 다시 오른쪽 산등성이로 오르면 신선암 마애보살상이 있는 봉화골 정상에 이른다.

용장사터에서 내려와 용장계곡을 계속 따라 올라가면 호수가 나온다. 이 호수에서부터 다시 산을 타고 봉화골 정상에 오르면 토함산과 낭산을 비롯하여 옛 신라의 중심지가 다 내려다보인다.

봉화골 정상에서 기기묘묘한 암석들을 밟고 내려오면 험한 절벽에 몇 사람이 앉아서 쉴 만한 평평한 자리가 나온다. 이곳에서 멀리 남산리가 내다보이고, 아래쪽이 칠불암이다. 이 자리에서 조금 내려가 오른쪽으로 난 좁은 절벽길을 따라 20m쯤 들어가면, 동쪽으로 돌출된 바위면을 다듬어서 배 머리 모양으로 얕게 감실을 파고 이를 광배 삼아 형상을 두껍게 새긴 마애불이 나온다. 감실의 높이는 2.3m, 폭은 1.3m이며, 그 안에 조각된 보살상은 높이 1.4m 정도이다. 보살상은 바위 전체가 앞으로 굽어진 형태에 맞추어 약간 앞으로 구부린 자세인데 조금도 어색함이 없다.

보살상의 머리에는 보관이 씌워져 있고 보관의 끈은 어깨까지 드리웠으며 법의가 부드럽게 나부끼고 있다. 복스러운 얼굴에는 자비가 넘쳐

흐르고 눈은 가늘게 떠서 깊은 생각에 잠긴 듯하다. 얼굴은 이목구비가 정제되어 균형을 이루고 있으나, 두 볼이 처져 비만한 모습을 보인다. 머리카락은 어깨 위까지 늘어져 둥글게 뭉쳐 있다. 신체는 어

신선암 마애보살상 정면
복스러운 얼굴에는 자비가 넘쳐흐르고 어깨와 무릎 폭이 넓어 안정되어 보인다.

깨와 무릎 폭이 넓어 안정된 모습을 보인다.

보상화를 쥔 오른손과 엄지와 검지손가락을 맞댄 왼손을 가슴에 붙였
는데 중생의 제도를 비는 듯하다. 오른발을 대좌 밑으로 내리고 왼발은
대좌 위에 올려 유희좌*의 모습을 하고 있다. 대좌 밑에는 구름이 연화
처럼 새겨져 있어서 마치 보살이 구름을 타고 있는 듯하다.

대좌는 옷자락이 대좌를 덮고 있는 상현좌로서, 옷주름이 자연스럽
게 늘어져 있다. 발 밑에는 움직이는 듯한 구름을 새겨 전체 불상에 생
기를 불어넣으면서 이 보살상이 천상에 있음을 나타내고 있다.

신체적인 양감이 강조된 조각 기법과 섬세한 세부 표현, 장식성의 경
향이 돋보이는 점으로 미루어 이 마애보살상은 전성기 통일신라의 조각
양식에서 조금 지난 8세기 후반의 작품으로 추정된다. 다른 마애불과 마
찬가지로 이곳에도 바위에 구멍을 내고, 전실을 쳤던 흔적이 남아 있다.
보물 제199호이다.

마애불 앞은 예배할 수 있을 정도의 공간만을 남겨두고 바로 아래가
낭떠러지 절벽을 이루고 있다. 보살상 앞에 앉아 앞을 내다보면 세상이

신선암 마애보살상 측면
깎아지른 듯한 벼랑 위 경사진 한쪽 바
위면에 새겨놓아 마치 구름을 타고 있는
듯하다.

신선암 마애보살의 앉은 자세를 유희좌
라고 한다. 유희좌란 오른발을 대좌 밑
으로 내리고 왼발을 무릎까지 올리지
않고 대좌 위에 얹은 자세로, 결가를 모
두 풀어 아주 편히 앉은 자세를 말한다.
다른 데서는 보기 드물다.

신선암 마애보살상은 매우
가파른 절벽 위에 새겨져 있다. 들어가
는 길과 보살상 앞의 공간이 매우 비좁
으니 조심해야 한다. 특히 비나 눈이 올
때에는 더욱 주의해야 한다.

소나무 숲 아래로 아득하게 보이고, 마치 부처와 같이 하늘에 떠 있는 느낌이다. 어쩌면 자연과 종교를 이렇게도 잘 어울리게 만들었을까. 부처님의 세계는 오르기 힘든 곳, 그러나 한번 오르고 나면 이처럼 아름다운 곳인가보다.

칠불암 마애석불

경주시 남산동에 있다. 신선암 마애불로 들어가는 입구에서 곧 바로 난 절벽길을 따라 내려가면 칠불암이다. 내려가는 길이 가파른 데다 미끄러질 위험이 있어 조심해야 한다.

칠불암과 신선암
칠불암 위에 있는 절벽 바로 아랫면에 신선암 마애불이 있다.

신선암 아래 깎아지른 절벽 밑으로 칠불암이 보인다. 내려가는 길이 무척 가파르다. 칠불암이라는 이름은 이곳에 조각되어 있는 사면불과 삼존불을 합한 데서 연유한다. 높은 절벽을 등진 뒤쪽 자연암석에 삼존불이 있고, 그 앞쪽에 네 면에 불상이 조각된 돌기둥이 솟아 있다. 칠불 왼쪽에는 석등과 탑의 부재로 보이는 돌들을 모아 세운 탑이 있다.

절벽 바로 밑에는 삼존불이 조각되어 있다. 본존좌상은 높이 약 2.7m이며 조각이 깊어서 모습이 똑똑하고 위엄과 자비가 넘친다. 대좌의 앙련과 복련의 이중 연화무늬는 지극히 사실적이어서 본존불이 마치 만발한 연꽃 위에 앉은 듯하다.

광배는 보주형의 소박한 무늬를 두드러지게 표현하였고, 머리는 소발(素髮)에 큼직한 육계가 솟아 있다. 네모진 얼굴은 풍만하여 박진감이 넘치고, 곡선적인 처리는 자비로운 표정을 자아낸다. 목에는 삼도가 없으며 어깨는 넓고 강건하여 가는 허리와 더불어 당당한 모습이다.

수인은 항마촉지인으로 두 손이 유난히 큼직하다. 법의는 우견편단(右肩偏袒)인데, 상체의 옷주름은 계단식이다. 얼굴이 몸에 비해 큰 느낌을 주지만 얼굴 표정은 원만하며 전체적으로 위엄 있

칠불암 마애석불
큰 바위에 새겨진 삼존불과 바로 앞쪽 바위 사면에 새겨진 불상을 합하여 칠불암이라 부른다.

동면 약사여래상 ①
서면 아미타여래상 ②
남면 여래상 ③
북면 여래상 ④

①	②
③	④

얼굴과 몸체가 단정한 네 불상의 명칭을 확실히 알기는 어렵지만 동면상은 약사여래로, 서면상은 아미타여래로 보고 있다.

는 모습이다.

　오른쪽 협시보살은 본존불의 대좌와 닮은 연화대에 서 있다. 오른손은 자연스럽게 아래로 드리우고 감로병을 쥐었으며, 왼손은 팔꿈치를 굽혀 어깨 높이로 들고 있다. 몸은 본존불 쪽으로 약간 돌리고 있으며 구슬목걸이로 장식되어 있다.

　왼쪽 협시보살도 연화대좌 위에 서 있다. 오른손엔 연화를 들고 왼손은 옷자락을 살며시 잡아 들고 있다. 두 협시보살은 높이 약 2.1m, 코가 좀 부숴져나간 것말고는 완전한 모습이다. 오른쪽 협시보살이 감로병을 쥐고 있는 것으로 보아 관세음보살, 본존은 아미타불, 왼쪽 협시보살은 대세지보살로 여겨진다.

　삼존불 앞의 사면불은 암석의 크기가 동면과 남면은 크고 서면과 북면은 작은 까닭에 새겨진 불상도 대소차가 있어 큰 것은 약 1.2m, 작은 것은 70~80cm 정도이다. 삼존불에 비해 조각이 정밀하지 못하며 얼굴과 몸체는 단

칠불암은 남산의 불적 가운데 규모가 가
장 크고 뛰어난 솜씨를 보여준다. 신라
때 절 이름이 무엇이었는지 전하지 않는
다.
근처에서 귀인들이 기도를 드려 중병을
고쳤다는 내용의 비석 조각과 화려한 모
양의 기와 등이 발견되는 것으로 보아 나
라에서 운영했던 큰 사찰로 추측된다. 암
자는 근래 새로 지어졌다.

정하나 몸체 아래로 갈수록 힘이 빠진 느낌이 든다.

네 불상 모두 연화좌에 보주형 두광을 갖추고 결가부좌하였다. 동면
상은 본존불과 동일한 양식으로 통견의가 다소 둔중한 느낌을 주나 신
체의 윤곽이 뚜렷이 표현되었다. 왼손에는 약합을 들고 있어 약사여래
로 생각된다. 남면상은 여러 면에서 동면상과 비슷하나, 가슴에 표현된
옷의 띠매듭이 새로운 형식에 속하고 무릎 위의 옷주름과 짧은 대좌를
덮고 있는 상현좌의 옷주름이 상당히 도식화되어 있다. 서면상은 동면
상과, 그리고 북면상은 남면상과 비슷한데, 북면상은 다른 세 불상과는
달리 특히 얼굴이 작고 갸름하여 수척한 인상을 준다.

네 불상의 명칭을 확실히 알기는 어렵지만 방위와 수인이나 인계(印
契)로 볼 때, 일단 동면상은 약사여래, 서면상은 아미타여래로 보인다.

풍만한 얼굴, 양감이 풍부한 사실적인 신체 표현, 협시보살들의 유연한 자세는 삼릉골 석불좌상이나 석굴암 본존불좌상, 굴불사터 석불상 같은 불상 양식과 비슷하여 통일신라의 최전성기인 8세기 중엽의 작품으로 추정된다. 보물 제200호로 지정되어 있다.

여기 칠불암까지 내려오면 이제 하산길이다. 삼릉골에서부터 내처 걸어온 걸음을 멈추고 숨을 크게 내쉬는 여유를 부려본다. 이제부터는 좀 지루하다 싶게 내리막 계곡길이 이어진다. 계곡은 그리 깊지 않으나 마을로 내려오는 길에 계림팔괴의 하나인 남산의 부석이 보인다. 계곡길이 끝나는 마을 어귀에서 남산동 삼층쌍탑이 남산을 돌아보느라 수고했다는 듯 반갑게 나타난다.

남산동 삼층쌍탑

칠불암이 있는 봉화골로 내려오면 탑마을, 곧 『삼국유사』에 나오는 옛 양피사터에 불국사의 동서 쌍탑(석가탑과 다보탑)처럼 형식을 달리하는 훌륭한 삼층석탑 두 기를 볼 수 있다.

동탑은 전형적인 신라 양식의 석탑과는 달리 모전 석탑의 특이한 양식을 취하고 있다. 넓은 이중의 지대석 위에 잘 다듬은 돌 여덟 개로 입

경주시 남산동에 있다. 칠불암에서 산 아래로 내려가면 나온다. 국립경주박물관 앞에서는 불국사·울산 방면으로 난 7번 국도를 따라 1.7km 가면 길 오른쪽에 화랑교육원·통일전으로 가는 길이 나온다. 그 길을 따라 2.5km 가면 통일전 앞에 이르고 가던 길로 약 400여m 더 가면 남산동 쌍탑이 있다. 주차장은 따로 없다. 승용차는 탑 근처에 주차할 수 있으나 대형버스는 통일전 주차장을 이용하는 것이 편리하다. 대중교통은 경주 시내에서 통일전 가는 버스로 타고 가 통일전에서 내려 걷는다. 통일전과 남산동 쌍탑 주변에는 음식점이 몇 곳 있다.

남산동 삼층쌍탑 전경
옛 양피사터에 서 있는 동서 두 탑은 서로 다른 형식이면서도 조화를 이루고 있다. 크게 보이는 것이 동탑인데 모전 석탑 양식으로 쌓은 씩씩한 모습이다.

방체 단층 기단을 쌓고 그 위에 3층의 탑신을 올려놓았다.

묘한 것은 기단을 이룬 돌 여덟 개의 크기가 각기 다르기 때문에 돌과 돌이 연결된 선이 십자형을 벗어나고 있다는 점이다. 어쩌다가 십자형으로 조립된 기단의 남쪽 면에서는 돌이음이 만나는 지점에 직사각형의 돌을 박아 역시 단조로운 십자 모양의 선이 생기는 것을 막고 있다. 이렇게 돌이음 하나에도 세심한 배려를 하였기에 탑의 자태는 매우 안정되고 장중하게 보인다. 전체 탑의 높이는 약 7m이며 달리 장식은 없다.

탑신부의 몸돌과 지붕돌은 각각 돌 하나로 이루어졌으며 몸돌에는 우주를 새기지 않았다. 지붕돌 층급받침은 물론 낙수면도 다섯 층을 둔 것이 특이하다.

서탑은 2층의 기단 위에 3층의 탑신부를 세운 전형적인 삼층석탑 양식이다. 상층 기단은 한

면을 둘로 나누어 팔부신중을 조각했다. 석탑을 지키는 팔부신중은 신라 중대 이후 등장하는 드문 조각으로 단순히 탑의 장식에만 목적을 둔 것이 아니라 탑을 부처님의 세계인 수미산으로 나타내려는 신앙 차원의 바람이기도 하다.

팔부신중은 모두 좌상으로 머리 셋, 팔이 여덟 개인 아수라상이라든지 뱀관을 쓰고 있는 마후라가상 등이며, 이들은 입에 염주를 물었거나 손에 여의주나 금강저를 든 모습 또는 합장을 하고 있는 모습이다.

탑신부는 몸돌과 지붕돌이 모두 돌 하나로 되어 있고 각층에는 우주를 조각했을 뿐 다른 장식은 없다. 지붕돌은 층급받침이 각각 5단이며 낙수면은 경사져 있다. 이 서탑은 불국사의 석가탑에 견주어도 손색이 없을 정도로 균형이 잘 잡혀 있으며, 팔부신중 조각도 뛰어나다. 높이 약 5.6m이다.

남산동의 이 두 석탑은 양식은 다르지만 전체적인 조화를 이루며 마주보고 있다. 신라 통일기의 동서 쌍탑은 대체로 동일 양식으로 만들어지는데, 이와 같은 특이한 형식도 간혹 있었음을 알려준다. 보물 제124호이다.

서출지

남산동 삼층쌍탑에서 통일전 쪽으로 나오면 왼쪽으로 연꽃이 잠긴 긴 못과 옛집이 눈에 띈다. 정면 3칸, 측면 2칸의 ㄱ자형인 옛집은 이요당(二樂堂)이라는 정자로 연못과 호 안에 걸쳐 들어서 있다. 이요당 앞에 있는 이 연못은 21대 소지왕이 이 못에서 나온 노인이 바친 서책에서 궁녀와 중이 왕을 해치려는 음모를 꾸미고 있음을 알아내고 미리 방지할 수 있었다는 전설이 담긴 서출지*이다.

이 전설에서 주목되는 점은 '분향(焚香) 수도(修道)하던 스님'에 대한 기록이다. 소지왕은 417년부터 499년까지 왕위에 있었던 신라 21대 왕이다. 신라에 불교가 공인된 것이 23대 법흥왕 때이니 불교 공인 이전에 불교가 어떻게 인식되고 있었는지 알게 해준다.

경주시 남산동에 있다. 남산동 쌍탑에서 통일전 방면으로 약 200m 가면 있다. 불국사 방면에서는 7번 국도를 따라 경주 시내로 가다 SK 형산주유소를 지난 후 왼쪽으로 난 길을 따라가면 통일전에 닿는다. 국립경주박물관 앞에서 가는 길은 남산동 삼층쌍탑 가는 길과 같으며, 통일전 왼쪽에 있는 못이 서출지이다. 가게와 음식점은 몇 곳 있으나 잠잘 곳은 없다. 경주 시내에서 통일전으로 가는 버스는 자주 있다.

서출지 전설을 통해서 불교가 공인(법흥왕 15년)되기 전에 존재했던, 신라 전통의 민간신앙과 새로운 종교인 불교간의 갈등을 짐작할 수 있다.

서출지
한여름 연꽃이 만발하고 수백 년 묵은 배롱나무에 꽃이 피면 참으로 장관을 이룬다.

못에 연꽃이 만발할 때도 볼 만하거니와 못가에 우거진 수백 년 된 배롱나무가 꽃을 피워 소나무와 어우러질 때면 못가의 이요당과 썩 잘 어울린다. 이요당은 1664년 임적이 세웠다. 사적 제138호이다.

사금갑(射琴匣) 이야기

신라 제21대 소지왕은 즉위 10년(488)에 천천정(天泉亭)에 행차하였다. 이때 까마귀와 쥐가 나타나서 "이 까마귀가 가는 곳을 잘 살피시오" 하였다. 왕이 이 말을 듣고 신하에게 명령하여 뒤쫓게 하였다. 신하가 남쪽 피촌(지금의 남산동 양피사)에 이르러 두 돼지가 싸우는 것을 한참 보고 있다가 문득 까마귀가 가는 곳을 잃어버렸다.

이때 한 노인이 못 속에서 나와 글을 올리니 겉봉에 이렇게 씌어 있었다. "이것을 떼어보면 두 사람이 죽을 것이요, 떼어보지 않으면 한 사람이 죽을 것이다."

신하가 왕에게 황급히 알리자 왕이 말하기를 "두 사람이 죽는 것보다 한 사람만 죽는 것이 낫다"고 하였다. 이때 한 신하가 말하기를 "두 사람이란 백성이요, 한 사람은 임금이오." 이 말을 옳게 여겨 왕이 글을 펴보니 '금갑(琴匣)을 쏘라'라고 적혀 있었다.

왕이 궁에 들어가서 거문고 갑을 보고 활을 쏘니 그곳에서는 내전에서 분향 수도하던 중이 궁녀와 몰래 간통하고 있었다. 두 사람은 곧 사형을 당했다.

이로부터 나라풍속에 정월 상순 돼지·쥐·까마귀 날에는 모든 일을 조심하여 감히 움직이지도 않았고, 15일을 오기일(烏忌日)이라 하여 찰밥으로 제사를 지냈다.

불상

불상이란 불교의 신앙대상으로 창조된 부처의 모습을 말한다. 불상은 부처님 생존 당시에는 만들어지지 않았다. 부처님 입멸 후 5,6백 년이 지나서야 인도에서 처음으로 조성되는데, 보통 기원후부터 제작된 것으로 보고 있다. 따라서 중국에서도 3~4세기 초 불교가 전파되면서 불상이 제작되었다고 보여진다.

우리 나라에 맨 처음 불교가 들어온 것은 4세기경 (372년)으로 전진에서 고구려에 전래되었는데, 그때 불상과 경전이 들어왔다. 백제는 384년에, 신라는 527년에 불교를 받아들였다.

불상의 종류

불상은 불격에 따라 불타, 보살, 천, 나한 등으로 나눌 수 있다. 불타는 여래라고도 불리는데, 이를 풀이하면 진리를 깨달은 사람이라는 뜻이다. 소승불교에서는 그 예배대상이 불교의 창시자인 석가모니불뿐이었으나 대승불교에 이르면 불교교리가 발전하면서 여러 가지 다양한 불의 명칭이 나타난다. 비로자나불, 아미타불, 약사불, 미륵불 등이 그것이다.

보살은 불교의 진리를 깨우치기 위해 수행하는 동시에, 부처의 자비행을 실천하여 모든 중생을 교화하고자 노력하는 대승불교의 이상적인 수행자상을 가리킨다. 미륵보살, 관음보살, 대세지보살, 문수보살, 보현보살, 지장보살이 있다.

천이라 함은 불교를 수호하는 신들로 인도의 고대신앙에 있던 토착신들이 불교에 흡수된 것이다. 범천, 제석천, 사천왕, 인왕(금강역사), 팔부중, 비천 등이 있다.

나한은 부처님을 따르던 제자와 여러 나라에서 숭앙받던 고승들을 나타내는 것인데, 수행자의 민머리 모습으로 표현된다. 십대제자, 유마거사 등이 있다. 여기에서는 불타에 대해서만 간략하게 보기로 한다.

석가여래(釋迦如來) 불교의 창시자인 석가모니 부처님을 형상화한 것으로 인도에서 1세기경부터 만들어지기 시작했다. 우리 나라의 석가불은 입상일 경우에는 시무외인, 여원인의 손모양을 하고, 좌상은 선정인의 자세에서 오른손을 살짝 내려 항마촉인을 취하는 것이 일반적이다. 협시보살로는 문수보살과 보현보살이 좌우에 위치하나 간혹 관음보살과 미륵보살이 나타나기도 한다.

아미타불(阿彌陀佛) 서방 극락세계에 살면서 중생을 위해 자비를 베푸는 부처로 무량수불 또는 무량광불이라고도 한다. 보통 아미타 9품인의 손모양을 취하고 좌우에는 관음보살과 대세지보살이 표현되는 것이 특징이나 시대가 지나면서 대세지보살 자리에 지장보살 등이 등장하는 경우가 많아지게 되었다.

약사불(藥師佛) 질병의 고통을 없애주는 부처. 동방유리광 세계에 살면서 모든 중생의 병을 치료하고 수명을 연장해주는 의왕(醫王)으로 신앙되었던 부처이다. 다른 여래와는 달리 손에 약그릇을 들고 있는 것이 특징이다.

비로자나불(毘盧遮那佛) 부처의 진신을 나타내는 존칭. 비로사나(毘盧舍那), 노사나(盧舍那)라고도 한다. 「화엄경」의 주존불로 부처의 광명이 모든 곳에 두루 비치며 그 불신(佛身)은 모든 세계를 포용하고 있다는 의미이다. 형상은 보통 지권인의 수인을 취하며 협시로 문수보살과 보현보살이 배치되는 경우가 많지만 노사나불과 석가불이 좌우에서 모시고 있는 경우도 있다. 우리 나라에서는 통일신라 이후 특히 9세기 중엽경에 유행했다.

미륵불(彌勒佛) 석가 다음으로 부처가 될 보살. 현재 도솔천에서 보살로 있으면서 56억 7천만 년 뒤에 이 세상에 나타나 용화수 아래에서 성불하고 3회의 설법으로 석가여래가 계실 때 빠진 모든 중생을 구제한다는 미래불이다.

한편, 불상은 재료의 종류에 따라 석불, 마애불, 목조불, 금불, 금동불, 철불, 소조불, 건칠불 등으로 나뉜다.

석불(石佛) 돌로 만든 불상. 불상 제작 초기부터 만들어졌던 것으로 가장 일반적인 불상형태이다. 우리 나라에서는 화강암으로 만든 불상이 많이 남아 있다.

마애불(磨崖佛) 커다란 암벽에 부조 또는 선각 등으로 얕게 새긴 불상. 우리 나라에서도 삼국 시대부터 제작되기 시작하여 경주 남산의 마애불상군을 비롯하여 태안 마애삼존불, 서산 마애삼존불 등 곳곳에서 볼 수 있다.

목조불(木造佛) 나무로 만든 불상. 목조불상은 시대나 장소에 관계 없이 많이 제작되었을 것으로 짐작되나 재료상의 취약성 때문에 남아 있는 예는 극히 드물다.

금불(金佛) 금으로 주조된 불상. 불상 조성의 규범 중 하나가 부처는 금빛이 나야 한다고 되어 있어 불상제작 초기부터 금으로 만들어진 것 같다. 재료가 비싸고 귀해 별로 유행하지는 못했다. 우리 나라에서도 순금상은 많이 만들어지지 않았으나 경주 황복사터 삼층석탑에서 출토된 통일신라 시대의 금제불좌상과 금제불입상이 남아 있다.

금동불(金銅佛) 동(銅)이나 청동으로 만든 불상에 금을 입힌 것이다. 금이 귀했기 때문에 자연히 부식을 방지하고 황금과 같은 효과를 내는 금동불이 크게 유행하였다. 중국에서는 불교의 전래와 함께 남북조 시대부터 많이 만들어졌다. 우리 나라에서도 마찬가지로 개인용의 작은 호신불(護身佛)에서부터 거대한 상에 이르기까지 금동으로 많이 제작되었다.

철불(鐵佛) 철로 주조한 불상. 우리 나라의 경우는 금동불보다 많이 만들어지지는 않았지만 통일신라 말에서 고려 시대에 걸쳐 유행하였다. 대표적인 예는 보림사 철조비로자나불좌상을 비롯하여 도피안사 철조비로자나불상, 광주 철불좌상 등이다.

소조불(塑造佛) 점토로 만든 불상. 우리 나라에서는 삼국 시대 이후 많이 만들어졌는데 현재 남아 있는 작품은 별로 없다. 기록상으로는 신라 시대에 양지(良志)가 만든 영묘사 장륙상 등이 있다. 현재 부석사 소조불좌상, 성주사지 출토 소조불 등이 유명하다.

건칠불(乾漆佛) 나무로 간단한 골격을 만들고 종이나 천 같은 것으로 불상을 만든 후 옻칠을 하고 다시 금물을 입힌 것이다. 우리 나라에 알려져 있는 불상으로는 조선 시대의 기림사 건칠보살좌상과 불회사 건칠삼존불좌상 등이 있다.

수인(手印)

불, 보살의 공덕을 상징적으로 표현한 손 모양. 원래 불전도(佛傳圖)에 나오는 석가의 손 모양에서 유래한 것으로 석가불의 경우에는 선정인, 항마촉지인, 전법륜인, 시무외인, 여원인의 5가지 수인을 주로 취한다.

대승불교의 여러 부처들도 대개 이를 따랐지만 아미타불은 구품왕생과 연결되어 9등급의 아미타정인(阿彌陀定印)과 내영인(來迎印)을 새롭게 만들었다. 아미타정인을 9등분한 것은 중생들의 성품이 모두 다르므로 상·중·하 3등급으로 나누고 이를 다시 세분화하여 9등급으로 나누어서 각 사람에게 알맞게 설법하려는 뜻이라고 한다. 불상 종류에 따른 수인은 교리적인 뜻을 가지고 표현되었기 때문에 불상의 성격과 명칭을 분명하게 해주는 역할을 했으나 우리 나라에서는 그 규칙이 엄격하게 지켜지지 않았던 것 같다.

① 여러 가지 수인

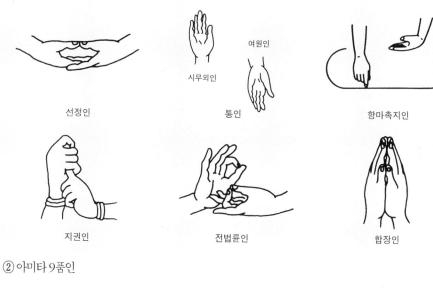

선정인   시무외인   여원인   통인   항마촉지인

지권인   전법륜인   합장인

② 아미타 9품인

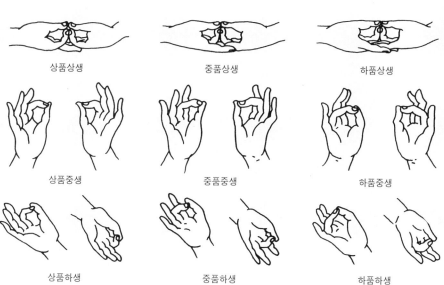

상품상생   중품상생   하품상생

상품중생   중품중생   하품중생

상품하생   중품하생   하품하생

코스 9 동남산

돌 속에 숨은 부처를 드러낸 듯

여기서 말하는 동남산은 경주 시가지와 마주보는 남산의 북쪽 곧, 임업시험장 대밭 뒤쪽의 미륵골과 여기에서 북쪽으로 약 400m 떨어진 탑골, 더 북쪽에 있는 부처골이 있는 일대이다. 이 세 골짜기들의 들목에 남산에서 가장 잘생기고, 가장 다채롭고, 남아 있는 것 중에서 가장 나이 많은 부처가 있으니 남산을 힘들여 오르지 않고도 자비로운 부처들을 만날 수 있다.

남산에서 가장 규모가 큰 절인 미륵골 보리사에 있는 석불좌상은 석굴암 본존불에 견줄 만큼 잘생겼다. 보리사의 남쪽 산허리에 있는 마애석불입상 앞에서는 지금은 논밭으로 변해버린 옛 서라벌의 중심지가 한눈에 내려다보인다.

탑골마을에서 개울을 거슬러 약 300m 들어가면 옥룡암(불무사) 뒤쪽으로 부처바위와 삼층석탑이 있다. 부처바위는 높이 9m, 둘레 30m 정도 되는 큰 바위이다. 사면에 여래상, 보살상, 비천상, 나한상 및 탑과 사자 등을 새긴 이 바위는 사방사불정토를 나타내고 있다. 신라 시대 유적 중에는 사방사불이 배치된 바위나 탑들이 상당수 있는데, 그 중에서 이 부처바위가 가장 크고 조각된 내용도 다양하다.

탑골에서 약 350m 가량 서북쪽으로 올라가면 남산에 남아 있는 불상 중에서 가장 오래된 감실불상이 있는 부처골이 나타난다. 감실불상은 아줌마 부처라고 불릴 정도로 친근하며, 어떤 죄라도 포근히 감싸안을 듯 온화하고 겸손한 자비심이 미소로 잘 표현되어 있다.

이 세 곳은 사람이 많이 드나들지 않는 조용한 유적지로, 한나절 시간 내어 걸어다니며 볼 만하다.

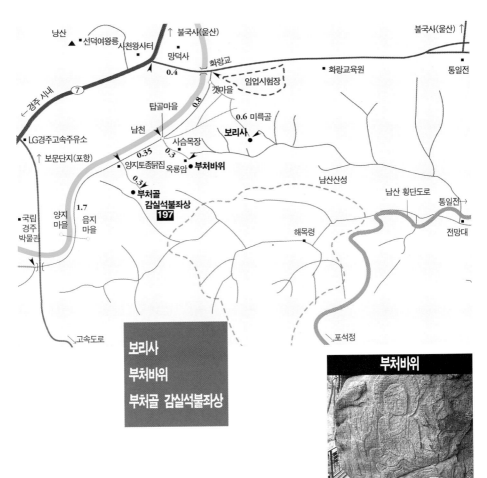

낭산   ▲ 선덕여왕릉   사천왕사터
↑ 불국사 (울산)
망덕사
불국사 (울산) ↑
화랑교
0.4
화랑교육원
통일전
←경주 시내   7
갯마을
임업시험장
탑골마을   0.8
0.6 미륵골
남천
사슴목장   보리사
LG경주고속주유소   0.35   0.3
↑ 보문단지 (포항)   양지토종닭집   옥룡암   부처바위
0.3   남산산성
부처골   남산 횡단도로
감실석불좌상   통일전
197
국립   양지   1.7   음지   해목령   전망대
경주   마을   마을
박물관
고속도로   포석정

보리사
부처바위
부처골 감실석불좌상

부처바위

부처골 감실석불좌상

국립경주박물관 앞에서 7번 국도를 따라 울산·불국사 방면으로 1.7km 가면
나오는 사천왕사터 앞에서 오른쪽 통일전으로 난 길을 따라 400여m 가
화랑교를 넘으면 곧 오른쪽에 갯마을(임업시험장) 입구가 나온다.
오른편 마을길로 접어들어 양지마을 쪽으로 가면서 동남산의 여러 불적들을
볼 수 있다. 동남산 자락의 불적들에는 주차장이 따로 없으므로 도로 옆이나
마을 공터 등을 이용해야 한다.
경주 시내에서 갯마을을 거쳐 양지마을 쪽으로 시내버스는 드물게 다니므로,
대중교통을 이용하려면 시내에서 통일전으로 가는 시내버스를 타고 가다
갯마을에서 내려 걸어가는 것이 좋다. 숙식할 곳은 없다.

보리사

사천왕사 맞은편 화랑교육원 가는 길로 들어서서 화랑교를 넘으면 탑골 입구 못미처 갯마을이 나선다. 갯마을 앞쪽으로는 남천이 흐르고 마을 뒤로는 임업시험장이 있어 동네가 온통 푸르다. 임업시험장의 뒷산은 넓은 대나무 숲인데, 그 대숲 북쪽 계곡이 미륵골이다. 대숲 옆길로 약 250m 가량 산등성이로 올라가면 정상 가까운 아늑한 곳에 비구니들이 수도하는 보리사가 자리 잡고 있다. 근래에 지은 대웅전과 건물이 몇 채 있는데, 남산에 있는 절 가운데에서는 규모가 가장 큰 편이다.

『삼국사기』에서 헌강왕릉과 정강왕릉의 위치를 말할 때 '보리사의 동남쪽'이라고 한 것을 보면 보리사가 유서 깊은 절임을 알 수 있다. 또한 경내에 통일신라 후반의 석불상을 대표하는 훌륭한 석가여래좌상이 있으며, 보리사 앞에서 남쪽으로 오솔길을 따라 산비탈로 35m쯤 가면 경사가 급한 산허리에 마애불이 있다. 이 마애불 앞에서는 옛 서라벌의 중심지였던 배반평야 일대가 잘 내려다보인다. 마애불 앞의 공간은 어른 둘이 서 있기 빠듯할 정도로 좁다.

경주시 배반동에 있다. 국립경주박물관 앞에서 7번 국도를 따라 불국사·울산 방면으로 1.7km 가면 나오는 사천왕사터 앞에서 오른쪽 화랑교육원·통일전으로 난 길을 따라 400m 기 화랑교를 넘으면 곧 오른쪽에 갯마을 입구가 나온다(갯마을은 옛날 형산강을 통해 이곳까지 나룻배가 닿았다고 해서 붙여진 이름이다). 화랑교에서 오른쪽으로 난 길을 따라 200여m 가면 다시 마을 안에서 두 갈래로 길이 나뉜다. 왼쪽 마을 안으로 난 길을 따라 400여m 가면 보리사에 닿는다. 승용차는 보리사까지 갈 수 있다. 대형버스는 화랑교 앞 한편에서 잠시 주차하거나 마을 안 두 갈래길에서 오른쪽 양지마을로 난 길을 따라 200여m 가 다시 왼쪽 보리사 가는 길에 있는 외딴집 옆 공터에 주차해야 한다. 숙식할 곳은 없다.
대중교통은 시내에서 통일전으로 가는 버스를 타고 가다 화랑교 건너 갯마을에서 내린다.

남천 ▶
동남산 주위를 부드럽게 감싸 흐른다. 옛날에는 형산강을 통해 남천까지도 배가 다녔다고 한다.

보리사 석불좌상 ▶▶
단아하고 자비스러우면서도 인간적인 느낌을 주는 불상이다.

보리사 석불좌상

아름다운 연화대좌에 앉아 있는 이 석불좌상은 자비가 넘치는 얼굴, 유려한 옷자락의 흐름, 화려한 광배 등이 뛰어난 조각으로 완숙한 통일신라 예술의 향기를 내뿜는 작품이다. 석불의 높이는 약 2.43m이다.

큼직한 육계가 표현된 곱슬 같은 나발의 머리에 장방형의 얼굴을 하고 있는데, 양감이 풍부한 편은 아니지만 반듯한 이마, 가늘고 긴 눈썹과 귀, 오똑한 코, 조용한 미소를 머금은 듯한 입은 단아하고 자비스러운 모습이다. 석굴암 본존불이 접근하기 힘든 위엄이 있다면 이 불상은 어딘지 인간적인 느낌이 든다.

얼굴은 신체와 다른 돌로 이루어졌고, 목에는 삼도(三道)를 뚜렷이 나타내었다. 좁아진 어깨에 가슴은 건장한 편이지만 석굴암의 본존불에서 볼 수 있는 그런 양감은 없다. 이러한 점은 다소 작게 표현된 항마촉지인의 손이라든가 좀 왜소해 보이는 하체에서도 마찬가지이다.

높이 2.7m, 폭이 1.9m인 광배는 다른 돌을 댄 것이다. 앞면에는 보

보리사 석불좌상 전경
힘찬 필각 중대석이 받치고 있는 아름다운 연화대좌 위에 안정감 있게 앉아 있다. 통일신라 후반을 대표하는 불상이다.

상문과 당초문, 화불을 조각하였으며, 뒷면에는 얇은 돋을새김으로 약사여래좌상을 새겨놓았다. 약사여래가 동방세계의 부처인 까닭에 앞쪽의 석불좌상은 서방정토의 아미타여래로 추정된다. 우리 나라에서는 드문 형식이다.

높이 1.35m의 연화대좌는 겹으로 쌓은 복련의 밑받침에 팔각의 간석을 세우고 앙련을 조각하였다. 팔각의 중대에는 각 모서리에 기둥 형태가 조각되어 있으며 비교적 단순하고 소박한 멋이 풍겨난다. 보물 제136호로 지정돼 있다.

석불좌상 뒷면
광배 뒷면에는 낮은 돋을새김으로 약사여래좌상을 새겨놓았다.

보리사 마애여래좌상

보리사 남쪽 산허리로 난 오솔길로 약 35m 올라가면 고색이 짙은 마애불이 나온다. 높이 1.5m의 배형 감실에 약 90cm로 만들어진, 사람의 실물 크기에도 미치지 못하는 이 작은 부처는 양쪽 뺨 가득히 자비에 넘치는 미소를 간직하고 다소곳이 앉아 있다.

전체적인 조각 수법이 거친데 특히 위쪽에서 아래로 내려오면서 더욱 심하다. 보리사의 석불좌상보다 후대에 지어진 것으로 생각된다. 비록 신라 하대의 작품이지만 기울어지지 않은 신라문화의 힘을 보여준다.

부처님이 보는 방향으로 시선을 돌리면 발 아래는 보이지 않고 하늘에 떠 있는 느낌이다. 멀리 선덕여왕이 잠들어 있는 낭산이 남북으로 길게 누워 있고, 목조쌍탑이 솟아 있었을 사천왕사, 망덕사, 황룡사도 모두 한 시야에 보인다. 옛 서라벌에는 17만 8,936호가 모두 기와집으로 줄지어 있었다는데, 이 부처는 그렇게 장하던 서라벌의 안전을 굽어살핀 분이었다.

보리사로 오르다가 왼쪽으로 처음 만나는 건물 뒤로 난 작은 오솔길을 따라가면 마애여래좌상이 나온다.

보리사 마애여래좌상
작은 바위에 조금은 거칠게 새겨진 부처는 미소를 지으며 옛 신라의 중심지를 내려다보고 있다.

부처바위

보리사를 나와 갯마을에서 경주 시내의 반월성 쪽으로 약 400m 떨어진 곳에 탑골이 있다. 탑골 마을에서 개울을 거슬러 약 300m 들어가면 옥룡암(불무사)이 있다. 이 일대는 통일신라 시대에 신인사란 절이 있던 곳이다. 옥룡암 대웅전 뒤쪽 높이 9m, 둘레가 30m쯤 되는 큰 바위에 유례없이 다양한 조각들이 있다. 조각 가운데에는 탑이 있고 불상이 있고 승려가 있는가 하면 비천상, 사자상이 있다. 무려 30여 점에 달하는 여러 형상이 한 바위에 새겨져 있어 무척 놀랍다.

이를 부처바위라 부르는데 바위 하나에 불교세계의 모든 형상, 곧 사방정토와 속인의 수양을 함께 새겨놓았다. 뿐만 아니라 바위에 새겨진 조각의 모습은 신라 때 있었으나 지금은 알 길이 없는 것, 예컨대 목조탑의 형태를 알 수 있는 근거도 제공하고 있다.

이 바위는 북면, 동면, 서면의 삼면을 이루고 있으며 남면은 언덕으로 되어 있다. 북면은 바위의 정면으로 가장 높은데 높이 9m, 폭이 5.7m이다. 동면은 가장 화려한 극락세계가 표현된 바위면으로 전체 폭이 13m 정도 되는데, 바위면이 세 면으로 갈라져 있어 편의상 북쪽부터 첫째면, 둘째면, 셋째면으로 부른다. 동면에서 가장 높은 첫째면은 높이가 약 10m

부처바위 전경
높이 9m, 둘레 30m 가량의 큰 바위에다 탑, 불상, 비천상, 승려상, 사자상 등 다양한 형상들을 조각해놓았다.

쯤 되는데 언덕 위쪽인 셋째면은 4m 정도밖에 안된다. 서면은 면적이 좁아 석불좌상과 비천상 하나만 조각돼 있다. 남면은 흙으로 덮인 언덕이라 언덕으로 솟은 부분만 2.7m 정도 된다.

전체적으로 보아 바위가 그늘진 곳에 있기 때문에 이끼가 끼어 있고 여름철이면 습기가 심해 형체를 정확히 파악하기 어렵다. 더군다나 오랜 풍상으로 마멸이 더욱 심해지고 있어 무척 안타깝다. 보물 제201호로 지정돼 있다.

북면

북쪽 면이 부처바위의 중심이 되는 곳으로 거대한 영산정토를 나타내고 있다. 영산정토는 석가여래가 여러 보살과 나한들에게 설법하는 곳이다. 중앙에 석가여래의 좌상이 있고 좌우에 크고 화려한 탑을 배치했으며, 탑 아래쪽에는 각각 한 마리의 사자가 지키고 있다. 부처님 위에는 천개(天蓋)와 비천상이 있다.

두 기의 탑은 목탑으로 보여지며 기단부와 탑신부, 상륜부가 완전히 갖추어져 있다. 동쪽 탑은 2중 기단 위에 세운 구층탑인데 1층은 비교적 높고 다음 층부터는 낮다. 추녀의 폭과 각층의 높이는 올라갈수록 축소되어 3.7m 높이에서 9층 지붕이 삼각으로 끝을 맺는다. 추녀 끝마다 풍경이 달려 있고 탑꼭대기에는 상륜부가 있다. 특히 상륜부에는 노반과 복발, 앙화 위에 많은 풍경이 달린 보륜이 다섯 겹으로 되어 찰주에 꽂혀 있고, 그 위에 수연, 용차, 보주에 이르는 부분이 모두 나타나 있어 신라 목탑의 형태를 아는 데 귀중한 자료가 된다. 이 구층탑은 몽고군의 침입 때 불타 없어진 황룡사의 구층목탑의 원형으로 여겨진다.

북면 마애여래
연꽃 위에 살포시 앉은 여래 위로 높은 사람의 신분을 돋보이게 하는 데 쓰이는 천개가 조각되어 있는 것을 볼 수 있다.

북면 사자상
불국토를 지키는 성스러운 사자 한 쌍을 새겨 부처바위를 더욱 위엄 있게 장식하였다.

북면 마애탑

기단부, 탑신부, 상륜부뿐만 아니라 추녀 끝에 풍경까지 새겨놓은 이 탑은 신라 목탑의 형태를 알 수 있는 귀중한 자료로 황룡사탑의 복원에 커다란 도움이 되었다.

서쪽 탑은 동탑보다 조금 높은 위치에 자리 잡았는데 동탑과의 간격은 1.53m이다. 역시 2중 기단 위에 7층으로 솟았으며 그 모양은 동탑과 같은 형식이다.

두 탑 사이의 위쪽에는 연꽃대좌 위에 앉아 옷자락을 날리는 석불좌상이 있다. 연꽃으로 된 둥근 두광에는 꽃잎들이 햇살처럼 그려져 얼굴이 더욱 생기가 도는 듯하다. 연꽃대좌에는 두 꽃잎이 날개처럼 길게 가로 뻗쳐 있어 하늘 위로 날아오르는 듯 시원하고 안정된 느낌을 준다. 머리 위에 천개가 떠 있는데, 이 천개는 인도처럼 더운 나라에서는 빛을 가리기 위한 양산처럼 사용되는 것이나 우리 나라에서는 높은 사람의 신분을 돋보이게 하는 데 쓰였다.

천개 위로 천녀 두 사람이 날고 있다. 아름다운 천녀들이 하늘을 날면서 음악을 연주하거나 꽃을 뿌리는 모습은 부처님의 정토를 찬미하는 것이다.

탑 아래에 새겨놓은 사자는 불국정토를 지키는 성스러운 짐승이다. 동쪽 사자는 입을 벌리고 오른쪽 발은 힘차게 땅을 딛고 왼발은 들어올렸으며, 꼬리는 깃발처럼 세 갈래로 나뉘어 바람에 날리고 있다. 서쪽 사자는 입을 다물고 오른발은 들어올리고 있는데, 꼬리가 아주 복잡하며 목에 긴 털이 많은 것으로 보아 수사자로 여겨진다. 동쪽 사자는 털이 없어 암사자로 생각된다. 입을 벌리고 다문 것은 열리고 닫힌 세계를 표현하는 것으로 음과 양이 합친 모든 세계를 부처님이 다스린다는 뜻이 있다.

서면

서쪽 면은 면적이 좁은 탓으로 불상 하나와 몇 가지 장식물, 그리고 비천상이 하나 있을 뿐이다. 불상 오른쪽에는 능수버들이 늘어져 있고 왼쪽에는 대나무 같은 나무가 서 있는데, 대나무 가지 사이로 큰 연꽃 위에 여래 한 분이 앉아 있다.

네모에 가까운 머리에 자그마한 육계가 솟아 있고 귀는 어깨까지 늘어져 있다. 정면을 바라보는 가

서면 마애여래
서쪽은 바위면이 좁아 마애여래 한 분과 비천상 하나만 새겨놓았다.

는 눈, 기름한 코, 꼭 다문 입이 무척 근엄하다.

머리에 비해 갸름한 몸체는 반듯하고 두 무릎은 연꽃 위에 평행으로 놓여 있어 한없는 안정감을 느끼게 한다. 두 손은 역시 옷자락에 가려 보이지 않고 머리 뒤에는 연꽃을 새기고 구슬을 늘어뜨린 화려한 두광이 있다. 두광 주위에는 불길이 새겨져 있고, 부처의 머리 위로 한 천녀가 피리를 불며 날고 있다.

이 암벽 면은 동방 유리광의 세계이고 이 부처님은 약사여래로 짐작된다.

동면

동면은 절에서 산으로 오르는 길가 쪽이다. 산으로 오르는 가파른 언덕 때문에 가장 낮은 지면에서 솟은 첫 암벽은 무려 10m나 되고 폭도 가장 넓다.

암벽의 첫째면은 높이 10m, 너비 6m로 동면에서는 제일 넓어 삼존

동면 승려 공양상
바위 한쪽 구석에서 네모난 방석에 앉아
향로를 받쳐들고 열심히 염불하는 모습
이다.

동면 수도승상
부처바위의 가장 넓은 면인 동면 바위 아
래에는 두 그루의 나무 아래서 조용히 선
정에 든 수도승의 모습이 새겨져 있다.

불상과 공양하는 승려
상, 6구의 비천상이
있다.

　중앙에 자리 잡은
큰 연꽃 위에 결가부
좌한 본존 아미타여래
상은 어깨 선이 경사
를 이루면서 두 팔로
흘러내려 삼각형에
가까운 몸체를 이루고
있다. 두 무릎은 연꽃 위에 풍성하게 놓여 있어 긴장된 곳이 없이 부드
럽고 조용하다. 둥그스름한 머리에는 나지막이 육계가 솟아 있고, 정면
으로 가르마를 탄 머리카락이 귀 언저리에서 곱게 처리되었다. 초생달
같이 가늘게 휘어진 긴 눈썹과 갸름한 코, 가늘게 뜬 눈의 윗시울은 곡
선으로 되어 있고, 아랫시울은 직선으로 그어져 있으며, 두 볼에는 광
대뼈가 도드라져 화사한 웃음을 자아내고 있다. 구슬을 늘어뜨린 둥근
두광에는 햇살 같은 연꽃이 피어 있어 여래의 웃음이 온 암벽면에 퍼지
는 듯하다.

　본존여래 왼쪽으로 앉은 협시보살은 관세음보살이다. 여래상보다 작
은 몸체로 연꽃에 앉아 있다. 머리에는 보관을 썼고 어깨에는 옷자락이
덮여 있다. 두 손을 들어 가슴 앞에 합장하고 몸은 정면을 향하였으나
얼굴은 본존여래 쪽으로 돌리고 있다. 머리 뒤에는 역시 연꽃 두광이 둥
글게 빛나고, 도드라져야 할 뺨을 반대로 파내어 햇빛에 의해 돋아나와
보이게 한 수법이 독특하다.

　본존여래의 오른쪽으로는 대세지보살이 앉아 있을 터인데 풍화로 인
해 다 없어져버렸다. 다만 연꽃대좌의 일부와 옷자락 일부가 남아 있어
이곳에 협시보살이 있었다는 것만 짐작할 수 있다.

　삼존불 머리 위에는 극락을 찬미하는 비천 여섯 분이 새겨져 있다. 꽃
잎을 날리며 혹은 쟁반을 들고, 혹은 합장을 한 모습이 하늘에서 내려
와 솟구쳐올라가는 듯 모두 옷자락을 하늘로 길게 나부끼고 있다. 북쪽

하단에는 향을 올리며 염불하는 스님이 방석에 앉아 있다.

둘째면에는 두 그루의 나무 아래에서 선정(禪定)에 든 스님이 새겨져 있다. 두 그루의 반야나무나 망고나무가 이색적인데 이는 인도에 가서 구법한 어느 스님인지, 아니면 보리수 아래에서 선정에 든 싯다르타인지 알 길이 없다.

셋째면은 높이 4m 되는 기둥바위이다. 이곳에도 동쪽을 바라보며 명상에 잠긴 스님상이 새겨져 있다.

남면

남면은 언덕이 바위를 덮고 있어서 지상에 솟은 부분이 2.7m 정도인데, 동서 두 쪽으로 되어 있다. 그 동쪽에는 삼존좌불상이 있고 서쪽에는 얇은 감실을 파고 그 안에 여래상을 조각해놓았다.

얇은 조각이라 마멸이 심한 삼존불은 구김실없는 천진한 표정을 짓고 있다. 가운데 본존상은 큰 연꽃 위에 앉아 있는데 복잡하게 주름진 옷

남면 바위 전경
낮은 감실 안에 삼존불좌상이 있고, 그 옆으로 얼굴의 반 정도가 파괴되었으나 굳세고 풍성한 느낌을 주는 여래입상이 서 있다.

자락이 연꽃대좌의 윗부분을 덮고 있으며 두 손도 옷자락으로 가려져 있다. 두 어깨에서 흘러내린 가사 깃 사이로 비스듬히 나타나고 있는 허리를 동여맨 끈 매듭이 부채살처럼 조금 보인다. 얼굴은 풍화되어 마멸이 심하나 밝은 표정이며, 몸체는 단정하고 무릎은 넓게 놓여 있어 한없이 편안해 보인다. 7세기경에 나타나는 불상의 모습이다.

두 협시보살도 재미있다. 오른쪽 보살은 연꽃 위에 단정히 앉아 두 손을 합장하고 머리를 본존여래 쪽으로 돌리고 있다. 그 때문에 두광이 동그랗지 않고 타원형으로 나타나 있다. 왼쪽 보살도 오른쪽 보살과 마찬가지이나 몸 전체가 본존여래 쪽으로 기울어져 있다.

본존상도 보살도 앉아 있는 모습은 화목하고 가정적인 분위기를 자아낸다. 이렇게 다정히 모여 앉은 부처님들이 또 있을까. 부처님 왼쪽에는 능수버들이 늘어져 있다.

서쪽에는 삼각형의 얇은 감실을 파고 부처님 한 분을 새겨놓았다. 얼굴은 달걀 모양처럼 갸름하며, 몸체는 작은 편이고 무릎은 넓어 편안해 보인다. 이 불상에는 연화대좌와 두광이 표현되지 않아 불상인지 나한상인지 분간할 수 없다.

남면 앞

남면 서쪽 바위 바로 앞에 2.2m 높이의 여래입상 한 구가 서 있다. 여래입상의 얼굴은 반 이상이 파괴되었으나 풍성한 둥근 얼굴이었음을 알 수 있다. 목에는 삼도가 있으며 어깨는 넓고 허리는 잘록하고 가슴은 한껏 부풀었다. 옷주름을 배까지 자연스럽게 늘어뜨렸으며 그 흐름은 허벅지와 무릎까지 암시해준다. 여래입상은 한 변의 길이가 1.2m인 사각대석 위에 서 있는데, 대석에는 발만 새겨져 있고 몸체는 다른 돌로 만들어 세웠다.

이 여래입상은 조각도 우수하지만 부처바위 전체에 공간미를 주고 있다. 넓은 법계의 꿈을 표현한 바위라도 얇은 돋을새김으로 나타내었기 때문에 바위 전체가 딱딱해 보이지 않는다. 여기에 굳세고 풍성한 입체상을 세워 활기를 보탠 것이다.

여래입상 앞에는 이 불상을 등지고 앉아 있는 스님이 바위에 새겨져

부처바위 옆으로 흐르는 개울을 따라 조금 올라가면 남산성터가 나온다. 남산성은 반월성을 지키는 국방의 심장부였는데, 현재는 성곽의 일부와 망대자리, 무기창고터 등이 남아 있다.

있다. 이곳에다 불국정토를 일으킨 주지스님의 초상이 아닐까.

여래입상 남쪽에는 단층 기단에 전체 높이가 4.5m 되는 석탑이 하나 서 있다. 지붕돌 층급받침은 삼단이고 추녀도 두툼하여 보통 신라의 탑과는 성격이 다르다. 낙수면 모서리에 추녀마루가 새겨져 있으며, 추녀마루엔 한 개씩의 못구멍이 있는데 여기에 금속으로 만든 풍경이 꽂혀 있었을 것이다. 넘어져 있던 탑을 1977년 다시 세워놓았다.

여래입상 남쪽으로 12m 되는 거리에 석등을 세웠던 대석이 있는가하면, 금강역사가 조각된 문주형의 돌기둥도 있어 그 옛날 이 자리에서 불을 밝히던 석등이 얼마나 환했던가를 알 수 있게 한다.

부처골 감실석불좌상

탑골 입구에서 서북쪽으로 약 350m 돌아 들어간 곳이 부처골이다. 계곡 입구 산기슭에 두 곳의 절터가 있지만 주춧돌, 기왓장 등만 여기저기

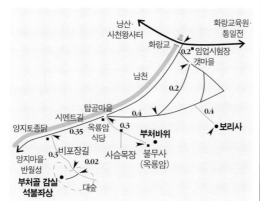

경주시 인왕동에 있다. 보리사가 있는 탑골마을 옥룡암식당 앞에서 양지마을 쪽으로 난 길을 따라 350m 가면 길 왼쪽에 공터와 함께 양지토종닭(음식점)집이 나온다. 공터에서 산으로 난 길을 따라 300여m 오르면 대숲길로 접어들고 오른쪽으로 감실부처 표지판과 함께 급격히 꺾이는 언덕길이 나오는데 이 길로 약 20m 오르면 감실부처가 나온다.
양지토종닭집 옆 공터에는 대형버스도 주차할 수 있다. 토종닭집 외에는 숙식할 곳이 없다. 경주 시내에서 갯마을과 탑골마을을 거쳐 불국 앞을 지나는 시내버스는 드물게 다니므로 시내에서 통일전 가는 시내버스를 타고 가다 갯마을 입구에서 내려 걸어가는 것이 좋다.

흩어져 있을 뿐 별다른 유적은 없다. 다만 감실 안에 온화한 표정으로 다소곳이 앉아 있는 부처골 감실석불좌상(감실부처)만이 크게 눈길을 끈다.

부처골로 들어가는 입구에는 토종닭을 파는 허름한 집이 있으며, 시멘트로 포장한 길 앞쪽으로 실개천에 가까운 남천이 흐르고 있다. 감실부처를 찾아가는 길은 평지에 가까운 낮은 언덕길로 약 300m 정도 올라간다. 산죽이 무성한 숲에서 갑작스레 꺾어지는 길이 나타나는데 이 길을 찾기가 그리 쉬운 것은 아니다. 그 꺾어진 길 안쪽 감실 안에 모셔

부처골 감실석불좌상 전경
산죽이 무성한 대숲 사이 작은 바위 속
에 새겨진 석불좌상은 남산에서 가장 나
이 많은 부처님이다.

진 불상이 있다. 찾아오는 사람은 많지 않으나 소원성취를 비는 부녀자들의 발길은 잦다.

석불좌상은 높이 3m, 폭 4m 정도 되는 바위에 높이는 1.7m, 폭 1.2m, 깊이 60cm의 감실을 파고 그 안에 고부조로 새긴 것으로 높이는 1.4m 정도이다. 감실은 입구가 아치형으로 되어 있고, 석굴의 느낌을 준다. 단석산의 석굴사원, 제2석굴암이라 부르는 군위 삼존불과 함께 석굴 양식의 변천을 연구하는 데 좋은 자료가 된다.

석굴 안의 불상은 오른쪽 어깨와 왼쪽 무릎이 깨어진 것말고는 완전한 불상으로 남아 있다. 약간 숙인 얼굴에 두 손을 소매 속에 넣은 다소곳한 자태, 둥근 얼굴에 수줍은 듯한 미소가 친숙함을 느끼게 한다. 머리에는 작은 육계가 솟아 있는데 마치 아주머니가 머리를 틀어올린 듯하다.

두 손은 소매 속에 들어 있으며 법의는 넓게 주름을 주면서 편하게 앉은 두 무릎을 덮고 아래까지 흐르고 있다. 상체에 비해 무릎은 낮고 수평적이며 오른발은 유난히 크게 과장되었다. 이러한 비사실적인 수법이 이 불상의 다소곳한 모습과 함께 고졸한 인상을 더해준다.

이 불상이 만들어진 시기는 양식으로 보아 고신라에 속하며, 현재 남아 있는 남산의 불상 중에서 가장 나이가 많다. 이 석굴 불상도 예전에는 어느 절에 속해 있었을 터이나, 이제는 조용히 불상만 홀로 남아 부처골 감실부처라는 이름으로 불리고 있다. 보물 제198호로 지정돼 있다.

시내 고속버스터미널 근처에 있는 신라문화원(054-774-1950)에서는 경주의 불교 유적을 널리 알리는 일을 하고 있다. 이곳을 방문하면 경주를 답사하는 데 많은 도움을 얻을 수 있는데 특히 자세하고 정확하게 만든 남산 지도를 구할 수 있어 좋다.

부처골 감실석불좌상 ▶▶
고개를 약간 숙이고 수줍은 듯 미소 지으며 두 손을 소매 속에 넣고 있는 다소곳한 자태는 한없는 친숙함을 느끼게 한다.

제4부 경주 시내와 단석산

과거와 현재가 공존하는 천년 신라의 고도

경주 시내

소금강산

선도산과 건천

4 경주 시내와 단석산

신라의 찬란한 천년 문화가 고스란히 살아 숨쉬는 경주는 세계 어느 곳에서도 유래를 찾아볼 수 없는 역사 도시이다. 다른 도시에서는 흔한 고층 빌딩과 넓은 도로망 등 산업화와 문명화의 상징들을 쉬이 찾아볼 수는 없으나, 어쩌면 그보다 더 소중할지 모르는 천년 세월의 역사가 다시 천년을 뛰어넘어 '고스란히' 숨쉬고 있다.

경주는 소금강산과 명활산, 선도산, 토함산 들이 사방을 둘러싼 가운데 분지를 이루고 있으며, 남천과 북천 그리고 서천이 맑게 흘러 경주 시가를 돌아 형산강 줄기를 이루어 동해 쪽으로 빠지고 있다. 이러한 천혜의 자연 조건 속에서 경주는 신석기 시대부터 여섯 마을이 자리를 잡고 씨족 사회를 이루어오다가, 기원전 57년 무렵 하늘에서 내려온 박혁거세가 서라벌이라는 나라를 세운 이래 포석정터에서 막

을 내리기까지, 56대에 걸친 992년의 역사를 지켜내며 정치 문화의 중심지 역할을 단단히 해냈다.

경주라는 이름이 생긴 것은 고려 태조 23년(940). 당시 경주도독부로서 지방 행정의 중심지로 격하되었다가 조선 시대에는 아예 정치와 행정의 중심지 구실을 대구로 넘겨주고 뒷전으로 물러나 앉게 되었다. 그러다가 1955년 시로 개편된 경주는 이후 우리 나라를 대

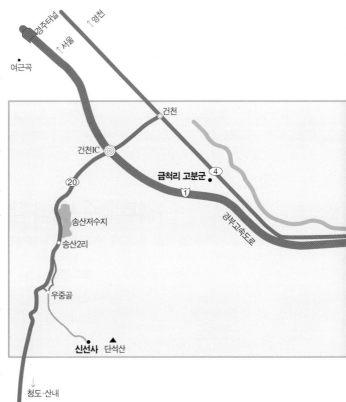

표하는 역사 관광 도시로 개발되었다.

인구는 1994년 현재 약 16만 명으로 많은 사람들이 관광업에 종사하고 있다. 경주의 흙 한줌 돌 한무더기조차 천년 역사를 환히 밝혀줄 소중한 문화재이기는 하나, 현재 경주에 살고 있는 사람들의 생활도 외면할 수는 없는 것이어서 경주는 알음알음으로 개발되고 관광지로 조성되면서 그 특성을 잃어가고 있다.

그런 아쉬움에도 불구하고 우리가 경주를 아끼고 소중히 여기는 것은 과거와 현재가 공존한다는 독특함 때문이다. 그런 사실을 가장 실감 나게 하는 것은 경주 시내 곳곳에 있는 고분들이다. 길 건너 하나만큼씩 있는 고분과 유적들은 때로 사람을 지치게도 만든다. '어휴, 뭐가 이렇게 많아.' 그러나 그렇게 쉬는 한숨은 행복한 넋두리다. 다리가 아프도록 다녀도 전부를 뵈주지는 않는 경주의 속내와 소금강산, 선도산, 건천의 유적지를 돌아본다.

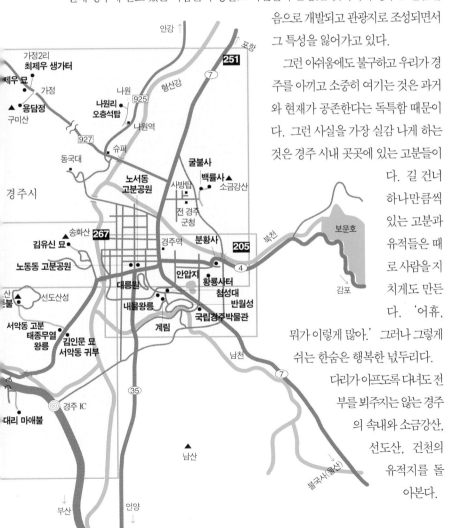

코스10 경주 시내

걸음걸음 밟히는 천년 신라

버스든지 기차든지 일단 경주에 닿으면 달리 교통 수단을 이용할 필요 없이 온전히 자신의 걸음으로 신라 천년의 숨결을 맞이할 수 있다. 빠르고 쾌적한 문명이 가져 다주는 편리함이야 누군들 마다할까마는 좀 느리고 힘이 들더라도 제 힘으로 무언 가를 성취해내는 기쁨은 아무에게나 주어지는 기회가 아닐 터이다.

우선 터미널이나 경주역에서 이삼십 분 거리에 있는 유적들을 찾아가본다. 우선 반월성을 중심으로 보면 계림과 첨성대, 대릉원, 노동동 노서동 고분공원, 안압 지, 국립경주박물관 들이 각기 도로 하나를 사이에 두고 가까운 거리에 모여 있다. 굳이 지도를 꺼내어 펼쳐보지 않아도 눈으로 확인할 정도로 가까운 거리이다.

신라의 궁궐터인 반월성에는 당시의 흔적을 찾아볼 수 있는 뚜렷한 유적은 없다. 다만 반달 모양의 높고 너른 터만 남아 있는데 공원처럼 찾는 경주 시민이 많으며 그곳에는 조선 시대에 만들어진 석빙고가 원형대로 보존되어 있다. 이 반월성은 김 알지의 탄생설화가 깃들인 계림과 이어져 있으며, 계림 앞쪽에는 첨성대가 있다. 반월성에서 걸어서 10분 거리에 국립경주박물관과 안압지가 있으며 안압지에서 구 황동 쪽으로 황룡사터와 분황사 등이 줄을 서 있다.

시내가 온통 고분 공원이라고 할 만큼 경주 곳곳에는 많은 고분들이 있는데, 대 릉원과 노동동 노서동 일대의 고분들이 대표적이다. 바다나 땅 또는 빌딩 사이로 해가 지는 다른 곳과는 달리 경주에서는 고분의 능선이 이루는 그 부드러움 속에 해 가 지는 독특한 낭만을 누릴 수 있다.

신라 천년의 축소판이라 할 국립경주박물관에는 성덕대왕신종과 경주 곳곳에서 가져다놓은 불적들이 산재한 앞뒤뜰을 비롯해, 본관과 제1, 2별관 등 약 1만 평의 대지에 10만여 점의 유물을 소장하고 있다. 국립경주박물관 구경에 하루를 고스 란히 내준다 해도 수박 겉핥기일 뿐, 그 유물들 속에 담긴 정서를 읽어내기란 쉽지 않다. 기와나 그릇 한 조각의 문양이라도 흐트러짐 없는 모습을 보이고 있기에 이 를 관람하는 사람 역시 이에 걸맞는 마음가짐으로 박물관을 찾을 일이다.

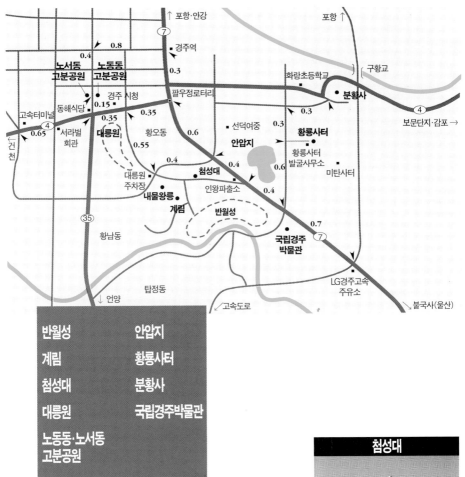

경주 시내의 여러 유적지들은 국립경주박물관을 중심으로 황오동, 황남동,
노동동, 노서동, 구황동 일대에 모여 있다. 각 유적지에는 넓은 주차장이 있고
시내버스도 자주 있다.

그러나 시내 유적지들은 걸어서 10~20분 정도의 짧은 거리에 흩어져
있으므로 조금은 느긋한 마음, 느릿한 걸음으로 신라 천년의
역사 도시를 돌아볼 것을 권한다.

시내 곳곳에는 관광지답게 깨끗한 여관과 식당이 많이 있어 숙식에
불편함이 없지만, 관광객이 붐비는 봄가을에는
미리 예약을 해놓는 것이 좋다.

첨성대

반월성

경주시 인왕동 국립경주박물관 바로 건너편에 있다. 경주역 앞에서 7번 국도를 타고 울산 쪽으로 1.5km 가량 가면 길 오른쪽에 안압지와 마주보고 있는 반월성이 보인다.
반월성에는 주차할 곳이 없다. 번듯한 주차시설을 갖추고 있는 박물관이나 안압지에 두는 것이 좋다. 시내에는 숙식할 곳이 많다. 시내에서 반월성 앞으로 시내버스가 자주 다니나 걸어가는 것이 더 편리하다.

반월성은 반달 모양으로 구릉을 깎아 군데군데 반월꼴로 토석을 섞어가며 성을 쌓아 궁의 주위를 감싸안은 성이다.

『삼국사기』에 의하면 "박혁거세 21년에 궁을 만들어 금성이라 불렀으며, 파사왕 22년에 금성 동남쪽에 성을 쌓아 월성이라고 불렀으니, 그 둘레는 1,023보나 되었다. 새로 쌓은 월성 북쪽에 만월성이 있는데 그 둘레는 1,830보"라는 기록이 있다. 금성과 만월성의 소재가 어디인지는 알 수 없으나 반월성이 신라 성곽의 주축을 이루고 이를 중심으로 하여 궁전이 즐비하게 늘어섰던 것은 분명하다. 현재 길 하나를 사이에 두고 갈라져 있는 안압지도 옛날에는 즐비하게 늘어선 궁궐의 하나였을 것이다. 그러나 지금의 반월성터에는 아무런 건물도 남아 있지 않다. 숲이 우거지고 텅 빈 뜰에는 잔디가 잘 깔려 있어 경주의 시민공원 노릇을 톡톡히 하고 있다. 다만 조선 시대에 축조된 석빙고가 남아 있을 뿐이다.

반월성 앞으로 모래내로 불리는 남천이 흐르고 있는데, 외부인이 성에 쉽게 접근하지 못하도록 성곽 주변에 물웅덩이를 판 해자터가 근래 발굴되었다.

이 성에 얽힌 설화가 재미있다.

석탈해가 토함산에 올라 서쪽 육촌을 바라보니 반월 모양의 땅이 무

반월성 전경
석탈해가 꾀를 내어 차지했다는 반월성. 지금은 빈터만 남아 있지만 오랫동안 신라의 궁궐이었다.

척 좋아 보였다. 곧 이곳에 와서 보니 당시 신라의 중신 호공의 집이었다. 탈해는 이 집을 자기 수중에 넣으려고 한 가지 계략을 꾸몄다. 호공 집 주변에 몰래 숫돌과 쇠붙이, 숯 들을 많이 묻어두고, 이튿날 호공을 방문하여 "이 집은 원래 우리 조상들의 집이었으니 집을 내달라"고 하였다. 호공은 크게 놀라 그 증거를 보이라 하였다. 탈해는 서슴지 않고 "우리 조상이 여기서 오래 살다가 잠시 다른 나라로 간 것이오. 집터 주변을 파보면 확실한 증거물이 나올 게요. 우리 조상들은 원래 쇠를 다루던 대장장이였소" 하고 당당히 말하였다. 억울하기 짝이 없는 호공이 시비를 가려달라고 관청에 송사를 걸었다. 드디어 재판 날, 탈해의 말대로 집 주변을 파보니 과연 숯이 많이 나왔다. 이에 관원들은 탈해의 집이라 인정하지 않을 수 없었다. 이 내막을 알게 된 2대 남해왕은 탈해가 보통 사람이 아니라 생각하여 사위로 삼았다. 그후 탈해가 왕이 되자 이곳을 왕성으로 정하고, 5대 파사왕 때 석벽을 쌓아 훌륭한 성을 마련하였다는 것이다.

최초의 궁궐터로 알려진 창림사터가 후대의 궁궐처럼 장엄한 기와집이 아니라 풀로 지붕을 덮고 나무울타리를 두른 간단한 시설이었다면, 반월성이야말로 성곽을 두르고 전(殿)이나 궁(宮)을 세워 궁궐다운 면모를 갖춘 최초의 궁궐이었을 터이다. 사적 제16호로 지정되어 있다.

석빙고

얼음이 귀했던 옛날에 석빙고는 얼음을 저장하였다가 일년 내내 꺼내 쓰던 돌로 만든 창고였다. 지증왕 6년(505)에 얼음을 저장하는 창고를 만들라는 왕명이 있었다는 기록이 있으나, 이 석빙고는 신라 때 만들어진 것이 아니고 조선 시대에 만들어진 것이다. 석빙고 옆 비석을 보면 그 연혁을 알 수 있는데, 그 내용은 영조 14년(1738) 부윤 조명겸이 해마다 얼음 보관창고를 지어야 하는 백성들의 괴로움을 덜어주기 위해 석재로 영구적인 창고를 만들었다는 것이다.

또한 문지방 돌에는 그 4년 뒤에 현재의 위치

석빙고
얼음을 오래 저장하기 위해 만든 얼음창고로 영조(1738) 때 만들어진 여러 석빙고 중 가장 완전한 것이다.

로 석빙고를 다시 옮겨놓았다는 내용의 글이 조각되어 있다. 옮기기 전의 위치는 서쪽에 남아 있다. 현재 영조 때 만든 석빙고는 여러 곳에 남아 있는데 그 중 이곳 석빙고가 가장 완전하다.

구조를 살펴보면 월성 북쪽의 성둑에 잇대어 석빙고를 쌓고 남쪽에 입구를 내었다. 안쪽의 바닥은 경사지게 하여 물이 밖으로 빠지도록 하고 바닥 중앙에 배수로를 설치했다. 출입구는 높이 1.78m, 너비 2.01m이며 계단을 설치하여 안으로 들어가게 만들었다. 내부는 동서로 아치 모양의 홍예(虹霓) 다섯 개를 틀어올리고 그 사이마다 장대석을 걸쳐서 천장을 삼았다. 북벽은 수직으로 쌓았으며 홍예와 홍예 사이의 천장 세 곳에는 배기통로를 만들었다. 지금 바깥쪽에서 볼 수 있는 배기통로는 근래 수리할 때 석탑의 지붕돌을 사용한 것이지 원래의 것은 아니다. 보물 제66호로 지정되어 있다.

계림

경주시 교동에 있다. 반월성터 안에서 북쪽 첨성대나 대릉원 쪽으로 난 작은 길을 따라가면 바로 왼쪽에 계림이 있다. 반월성을 통하지 않고 가려면, 국립경주박물관 앞 사거리에서 7번 국도를 따라 시내쪽으로 400여m 가면 왼쪽 인왕파출소 옆으로 첨성대 가는 작은 포장도로가 나온다. 첨성대를 지나서 다시 반월성 길로 가면 성 바로 못 미쳐 오른쪽에 계림이 나온다. 그러나 첨성대 앞길은 차량통행 금지지역이다. 역시 걸어야 한다.
차로 가려면 박물관 앞 사거리에서 시내로 난 7번 국도를 따라 800여m 가면 사거리가 나온다. 사거리에서 왼쪽으로 난 길을 따라 400여m 가면 대릉원 주차장이 나오고 주차장에서 남쪽 반월성으로 조금 걸어가도 길 오른쪽에 계림이 나온다. 주차장은 박물관이나 안압지 그리고 대릉원 주차장을 사용해야 한다. 시내에는 숙식할 곳이 많이 있다.

김씨 시조인 김알지의 탄생설화가 있는 곳이다. 탈해왕 9년(65) 3월 어느 날 밤 왕은 월성 서쪽 시림(始林)이라는 숲에서 닭 울음소리를 들었다. 날이 밝아 호공을 시켜 숲으로 가보니 금색 찬란한 궤짝 하나가 나뭇가지에 걸려 있고 흰 닭이 그 밑에서 울고 있는 것이었다. 이 사실을 보고받은 왕은 궤짝을 가져다 열어보게 하였다.

놀랍게도 그 속에는 아이 하나가 있었는데 용모가 준수하고 범상하지 않았다. 왕은 기꺼이 그 아이를 거두어 길렀다. 이름을 알지(閼智)라고 하였으며 금궤에서 태어났다고 성을 김이라 하였다.

탈해왕은 알지를 태자로 삼았으나 그가 왕위를 사양하여 김알지의 육대손에 와서야 김씨가 왕위에 오르게 되었는데 그이가 바로 13대 미추왕이다. 이후로 이곳을 계림(鷄林)이라 하였으며, 김가가 왕이 되어 나라가 번영할 때에는 나라 이름을 아예 계림이라 부르기도 하였다.

이처럼 신라의 박·석·김 씨 시조의 탄생은 하늘에서 내려오거나 바다를 건너 오거나 알에서 깨어나는 난생설화가 대부분을 이루고 있다. 또한 이들은 외부에서 신라 지역으로 들어오는데, 이는 철기 문명을 가진 북쪽 사람들이 토착민을 밀어내고 새로운 지배계급으로 등장한 것을 묘사한듯 무척 흥미롭다. 때문에 신라 사람들이 기원전 1세기경 북에서 내려온 사람들이라고 하는 근거가 된다.

입장료 및 주차료
어른 500(400)·군인과 청소년 300(200)·어린이 200(150)원, ( ) 안은 30인 이상 단체
주차장은 없다. 대릉원 주차장을 이용해야 한다.
대릉원 주차장 주차료
승용차 2,000·대형버스 4,000원

계림
김알지의 탄생설화가 있는 곳으로 울창한 숲을 이루고 있다.

반월성에서 첨성대 쪽으로 내려가는 중간에 있는 계림은 숲 가운데로 시내가 흐르고 그 주위는 습지인데, 특히 느티나무와 왕버들나무 숲이 울창하다. 이곳의 나무는 함부로 벨 수 없었기에 자연스레 수명을 다한 나무를 빼고는 옛 숲 그대로이다. 사적 제19호로 지정되어 있다.

숲 가운데에 순조 3년(1803)에 세운 계림에 관한 비가 세워져 있는 비각이 있다.

내물왕릉

계림 뒤쪽으로 몇 기의 묘가 있는데 그 중 하나가 내물왕릉이다. 내물왕릉은 높이 8m, 직경 15m 크기의 원형 봉토분으로 봉토 주위에 자연석 호석이 박혀 있다. 사적 제188호로 지정되어 있다.

내물왕릉
신라의 국가체계를 확립한 내물왕의 능.

내물왕은 356년부터 402년까지 왕위에 있었으며, 미추왕의 조카이자 사위인 눌지왕을 낳았다. 중국 사료에 내물왕의 이름이 나타나며, 신라의 국가체계가 이때 확립된 것으로 보고 있다.

첨성대

경주시 인왕동에 있으며 계림 가는 길과 같다. 대중교통과 숙식도 계림과 동일하다.
입장료
어른 500(400)·군인과 청소년 300(200)·어린이 200(150)원, ( ) 안은 30인 이상 단체
주차장은 따로 없다. 대릉원 주차장을 이용해야 한다.
대릉원 주차장
승용차 2,000원·대형버스 4,000원
첨성대 관리사무소 T.054-772-5134

계림을 지나 대릉원 쪽으로 난 길을 따라가면 맞은편에 우아하고 온순한 첨성대가 서 있다. 동양에서 가장 오래된 천문대로 널리 알려져 있지만, 첨성대처럼 논란이 많은 문화재도 없다. 그것은 첨성대의 쓰임에 관한 이견 때문인데, 어떤 이는 천문관측대였다고 하고, 나침반이 발달하지 못했던 시대에 자오선의 표준이 되었다고도 하며, 천문대의 상징물이었을 것이라고도 한다. 그러나 첨성대의 의의는 그 자체가 매우 과학적인 건축물이며 돌 하나하나에 상징적 의미가 담겨 있다는 데에서 찾아볼 수 있을 터이다.

전체적인 외형을 보면 크게 세 부분으로 이루어져 있다. 즉 사각형의 2중 기단을 쌓고 지름이 일정하지 않은 원주형으로 돌려 27단을 쌓아올렸으며, 꼭대기에는 우물 정(井)자 모양으로 돌을 엮어놓았다. 각 석단의 높이는 약 30cm이고 화강암 하나하나가 같은 형태이지만, 각 석단을 이루는 원형의 지름이 점차 줄면서 부드러운 곡선을 이루고 있다.

13단과 15단의 중간에 남쪽으로 네모난 창을 내었는데 그 아래로 사다리를 걸쳤던 흔적이 남아 있어, 이 창구를 통해 출입하면서 관측하였다는 추측을 가능하게 하는 증거가 된다. 이 창구 높이까지 내부는 흙으로 메워져 있다.

첨성대를 쌓은 돌의 수는 모두 361개 반이며 음력으로 따진 일년의 날수와 같다. 원주형으로 쌓은 석단은 27단인데, 맨 위의 井자 모양의 돌까지 따지면 모두 28단으로 기본 별자리 28수를 상징한다. 석단 중간의 네모난 창 아래위 12단의 석단은 12달, 24절기를 의미한다고 한다.

첨성대 꼭대기의 井자 모양의 돌은 신라 자오선의 표준이 되었으며 각 면이 정확히 동서남북의 방위를 가리킨다. 석단 중간의 창문은 정확히 남쪽을 향하고 있어 춘분과 추분 때에는 광선이 첨성대 밑바닥까지 완전히 비치고, 하지와 동지에는 아랫부분에서 광선이 완전히 사라져 춘하추동을 나누는 분점의 역할을 하였다.

이처럼 첨성대는 갖가지 상징과 과학적인 구조를 갖추고 있으며 미적

첨성대 아직도 그 쓰임에 대해 이견이 있는 첨성대는 사각형과 원형이 적절히 조화되어 있어 안정감을 준다.

으로도 성공을 거두고 있다. 둥근 하늘과 네모난 땅을 상징하는 사각형과 원형을 적절히 배합해 안정감 있고 온순한 인상을 주고 있으며, 맨 위 정자석의 길이가 기단부 길이의 꼭 절반으로 된 것도 안정감을 표현하는 데 한몫하고 있다.

첨성대는 높이 9.108m, 밑지름이 4.93m, 윗지름이 2.85m이며, 제27대 선덕여왕 재위중(632~647년)에 축조되었다. 국보 제31호로 지정되어 있다.

대릉원

경주시 황남동, 첨성대 바로 옆에 있다. 기념품 가게와 음식점이 여럿 있으며 넓은 주차장이 마련되어 있다.

대릉원
23기의 고분들이 한울타리에 모여 있다.

경주 시내를 멀리서 바라볼 때 가장 눈에 띄는 것은 집들 사이로 우뚝우뚝 솟아 있는 거대한 고분들이다. 지금부터 천년도 더 넘는 시절에 살았던 옛 사람들과 오늘을 사는 사람들의 터전이 한데 어울려 있기에, 시간과 공간을 초월한 신비감이 더 진하게 느껴진다.

특히 경주의 고분들이 평지에 자리 잡고 있는 것은 당시의 다른 지역

들에 견주어서도 특이한 점이라 하겠다. 남산의 북쪽에서부터 국립경주박물관 자리와 반월성을 거쳐 황오동, 황남동, 노동동, 노서동으로 이어지는 평지에는 고분들이 집중적으로 모여 있다.

그 가운데 약 3만 8,000평의 평지에 23기의 능이 솟아 있는 황남동의 대릉원은 고분군의 규모로는 경주에서 가장 큰 것이다. 경주 시내 한가운데에 있어 찾기도 무척 쉽다. 큰 나무 없이 잔디떼가 잘 입혀져 있어 동산같이 여겨지기도 한다. 1970년대에 엄청난 예산을 들여 공원화하기 전에는 멀리서도 황남대총의 우람하고 아름다운 능선이 한눈에 들어왔으나, 담장을 둘러치고 무덤 앞까지 주차시설을 만들고 무덤 안 길을 닦는 바람에 옛 정취는 사라지고 말았다.

대릉원 가운데 주목할 만한 것은 내부가 공개되어 있는 천마총과 이곳에 대릉원이라는 이름을 짓게 한 사연이 있는 미추왕릉, 그리고 그 규모가 경주에 있는 고분 중에서 가장 큰 황남대총 등이다. 남아 있는 23기의 능말고도 무덤 자리들이 수없이 많았지만, 봉분이 있는 무덤들만 남겨두고 모두 지워버렸다고 한다.

대릉원의 각종 고분들에서 출토된 대표적 유물들은 다음과 같다. 모두 국립경주박물관에 소장되어 있다.

서수형 토기 거북이 몸에 용이 합쳐진 듯한 형상의 서수형(瑞獸形) 토기는 지금의 대릉원을 정비할 때 담장자리에서 발굴되었다. 주전자처럼 물을 따를 수 있으나 실용이 목적은 아니고 명기(明器)로 쓰였을 터이다.

수레형 토기 대릉원 동쪽 길인 계림로를 발굴할 때 나왔다. 수레 모양

입장료 및 주차료
어른 1,500(1,200)·군인과 청소년
700(600)·어린이 600(500원), ( )
안은 30인 이상 단체
승용차 2,000·대형버스 4,000원
대릉원 관리사무소 T. 054-772-6317

서수형 토기 ◀◀
거북이 몸에 용 머리를 합친 듯한 토기.
지금도 물을 담아 따를 수 있다.

수레형 토기 ◀
금방이라도 굴러갈 듯한 모습이 사실적
이다.

토우 붙은 항아리
풍요한 생산력을 기원하는 주술적인 의
미로 만들어졌다.

상감목걸이 세부
서역과 교류했음을 알려주는 부장품들도
많이 출토되었다. 그 중 서역인의 모습
이 그려진 상감목걸이 구슬.

을 그대로 본떠 만든 토기로 큼직한 바퀴가 양쪽에 달리고 그 위에 수레
를 얹었는데 손잡이는 부러지고 없으나 두 바퀴를 연결한 축을 끼워넣
으면 지금이라도 굴러갈 수 있을 정도로 사실적으로 만들어놓았다.

토우 붙은 항아리 목이 긴 항아리 어깨 부위에 새, 오리, 거북이 등과
함께 개구리를 물고 있는 뱀, 가야금을 타고 있는 임신한 여자 밑으로
기어들어가는 뱀, 남녀의 성행위 장면들을 생생하게 묘사하고 있다. 풍
요한 생산력을 빌고 벽사의 뜻으로 동물을 만들어 붙인 것으로 여겨진다.

상감목걸이 서수형 토기가 나온 고분 바로 옆의 한 고분에서 마노, 수
정, 벽옥, 유리구슬, 곡옥, 상감된 유리옥 등으로 된 목걸이가 나왔다.
이 중에서 상감 유리옥은 코발트색을 바탕으로 하여 백·청·황·적·녹색
으로 두 사람의 얼굴과 새 등을 표현하고 있다. 여기서 인물은 다분히
서역적인 얼굴을 하고 있어서 이 유리옥이 정확하게 어디서 만들어졌는
지는 불분명하지만 서역 방면에서 전해졌을 가능성이 크다.

신라의 고분양식

초기의 왕릉은 거의 다 현재의 경주시 안팎에 있고, 통일 전후의 왕릉은 대개 산기슭이나 멀리 왕도에서 떨어진 곳에 있다. 풍수지리설의 발달에 따른 것으로 추정되는데, 풍수지리설이 발달한 통일 시기 전후에 이르러 왕궁에서 멀리 떨어진 산기슭이나 평지에 분묘를 썼던 듯하다.

고분에는 반원형, 원형, 와우형, 쌍봉형 등 여러 가지 형태의 것이 있다. 이런 형태의 고분도 초기의 것과 후기의 것으로 구별된다. 고분 형태에서 반원형 고분, 원형 고분은 봉토 밑부분이 원형 또는 반원형을 이루고 있는 것을 말한다. 와우형은 소가 꿇어앉아 있는 것 같은 형상이며(표주박같이 생겼다 하여 표주박형이라고도 함), 쌍봉형은 낙타의 등처럼 두 개의 봉우리가 연속되어 한가운데가 푹 꺼진 낮은 지대로 되어 있는 것을 말한다.

이처럼 신라 고분의 외형에는 여러 가지가 있는데 과연 고분의 내부 구조는 어떨까? 이제까지의 발굴 조사를 토대로 구분하면 대략 두 가지이다. 하나는 돌무지 무덤(적석총)이고 또 하나는 돌무지 덧널 무덤(적석목곽분)이다.

돌무지 무덤은 돌로 묘실을 만들고 그 위에 흙을 쌓은 것이다. 어른의 머리 크기만한 돌을 쌓아서 봉토를 형성한 것도 있다. 이런 분묘는 대개 문을 남쪽으로 내었다.

돌무지 덧널 무덤은 땅속에 곽이 들어갈 수 있게 장방형으로 판 뒤 모래와 자갈을 깔고 목제 곽을 넣고는 그 곽 안에 다시 목관을 넣는 방식이다. 목관에는 썩지 않게 옻칠을 하고 죽은 이의 영혼을 영접한다는 뜻에서 주검을 화려하게 분장하여 안치하였다. 곽과 관 사이에는 많은 부장품을 넣어주며, 특히 피장자의 머리 쪽에 귀금속류의 귀중품을 넣었다. 당시 이러한 능묘는 왕족이나 귀족의 신분과 그 영향력을 알리는 가장 성대한 역사였을 터이다. 따라서 이런 고분들은 그 시대 문화의 정수가 고스란히 보관되어 있는 타임캡슐인 셈이다.

목곽 주위에는 더 큰 돌을 일정한 높이로 쌓고는 물이 새어들지 못하게 진흙을 덮어 다진 뒤 다시 토사를 그 위에 덮어 봉토를 하였다. 이와 같은 고분은 규모가 크고 도굴당할 염려가 없다.

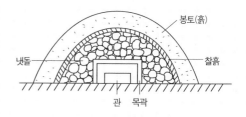

돌무지 덧널 무덤

천마총

고분의 구조를 속속들이 들여다볼 수 있는 천마총(155호 고분)은 내부에 직접 출토유물을 전시하고 있어 대릉원의 고분 가운데 관람객의 발길이 끊이지 않는 곳이다. 봉분의 높이는 12.7m이고, 봉분의 밑지름

이 47m나 된다.

천마총의 발굴은 1973년 4월 6일부터 12월 4일까지 진행되었다. 당시 황남대총을 발굴하기 전 연습 삼아 발굴해보자 해서 삽질이 시작되었는데, 막상 뚜껑을 열어보니 그 내부는 세상이 떠들썩해질 만큼 놀라웠다. 찬란한 신라문화의 보물창고가 천년 만에 햇빛을 보게 된 것이다.

우선 천마총은 고분의 축조방법을 알게 하는 충실한 견본이 될 만하다. 먼저 땅을 고르고 목곽이 놓일 자리를 깊이 40cm 정도로 판 뒤 어른 머리 크기의 냇돌을 깔았으며, 분구 밑바닥 전체에 점토를 다져 두께 15cm 정도의 기초를 만들었다. 그리고 그 위에 폭 50cm, 높이 약 40cm로 냇돌을 깔아 일종의 받침대를 만들고, 그 위에 동서 6.6m, 남북 4.2m, 높이 2m 크기의 목곽을 놓았다. 목곽은 결국 지상에 놓이게 되는 셈이다. 목곽 위와 주위에는 직경 23.6m, 높이 7.5m가 되게 돌을 쌓은 뒤, 물이 내부로 스며드는 것을 막기 위해 점토를 20cm 두께로 발랐다.

곽 안에는 동서로 길게 2.15m × 1m의 목관을 놓았고, 동쪽의 머리 끝에서 50cm 떨어진 곳에 1.8m × 1m 0.8m되는 크기의 부장품 목궤를 놓았다. 출토된 장신구의 유물은 한결같이 순금제였으며, 신분을 가늠할 수 있는 마구류도 이제까지 출토되지 않았던 진귀한 것이었다.

출토된 유물들로 미루어 5세기 말에서 6세기 초의 능으로 추정된다. 특히 천마총에서 출토된 금관은 경주 시내에 있는 금관총, 금령총, 서봉총 들에서 출토된 금관보다 크고 장식이 한층 더 호화로운 것이었다.

또한 자작나무로 만든 말다래(말이 달릴 때 튀는 흙을 막는 마구)에 하늘로 날아오르는 천마가 그려져 있어 고분 이름을 천마총이라 부르게 되었다. 이는 신라의 회화예술을 알 수 있게 해주는 귀중한 실물자료이다.

목관 안에는 금제 허리띠를 두르고 금관을 썼으며, 둥근 고리장식의 자루가 붙은 칼을 차고 팔목에 금팔찌 및 은팔찌 각 1쌍, 그리고 손가락마다 금반지를 낀 주검이 누워 있었다. 이것이 옛 신라인의 생활모습을 짐작하는 데 중요한 자료가 됨은 물론이다.

천마도 신라의 그림 수준을 알려주는 귀중한 자료이다. 말 옆구리에 진흙 같은 것이 튀지 않도록 달아매는 다래에 그려진 그림으로 너비 75cm, 세로 53cm의 크기이다. 자작나무 껍질을 여러 겹 겹쳐 실로 누비고 둘레에 가죽을 댔다. 안쪽 주공간에 백마를 그렸는데, 네 다리 사이에서 나온 고사리 모양 같은 날개, 길게 내민 혀, 바람에 나부끼는 갈기와 위로 솟은 꼬리 등이 하늘을 나르는 천마임을 말해주고 있다. 이 천마는 사실적인 그림이 아닌데다 백색 일색이기 때문에 말의 몸에 힘

천마도
하늘로 날아오르는 말이 그려진 이 그림 때문에 천마총이라 불리게 되었다.

이 나타나 있지는 않으나 실루엣으로서는 잘 묘사되었다. 둘레의 인동
당초문대도 각부가 정확한 비율로 구성되었으며 고구려 사신총에서 보
는 완숙한 당초문에 견주어도 손색이 없다.

금관 전형적인 신라의 금관이다. 피장자가 착용한 채 발견된 이 왕관은
원형 대륜(머리띠) 앞에는 네 줄기의 出자형의 장식을, 뒤에는 두 줄
기의 사슴뿔 모양 장식을 세운 형태이다. 다른 금관에 비해 금관이 두
텁고, 대개가 출자형 가지가 3단인데 이 금관은 4단인 것이 특징이다.
또 다른 고분과는 달리 이 관을 제외한 내관과 기타 장신기구들은 모두

천마총에서 나온 금관
신라의 금관 가운데 가장 크다. 사슴뿔
모양의 출자형 가지가 4단인 것이 특징
이다.

관 밖에서 다른 부
장품들과 함께 발
견되었다.

허리장식 전체 길
이 125cm인 허
리띠는 목관내 피
장자의 허리 위치
에서 착용된 채 발

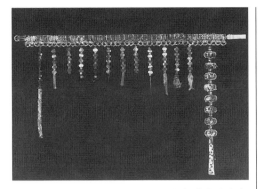

견되었다. 허리띠 안쪽에 대어 있던 가죽은 이미 모두 삭아 없어져버렸
다. 금허리띠는 44개의 과판(띠를 구성하는 판)과 띠고리, 그리고 고
리에 끼우는 부분으로 되어 있으며 모두 13조의 허리장식이 달려 있다.
구름무늬가 있는 과판 전면에는 9개의 작은 구멍이 뚫려 있어 안에 댄
가죽에 못을 박게 되어 있다.

긴 타원형 금판 다섯 개가 사각형의 연결판으로 연결되어 있는 허리
장식 끝에는 꼬리장식으로 숫돌 모양, 곡옥, 유리옥, 족집개, 구멍 뚫
린 병 모양, 고기 모양 등이 달려 있다. 각 모양마다 당시 사회에서 중
요시되었던 어떤 상징적인 의미가 들어 있을 터인데 이를 해석해내지 못
하고 있다. 신라 허리장식으로서는 가장 큰 것이다.

미추왕릉

대릉원 정문에서 가장 가까운 능으로 능 앞에 대나무밭이 있고, 능문이
세워져 있다.

미추왕은 제13대 왕으로 성은 김씨이고 알지(閼智)의 자손이다. 『삼
국사기』에 "미추왕은 백성에 대한 정성이 높아 다섯 사람의 신하를 각
지에 파견하여 백성의 애환을 듣게 하였다. 재위 23년 만에 돌아가니 대
릉에 장사 지냈다"는 기록이 있는데, 여기에서 대릉원이라는 이름이 유
래하였다.

제14대 유례왕 때의 일이다. 적국인 이서국이 쳐들어와 곤경에 빠져
있는데, 어디선가 귀에 대나무잎을 꽂은 원병들이 나타나서 순식간에
적을 무찔러 위급한 상황을 면하게 해준 뒤 어디론가 사라져버렸다. 신

미추왕릉 ▲
이서국 사람들이 신라에 쳐들어왔을 때
귀에 댓잎을 꽂은 군사가 미추왕릉에서
나와 신라군을 도왔다는 전설이 있다.

황남대총 ▲
두 개의 능이 붙어 있는 것으로 신라의
고분 중 가장 거대하다.

라의 병사들이 괴이하게 여겨 대나무잎의 행방을 잘 조사해보니 그 대
나무 잎이 미추왕릉 앞에 높이 쌓여 있었다. 이후 미추왕릉을 '죽릉' 또
는 '죽장릉' 이라고 하였다. 그 뒤에도 국난이 있을 때마다 여기에서 제
사를 지냈다고 한다.

황남대총

황남대총(98호 고분)은 동서의 길이가 80m, 남북 무덤의 길이
120m, 높이가 25m나 되는 거대한 능으로 낙타등처럼 굴곡이 져 있다.
1975년 발굴조사 때의 기록에 따르면 북쪽의 능은 여자, 남쪽의 능은
남자의 묘였다. 호석이 맞물린 상태로 보아 남쪽 능을 먼저 축조하고 나
서 북쪽 능을 잇대어 만든 것임을 알 수 있다. 북분에서는 금관을 비롯
한 목걸이, 팔찌, 곡옥 등의 장신구가 수천 점이 나왔으며, 남분에서는
무기가 주류를 이루는 2만 4900여 점의 유물이 쏟아져나왔다.

　남분의 묘곽은 주곽의 범위만큼 땅을 약간 파고 큰 냇돌을 깐 뒤 다시
그 위에 잔자갈을 깔아 기초공사를 하고 주곽을 지상에 놓았으며, 부곽
은 그냥 지반을 바닥으로 하였다. 곽의 중앙에는 이중으로 된 관이 놓
였다. 유물은 내관과 외관의 안, 부곽과 주곽의 뚜껑 위 등 곳곳에서 나
왔는데, 내관에서는 장신구류와 대도 등이, 외관과 곽 사이에서는 금제
그릇, 유리그릇 및 병 등이 나왔다. 부곽에는 바닥 전면에 커다란 항아
리를 놓고 그 위에 말안장, 쇠도끼 등을 놓았다. 특히 금동제의 말안장
은 앞뒤로 새김을 하고 비단벌레의 날개를 붙였는데, 보랏빛이 어우러
져 말할 수 없이 호화로운 느낌을 준다.

　북분은 목곽내에 이중관이 들어 있을 뿐 부곽은 따로 없는데, 부장품

경주 시청 앞에서 팔우정로터
리에 이르는 350여 미터의 거리 양쪽에
는 값싼 해장국집 골목이 있다.
북어와 멸치로 푹 곤 국물에 콩나물과 묵
을 넣은 시원한 맛이 일품이다. 24시간
문을 열어 늦은 밤이나 이른 새벽의 출출
함을 달래준다.
또한 대릉원에서 시청으로 가는 길에는
갖은 야채와 나물 등으로 쌈을 먹는 쌈밥
집(심포 쌈밥 054-741-4384)이 여러
곳 있어, 경주의 또 다른 별미를 맛볼 수
있게 한다.

신라 왕조 연표

〈삼국사기 B.C. 57~935〉

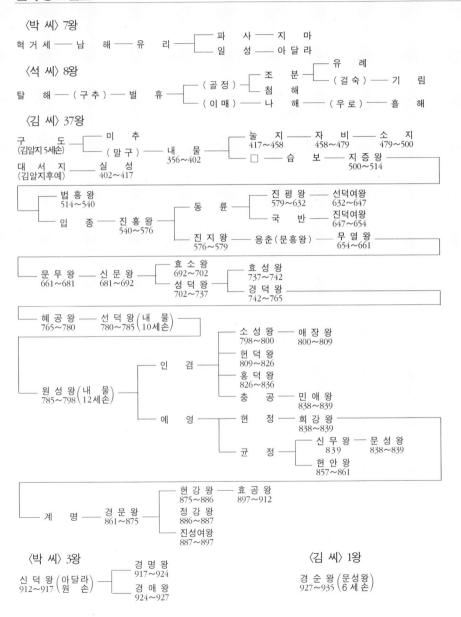

〈박 씨〉7왕

혁거세 ── 남 해 ── 유 리 ┬ 파 사 ── 지 마
　　　　　　　　　　　　└ 일 성 ── 아 달 라

〈석 씨〉8왕

탈 해 ──(구 추)── 벌 휴 ┬ (골 정) ┬ 조 분 ┬ 유 례
　　　　　　　　　　　　　　　　　│　　　　└ (걸 숙) ── 기 림
　　　　　　　　　　　　　　　　　└ 첨 해
　　　　　　　　　　　　　└ (이 매) ── 나 해 ── (우 로) ── 흘 해

〈김 씨〉37왕

구　　도 ┬ 미 추
(김알지 5세손) └ (말 구) ── 내 물 ┬ 눌 지 ── 자 비 ── 소 지
　　　　　　　　　　　　356~402 │ 417~458　458~479　479~500
대 서 지 ── 실 성　　　　　　　　└ □ ── 습 보 ── 지 증 왕
(김알지 후예) 402~417　　　　　　　　　　　　　　　　500~514

법 흥 왕
514~540
입　　종 ── 진 흥 왕 ┬ 동　　류 ┬ 진 평 왕 ── 선 덕 여 왕
　　　　　540~576 │ 　　　　│ 579~632　632~647
　　　　　　　　　　│　　　　└ 국　　반 ── 진 덕 여 왕
　　　　　　　　　　│　　　　　　　　　647~654
　　　　　　　　　　└ 진 지 왕 ── 용춘(문흥왕) ── 무 열 왕
　　　　　　　　　　　576~579　　　　　　　　　654~661

문 무 왕 ── 신 문 왕 ┬ 효 소 왕
661~681　681~692 │ 692~702
　　　　　　　　　　└ 성 덕 왕 ┬ 효 성 왕
　　　　　　　　　　　702~737 │ 737~742
　　　　　　　　　　　　　　　　└ 경 덕 왕
　　　　　　　　　　　　　　　　　742~765

혜 공 왕 ── 선 덕 왕 (내 물)
765~780　780~785 (10세손)

원 성 왕 (내 물) ┬ 인 겸 ┬ 소 성 왕 ── 애 장 왕
785~798 (12세손) │ 　　　│ 798~800　800~809
　　　　　　　　　　│　　　├ 현 덕 왕
　　　　　　　　　　│　　　│ 809~826
　　　　　　　　　　│　　　├ 흥 덕 왕
　　　　　　　　　　│　　　│ 826~836
　　　　　　　　　　│　　　└ 충 공 ── 민 애 왕
　　　　　　　　　　│　　　　　　　　838~839
　　　　　　　　　　└ 예 영 ┬ 현 정 ── 희 강 왕
　　　　　　　　　　　　　　│　　　　　838~839
　　　　　　　　　　　　　　└ 균 정 ┬ 신 무 왕 ── 문 성 왕
　　　　　　　　　　　　　　　　　　│ 839　　　838~839
　　　　　　　　　　　　　　　　　　└ 현 안 왕
　　　　　　　　　　　　　　　　　　　857~861

계　　명 ── 경 문 왕 ┬ 현 강 왕 ── 효 공 왕
　　　　　861~875 │ 875~886　897~912
　　　　　　　　　　├ 정 강 왕
　　　　　　　　　　│ 886~887
　　　　　　　　　　└ 진 성 여 왕
　　　　　　　　　　　887~897

〈박 씨〉3왕

신 덕 왕 (아달라) ┬ 경 명 왕
912~917 (원 손) │ 917~924
　　　　　　　　　　└ 경 애 왕
　　　　　　　　　　　924~927

〈김 씨〉1왕

경 순 왕 (문성왕)
927~935 (6 세손)

팔우정로터리 근처 북정로 황실여관 앞에는 천안의 호두과자처럼 팥 고물을 잔뜩 넣어 빵을 만드는 황남빵집 (054-772-2784) 이 있다. 일제강점기부터 빵을 만들기 시작한 집인데, 사람들이 항상 줄을 서서 기다릴 정도로 붐빈다.

은 목곽 안, 목관과 목관 사이의 부장품부, 목곽 상부 등 빈 공간에 빠짐없이 채워졌다. 여기서는 금동관, 은관이 나온 남분과는 달리 금관이 나왔으며 금제 허리띠 등 각종 금제 장신구들이 관 안에서 나왔고 목곽 상부에서도 금제의 굵은 고리 귀고리가 열 쌍이나 나올 정도로 많은 양의 호화로운 유물이 출토되었다.

그런데 이 고분 피장자는 칼을 차고 있지 않는 데다, 따로 부장된 은제 허리띠의 끝부분에 '부인대' 라고 따로 침으로 새긴 글씨가 있어 주인공이 여자임이 판명되었다.

이 고분을 일반인이 관람할 수 있는 전시 고분으로 삼을 예정이었으나, 천마총에서 더 좋은 유물이 나오자, 이 고분은 원상으로 복구시키고 천마총을 지금과 같이 만들었다.

노동동·노서동 고분공원

경주시 노동동과 노서동에 있다. 대릉원 입구에서 시청 쪽으로 0.55km 가면 사거리가 나온다. 이곳 사거리에서 오른쪽은 팔우정로터리, 왼쪽은 고속터미널 가는 길이다. 왼쪽 고속터미널 쪽으로 난 길을 따라 350m 가면 길 오른쪽에 동해식당이 있는 사거리가 나오는데, 여기서 오른쪽 식당 옆으로 난 길을 따라 150m 가량 가면 길 하나를 사이에 두고 오른쪽은 노동동 고분군, 왼쪽은 노서동 고분군이다. 승용차는 고분 입구 한켠에 주차할 수 있으나 대형버스는 대릉원 주차장을 이용하는 것이 편리하다. 대릉원에서 이곳까지는 걸어서 돌아보는 것이 좋다. 주변에 숙식할 곳은 여럿 있다.

다른 역사 도시에 견주어 경주만이 가지고 있는 '독특함' 이라는 것을 생각해본다면 그 첫번째로는 응당 시내의 고분공원을 꼽을 만하다. 20세기를 사는 사람과 그들의 삶이 있고, 또 그들의 삶터인 집채보다 훨씬 더 큰 무덤들이 철책을 사이에 두고 함께 어울려 있는 모습에서 삶과 죽음이 수없이 되풀이되었을 2천여 년이라는 세월을 실제 눈으로 확인할 수 있기 때문이다.

자동차보다는 직접 걷는 것이 훨씬 수월하고 또 유리한 것이 경주 시내 답사라면 당연히 다리쉼을 할 만한 곳을 찾게 되는데, 이때 아주 훌륭한 쉼터가 될 수 있는 곳이 대릉원과는 길 하나를 사이에 둔 노동동·노서동 고분공원이다. 이 두 곳은 본래 지세로 보아 죽 이어진 형국이나 도로가 생겨 인위적으로 나뉘었을 뿐이다. 이미 잘 알려진 대릉원을 휘둘러보고 웬지 고분들이 박제돼 있다거나 감옥에 갇힌 듯하다는 인상을 받은 이에게라면 한번 더 권하고 싶은 곳 또한 이 고분공원이다.

노동동에는 표주박형의 쌍분이 아닌 단일 원형 고분으로는 가장 큰 봉황대를 비롯하여 금령총, 식리총 들이 있고 노서동에는 호우총, 서봉총,

노동동·노서동 고분공원 전경
집채만한 무덤들이 20세기를 사는 사람
들의 삶과 자연스레 어울려 있는 모습은
경주만이 가지는 독특함이다.
큰길 오른쪽은 대릉원, 왼쪽은 노동동
·노서동 고분공원이다.

금관총, 은령총, 옥포총, 마총, 쌍상총, 우등 들이 있다. 각각 사적 제
38호와 제39호로 지정되어 있다.

봉황대는 밑바닥 지름이 82m, 높이가 22m로 무덤이라기에는 너무
커서 차라리 자그마한 동산인 듯싶다. 그 동산 위에서 둥지를 살찌워가
는 큰 느티나무 몇 그루 때문에 더더욱 고분이라는 느낌을 받기가 힘들다.

규모로 보아 왕의 무덤임이 틀림없으나 아직 발굴되지 않아 그것조차

봉황대
무덤이기보다는 작은 동산인 듯싶은 고
분 중턱에 큰 느티나무들이 자라고 있다.

노동동·노서동 고분공원은
바쁜 일정중 시간을 내어 찾아보는 것보
다. 해질녘, 지친 걸음도 쉴 겸 산책삼아
돌아보는 것이 제격이다.
석양이 서쪽 하늘을 붉게 물들일 때의 아
름다운 고분 능선은 이곳이 아니면 좀처
럼 만나기 힘든 장면이다.

정확하지 않고, 다만 봉황대라는 이름이 붙은 데에는 왕건과 관련된 설화가 전한다.

왕건은 신라를 빨리 멸망시키기 위해 풍수지리의 창시자인 도선과 의논하여 계략을 부렸다. 도선은 경주 땅이 배 모양새이니 배를 침몰시킬 방법을 강구하도록 조언하였다. 왕건은 제 편의 풍수가를 신라 조정에 보내 '경주가 봉황형인데 그 봉황이 지금 날아가려 하고 있으니 봉황의 알을 만들어 봉황으로 하여금 애착을 갖도록 한 뒤 맑은 물을 좋아하는 봉황을 위해 맑은 샘물을 파고, 날갯죽지에 금을 넣어두라' 하였다. 결국 봉황의 알은 흙으로 산을 만드는 격이니 배는 더욱 무거워지고 곳곳에 괸 샘물은 배 바닥에 구멍을 뚫는 것이며, 날갯죽지에 금을 박는 것은 돛대를 부러뜨리는 것이나 마찬가지였다. 왕건이 이렇게 하여 신라의 멸망을 재촉했다는 것이다. 그때 만든 봉황의 알이 바로 봉황대라고 한다.

봉황대 남쪽에 있는 밑지름 18m의 비교적 작은 무덤인 금령총은 지하에 장방형의 구덩이를 판 뒤 바닥에 냇돌과 자갈을 깐 돌무지덧널무덤이다. 금관, 금방울 들과 함께 뛰어난 공예 솜씨를 엿볼 수 있는 기마인물형 토기 두 점이 출토되었다.

노동동에서 봉황로를 건너면 표주박형과 크고 작은 원형 무덤 14기가 있는 노서동이다.

호우총은 1946년 우리 손으로 발굴한 최초의 신라 고분이다. 당시 발

금령총 출토 기마인물형 토기
마구류를 완전하게 갖춘 두 마리의 말 위에 주인과 하인으로 보이는 인물이 타고 있다.
말의 이마에 뿔이 있고 엉덩이에는 원통형 깔때기가 붙어 있는 것으로 보아 의식용으로 특별히 제작된 명기로 추측된다.
주전자의 기능을 가진 이 기마인물형 토기는 당시 무사들의 모습이나 말갖춤 등을 알 수 있게 한다.

굴 체계는 미흡한 것이었으나 호우 곧, 병모양의 물잔을 출토한 것은 기념할 만하다. 높이 23.9cm의 이 그릇 밑바닥에는 '을묘년 국강상 광개토지

호태왕 호우'라는 글씨가 새겨져 있어, 을묘년에 만든 '국강' 언덕 위 광개토왕의 제사용 그릇임을 알게 해준다. 그러나 어떤 연유로 고구려의 호우가 신라의 무덤에 들어 있게 되었는지는 확실히 구명할 수 없다.

서봉총은 1926년 발굴되었는데, 스웨덴의 황태자이며 고고학자인 구스타프 아돌프가 발굴 당시 직접 금관을 들어낸 일이 있었다. 서봉총이라는 이름은 스웨덴 곧, 서전(瑞田)의 '서'자와 금관에 새겨진 '봉'자를 딴 것이다.

뉘엿뉘엿 넘어가는 석양 속에서 너른 평지에 봉긋봉긋 솟아 있는 크고 작은 고분 봉우리들이 속삭이는 내력에 귀기울이는 맛도 경주가 주는 매력적인 선물이라 하겠다.

호우총 출토 청동합
신라 영토 안에서 발견된 것 중 연대가 확실한(장수왕 3년, 415) 고구려 공예품으로 어떤 연유로 신라의 고분에 묻혀 있었는지는 확실히 알 수 없다.
그릇 바닥에 새겨진 명문은 광개토왕비에서 볼 수 있는, 육조의 예서체가 가미된 웅건한 고구려 특유의 서체이다.

경주시 인왕동에 있다. 국립
경주박물관과 반월성의 동쪽, 7번 국도
건너편에 있으며 넓은 주차장을 갖추고
있다. 경주 시내에서 여러 노선의 시내
버스가 안압지 앞으로 자주 다닌다.
입장료 및 주차료
어른 1,000(800)·군인과 청소년 500
(400)·어린이 400(300)원, ( ) 안은
30인 이상 단체, 주차료 무료
안압지 관리사무소 T.054-772-4041

안압지

안압지는 신라 천년의 궁궐인 반월성에서 동북쪽으로 걸어서 십분 거리에 있다. 통일 시기 영토를 넓히는 과정에 많은 부를 축적한 왕권은 극히 호화롭고 사치한 생활을 누리면서 크고 화려한 궁전을 갖추는 데 각별한 관심을 두었다. 그리하여 통일 직후 674년에 안압지를 만들었으며 679년에는 화려한 궁궐을 중수하고 여러 개의 대문이 있는 규모가 큰 동궁을 새로 건설하였다.

안압지와 주변의 건축지들은 당시 궁전의 모습을 보여준다. 새 동궁, 곧 임해전의 확실한 위치는 알 수 없으며 다만 건물터의 초석만 발굴되었다.

임해전과 안압지에 대한 기록(『삼국사기』)을 살펴보면 궁내에 못을 팠다는 기록이 문무왕 14년(674)과 경덕왕 19년(760)에 두 번 나타나며, 임해전에서 군신에게 연을 베풀었다는 기록이 효소왕 6년(697)과 혜공왕 5년(769)에 있다. 또 소성왕 2년(800)에는 임해문과 인화문이 파손되었다고 전하고 있다.

이상을 정리해본다면 약 백 년 간격을 두고 궁내에 못을 팠다는 것은 처음 판 못을 보수나 확장한 것으로 해석되고, 임해전은 그 못 가까이에 지어진 동궁이라 볼 수 있다. 또 임해문과 인화문이라는 것도 임해

안압지 전경
동궁을 비롯한 궁궐이 있던 안압지는 통일신라의 대표적인 정원이다.

안압지
1950년대의 모습이다. 사진의 누각은
일제 때 세운 호림정으로 지금은 황성공
원으로 옮겨졌다.

전을 중심으로 한 연못 정원의 담에 있던 문이었을 것으로 생각된다. 그
러니 적어도 현재의 안압지가 조성된 연대는 문무왕 무렵 내지 그 이전
으로 생각할 수 있을 터이다.

다만 『삼국사기』에 연못의 이름을 적지 않고 궁 안의 못이라고만 기
록한 것은 신라가 망하고 고려가 건국되자 이곳이 궁궐로서의 역할을 할
수 없게 되고, 건물의 보수가 이루어지지 못해 폐허가 되어 이름을 남
기지 못하였기 때문으로 볼 수 있다.

1980년 안압지에서 발굴된 토기 파편 등으로 안압지의 원명이 '월지'
(月池)이고 동궁은 월지궁으로 불렸다는 주장이 나왔다. 이는 안압지
가 반월성 가까이에 있고 또 동궁의 위치가 연못 속에 비치는 아롱거리
는 달을 감상하기 알맞다는 심증적 이유 때문이다. 이 견해에 따르면 안
압지라는 현재의 이름은 거의 본래의 모습을 잃은 못가에 무성한 갈대
와 부평초 사이를 오리와 기러기들이 날아다니자 조선의 묵객들이 붙인
것이라고 한다.

못은 동서 길이 약 190m, 남북 길이가 약 190m의 장방형 평면이며,
면적은 1만 5,658평방미터(4,738평), 세 섬을 포함한 호안 석축의 길
이는 1,285m이다. 못가의 호안은 다듬은 돌로 쌓았는데 동쪽과 북쪽
은 절묘한 굴곡으로 만들고, 서쪽과 남쪽에는 건물을 배치하고 직선으
로 만들었다. 서쪽 호안은 몇 번 직각으로 꺾기도 하고 못 속으로 돌출
시키기도 했다. 따라서 못가 어느 곳에서 바라보더라도 못 전체가 한눈

안압지의 서쪽
동·북쪽의 절묘한 굴곡과는 달리 남·서쪽은 직선으로 배치하였다.

안압지의 동쪽
절묘한 굴곡이 있어 못가 어느 곳에서 바라보더라도 못 전체가 한눈에 가늠되지 않으며 한없이 길게 이어진 것처럼 느껴진다.

에 들어오지 않으며 연못이 한없이 길게 이어진 듯 여겨진다.

못 속에는 섬이 세 곳 있는데, 세 섬의 크기가 각기 다르고 윤곽선 처리가 자연스럽다. 발해만의 동쪽에 있다고 하는 삼신도(방장도, 봉래도, 영주도)를 본딴 듯하다.

동쪽과 북쪽의 호안에는 무산 12봉을 상징하는 언덕들을 잇달아 만들어놓았다. 높이는 일정하지 않으나 3m에서 6m 정도이며 선녀들이 사는 선경을 상징한다. 『삼국사기』 문무왕 14년조를 보면 "궁 안에 못을 파고 가산을 만들고 화초를 심고 기이한 짐승들을 길렀다"고 기록되어 있다.

동·북·남쪽 호안의 높이는 2.1m 정도이고 궁전이 있는 서쪽 호안은 5.4m로 좀더 높다. 이는 못가의 누각에 앉아 원(苑)을 내려다볼 수 있게 배려한 높이이다.

못 바닥에는 강회와 바다 조약돌을 옮겨다 깔았는데, 못 가운데에 우물 모양의 목조물을 만들어 그 속에 심은 연뿌리가 연못 전체로 퍼져나가지 못하게 했다. 연꽃이 못에 가득하면 답답하고 좁게 보일 것을 미리 방지한 지혜이다. 못물의 깊이는 약 1.8m 정도였을 것으로 추정된다.

안압지의 시설 가운데 빼놓을 수 없는 것이 입수부와 배수부이다. 입수부는 물을 끌어들이는 장치를 한 곳으로 못의 동남쪽 귀퉁이에 있으

며 정원 못에 연
결되어 있다. 동
남쪽의 계류나 북
천에서 끌어온 물
을 거북이를 음
각한 것 같은 아
래위 두 개의 수
조에 고이게 하

입수부
수조에 잠시 고인 물이 자연석 계단을 통
해 못 안으로 들어간다.

였다가, 자연석 계단으로 흘러 폭포로 떨어져 연못으로 들어가게 만들
었다.

아래위 수조는 약 20cm의 간격을 두고 있으며 그 주변에는 넘친 물
이 지표로 빠지는 것을 막기 위해 넓적한 저수조를 만들었다. 위 수조
에는 용머리 토수구를 설치하여 용의 입으로 물을 토해서 아래 수조로
떨어지게 만들었다. 이 용머리는 없어지고 지금은 용머리를 끼운 자리
만 남아 있다. 아래 수조에서 연못으로 떨어지는 폭포의 높이는 약 1.2m
정도이다.

또한 물이 입수부의 완충수조를 지나 못으로 수직 낙하하는 지점에는
판판한 돌을 깔아놓았는데, 이는 못 바닥의 침식을 막기 위한 것이다.
이처럼 물을 끌어들이는 데도 세심한 배려를 하였다. 입수부를 통해 들
어온 물은 연못 안의 곳곳을 돌아 동북쪽으로 나 있는 출수구로 흘러나
가는데, 출수구에서는 나무로 된 마개로 수위를 조절했음을 알 수 있다.

안압지는 바라보는 기능으로 만들어진 궁원이다. 지적에 있는 무산
12봉이 아득하게 보이도록 협곡을 만들고, 삼신도와 무산 12봉 등 선
경을 축소하여 피안의 세계처럼 만들었다. 지금도 외곽에 높은 담을 설
치하여 경역을 아늑하게 만들고 갖가지 화초들과 새와 짐승들을 기르면
별천지 같은 깊은 원지의 생생함이 살아날 터이다.

연못 서쪽과 남쪽의 건물터 등을 조사한 결과 건물터 26동, 담장터 8
곳, 배수로 시설 2곳, 입수부 시설 1곳 등이 밝혀졌다. 1980년에는 연
못 서쪽 호안에 접하여 세워졌던 5개의 건물터 중에서 3개를 복원시켰
으며, 건물이 있었을 것으로 추정되는 곳에는 초석을 복원하여 노출시

켰다.

유물은 와전류를 포함하여 3만여 점이 나왔다. 이 유물들은 당시 왕과 군신들이 이곳에서 향연할 때 못 안으로 빠진 것과 935년 신라가 멸망하여 동궁이 폐허가 된 뒤 홍수 등 천재로 인하여 이 못 안으로 쓸려 들어간 것, 그리고 신라가 망하자 고려군이 동궁을 의도적으로 파괴하여 못 안으로 물건들을 쓸어넣어 버린 것 등으로 추정된다.

안압지에서 출토된 유물들은 국립경주박물관 서쪽에 있는 안압지관에 전시되어 있다. 당시 궁중에서 사용했던 생활용기들을 비롯하여 나무배 등 700여 점의 대표유물이 전시되고 있는데, 단일 유적지에서 출토된 유물로 전시관 하나를 다 채운 것도 보기 드문 일이다.

안압지에서 발견된 유물들은 부장품적인 성격을 갖고 있는 신라 무덤의 출토품과는 달리 실생활에서 사용되었던 것이 대부분이다.

금동초심지가위　초심지를 자르는 데 썼던 길이 25.5cm 크기의 가위이다. 잘린 심지가 떨어지는 것을 막기 위해 날 바깥에 반원형의 테두리를 세웠으며 손잡이 쪽에 어자문(魚子文)과 당초무늬를 화려하게 장식하였다.

금동삼존판불　안압지에서 출토된 불상들은 7세기에서 10세기 초에 만들어진 불상들로 통일신라 불상 연구에 귀중한 자료가 되고 있다. 이 가운데 금동아미타삼존판불의 본존은 화려한 연꽃의 2중 대좌 위에 설법인을 하고 당당히 앉아 있는 모습이다. 그 좌우에는 협시보살이 허리를 한껏 휘어지게 하고 서 있다. 본존과 보살에 별도의 두광이 있고 이를 감싼 큰 광배가 전체를 연결하고 있어서 완벽한

금동삼존판불 ▶
화려한 연꽃이 새겨진 삼존불상은 통일신라 전기의 대표적인 불상이다.

금동초심지가위 ▼
초의 심지를 자르는 가위로 가위 전체가 화려하게 장식되어 있다.

삼존 구도를 느낄 수 있다. 통일신라 전기의 불상 가운데 대표적인 작품으로 꼽힌다. 높이는 27cm이다.

주사위 우리 나라 고대유물 중에는 목제품이 많지 않다. 토양이 산성인 탓에 땅에 묻혔던 것이 오래 보존되지 못한 때문이다. 그런데 안압지 바닥의 뻘층에서 많은 목제품이 출토되었다. 그 가운데 14면으로 이루어진 주사위는 잔치 때 흥을 돋우는 놀이기구의 일종인데 이것을 굴려 나타나는 면에 씌어진 내용에 따라 행동하도록 되어 있다. 내용 중에는 '술 석 잔 한 번에 마시기' '스스로 노래 부르고 스스로 마시기' '술 다 마시고 크게 웃기' 등이 있다. 높이는 4.8cm이다.

칠기 연꽃봉오리 장식 불단 같은 곳에 장식되었을 것으로 생각되는 칠기 연꽃봉오리 장식은 연꽃잎을 겹쳐서 조각한 8조각의 목심으로 이루어졌다. 이 목심에 꽃과 나비 모양으로 얇은 은판을 오려붙이고 그 위에 옻칠을 한 뒤 무늬 부분은 칠막을 긁어내는 방식으로 장식했다. 이러한 기법은 당시 당나라에서 유행하던 것이고, 또 이런 기법의 유물들이 일본 정창원에도 소장되어 있는 것으로 보아 삼국간의 문화교류가 활발했음을 알려준다.

보상화 무늬전 안압지 출토유물의 대부분을 차지하고 있는 것이 와전류이다. 조각을 포함하여 2만 4천여 점이나 된다. 용도별로 보면 지붕 위에 얹는 수막새, 암막새, 수키와, 암키와, 특수기와, 장식기와, 바닥에 깔거나 벽이나 불단 등에 장식되었던 전(塼) 등이다.

주사위
잔치 때 흥을 돋우는 놀이기구이다. 국립경주박물관에서는 모조품을 만들어 팔고 있다.

칠기 연꽃봉오리 장식
안압지에서 출토된 칠기 연꽃봉오리 장식을 비롯하여, 찬합, 사발, 잔 등 칠공예품들은 궁궐생활의 화려함을 알려준다.

귀면와 ◀
벽사의 의미로서 무섭게 보이려고 뿔과 송곳니를 강조하였으나 오히려 해학적으로 느껴진다.

보상화 무늬전 ◀◀
당의 연호인 조로 2년에 만들었다는 명문이 있어 동궁 창건에 관한 『삼국사기』의 기록을 뒷받침해준다.

삼국의 와당

우리 나라에서 언제부터 기와집을 짓고 살았는가는
뚜렷하지 않다. 낙랑의 옛터에서 기와편이 출토되
고 또 한강 유역의 토성에서도 발견되고 있어 늦어
도 삼국 시대의 고대국가체제가 확립되는 3, 4세기
경에는 본격적으로 사용되었을 것이다.

　기와지붕은 암키와와 수키와로 이어덮고 처마 끝
에 와서 끝막음을 한다. 이때 막음기와를 암막새와
수막새라 부른다. 대부분 암막새와 수막새의 앞면
에는 각종 문양을 새겼는데, 그 문양이 새겨진 막새
를 와당이라 한다. 와당은 고구려, 백제, 신라의 것
에 따라 그 특징을 달리하고 있으며 시대에 따라 변
화되고 있다. 고구려 와당은 대부분 적갈색으로 높
은 온도에서 구운 것이다. 고구려의 연꽃무늬와 귀
면무늬는 힘차고 날카로운 맛을 지녔다. 백제 와당
은 고구려와는 대조적으로 부드러운 맛이 난다.
신라의 와당은 화려한 것이 특징인데, 통일신라에
이르면 연꽃무늬 외에도 당초무늬, 봉황무늬 등 문
양이 다양해지고 표현이 좀더 화려해진다.

고구려 와당

백제 와당

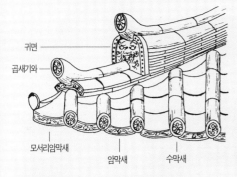

귀면
곱새기와
모서리암막새　　암막새　　수막새

각종 와당의 위치

신라 와당

전 가운데 옆면에 당의 연호인 "조로(調露) 2년에 한지벌부에 사는 소사벼슬인 군약이라는 사람이 3월 3일에 만들어 납품한다"는 내용의 명문이 새겨진 보상화 무늬전이 있다. 이 명문들은 전의 제작 연대가 문무왕 20년(680)이라는 것을 알려주고 있으며 문무왕 19년에 동궁을 창건했다는 『삼국사기』의 기록을 뒷받침해주고 있다.

황룡사터

반월성과 안압지 동쪽에 있는 황룡사는 비록 남아 있는 것이 건물과 탑 그리고 불상의 자리를 알려주는 초석뿐이지만, 그 규모나 사세가 신라 제일이었음은 틀림이 없다.

1976년부터 7년에 걸쳐 발굴조사가 실시되어 담장내 면적이 동서 288m, 남북 281m, 총면적 2만여 평으로 동양에서는 최대의 사찰이며, 당초 늪지를 매립하여 대지를 마련하였음이 밝혀졌다.

황룡사의 가람배치는 남쪽에서부터 차례대로 남문, 중문, 탑, 금당, 강당이 중심선상에 자리 잡고, 중금당 좌우에 각각 회랑을 갖춘 동서 금당이 위치한 일탑삼금당의 독특한 양식이다. 초석만은 경주의 어느 절보다도 잘 남아 있어서 남쪽에서부터 중문, 탑, 금당, 강당 자리를 볼 수 있고 회랑 자리도 분명하다. 산지가람에서는 산이 배경이 되어 아늑한 느낌을 주는 데 견주어 평지가람에서는 그런 아늑함을 느끼기가 쉽지 않다. 황룡사에서는 가람배치를 남문 3칸, 중문 5칸, 목탑 7칸, 금당 9칸, 강당 11칸으로 점차 칸 수를 늘려 절 안으로 들어갈수록 부처님의 넓은 세계로 들어서는 아늑한 느낌이 들도록 하였다. 예전에는 목탑터 옆에 흙을 쌓아 만든 언덕이 있어 여기에서 황룡사 전체의 규모와 가람배치를 확인해볼 수 있었는데, 근래 없어졌다.

황룡사가 창건된 것은 진흥왕 14년(553)의 일이다. 불교가 공인된 법흥왕 이래 흥륜사의 주지로 있을 정도로 불심이 높았던 진흥왕은 반월성 동쪽에 새 궁궐을 지으려 하였는데, 그 자리에 황룡이 나타나 이를 이상히 여겨 절을 짓게 되었다. 17년 만에 1차공사가 끝나고 진흥왕

경주시 구황동에 있다. 국립경주박물관 앞 사거리에서 안압지 뒤쪽(경주 시내를 바라보고 오른쪽)으로 나 있는 길을 따라 600m 가면 황룡사터 발굴현장사무소 입구가 나오고 입구로 들어가 사무소를 지나면 황룡사터가 나온다. 황룡사터 입구에서 600여m 더 가면 나오는 분황사에서도 황룡사터로 들어갈 수 있다. 승용차는 황룡사터 발굴사무소 주차장에 둘 수 있는데 대형버스는 분황사 입구에 세워두어야 한다. 황룡사터 앞으로는 버스가 다니지 않는다. 박물관이나 분황사행 시내버스를 타고 쉽게 갈 수 있다. 시내에서 걸어가도 매우 가까운 거리에 있다. 주변에 숙식할 곳은 없다.

옛 경주의 정연한 도시구획 흔적이 지금까지도 일부 남아 있다. 황룡사터 근처의 논둑을 보면 바둑판 눈금처럼 동서남북으로 정확하게 구분되어 있음을 알 수 있고, 도로와 시가도 일정하게 구획된 흔적을 볼 수 있다. 현재 경주문화재연구소에서는 황룡사터 주변의 도로·석축 배수로·석축 담장·우물터 등을 발굴조사하고 있는데, 이 조사를 통해 신라의 도시형성, 생활상 등이 규명될 것으로 보인다.

황룡사터 전경
사찰 경내만도 약 2만 평에 달하는 신라 최대의 사찰이었다.

황룡사터가 있는 동네 이름이 구황동이다. 옛 신라 때 이곳에 황룡사, 분황사, 황복사 등 '황' 자 붙은 절이 9개 있지 않았을까 하는 추측을 하게 된다.

황룡사 모형
진흥왕 때 창건(553년), 진평왕 때 금당을 증축하고 선덕여왕 때 구층목탑을 세우기까지 이 절이 완성되는 데는 장장 100여 년이라는 세월이 걸렸다.

30년(569)에 주위의 담장이 완성되었으나 주요 건물들은 미완성 상태였다. 다시 진흥왕 35년(574)에 이르러 유명한 본존인 금동장륙상이 완성되었고, 다시 선덕여왕 12년(643)에 이르러 자장의 권유에 따라 구층목탑이 착공되어 2년 뒤에 완성되었으니, 황룡사는 4대왕 93년이라는 긴 세월에 걸쳐 완공된 대사찰이다.

신라 역대 왕들은 이곳에서 친히 불사에 참례하였고, 외국의 사신도 자주 이 절에 와서 불상에 예배하였다. 신라가 망한 뒤 고려에 와서도 여전히 중요하게 여겨진 절이었으나 고려 고종 25년(1238) 몽고군의 침입으로 불타버렸다. 조선 시대에 저술된 『동경잡기』에는 "오직 장륙상만이 남아 있다"고 하였으나 지금은 그것마저도 볼 수 없다.

솔거가 그렸다는 이 절의 벽화 또한 유명하며, 현재 국내에 전해지고 있는 범종 가운데 가장 큰 것이라는 성덕대왕신종보다도 무려 4배나 크고 17년이나 앞서 주조된 종이 있었다는 기록이 『삼국유사』권3에 전한다. "신라 35대 경덕왕 13년(754) 황룡사의 종을 주성하니 무게는 49만 7,581근이었다."

황룡사터 구층목탑터

『삼국유사』에 의하면 당나라로 유학 갔던 자장이 태화못가를 지나는데 신인(神人)이 나타나 말하기를 "황룡사의 호법용은 나의 장자로 그 절을 보호하고 있으니 그 절에 돌아가 구층탑을 세우면 근심이 없고 태평할 것이다" 하였다.

　자장이 구층탑 건립의 필요성을 선덕여왕에게 말하자, 선덕여왕은 백제의 장인 아비지를 초청하여 탑을 만들게 하였다. 정면과 측면은 모두 일곱 칸의 사각평면 형식이었다. 탑을 9층으로 한 것은 1층부터 일본, 중화, 오월, 탁라, 응유, 말갈, 단국, 여적, 예맥 등 아홉 개의 이웃나라로부터 시달림을 막기 위함이었다.

　높이 때문에 여러 차례 벼락을 맞았고 또 지진 등으로 기울어져 다섯 차례나 수리하거나 재건하였다는 사실이, 경문왕 13년(873) 탑을 재건할 때 만들어 넣은 사리함내의 「찰주본기」(刹柱本記)에 기록되어 있다. 고종 25년(1283) 몽고군의 침입으로 황룡사 가람 전체가 불타버렸을 때 함께 없어지고 지금은 초석과 심초석만이 남아 있다. 이 심초석은 탑의 무게중심을 유지하는 역할을 한다.

　구층목탑 자리는 한 변의 길이가 사방 22.2m인데 여기에 높이가 183척, 상륜부가 42척, 합해서 225척(80m)이나 되는 거대한 탑이 들어선 것이다. 바닥 면적만 해도 150평이며 요즈음 건물로 따지면 20층은 족히 될 터이다.

　아비지는 백제 의자왕 때의 이름난 장인(匠人)이다. 신라 선덕여왕의 청에 응하여 신라에 가서 탑의 중심기둥을 세우던 날 밤에 본국 백제가 망하는 꿈을 꾸었다. 꿈을 꾼 후 그가 탑 역사에서 손을 떼려 하였더니 문득 천지가 진동하고 사방이 어둑한 속에 한 노승이 금전문(金殿門)

목탑터 ▶
한 변의 길이가 22.2m, 바닥 면적 150평, 높이 약 80m 되는 거대한 구층목탑을 세우기 위해 초석을 64개나 놓았다.

목탑터 심초석 ▼
거대한 구층목탑의 무게중심을 유지하는 역할을 한다. 아비지가 이 심초석 위에 중심기둥을 세우던 날 밤 백제가 망하는 꿈을 꾸었다고 한다.

에서 나와 심주(心柱)를 세우고 이내 간 데 없었다. 결국 아비지는 맘
을 고쳐먹고 역사를 마쳤다고 한다.

황룡사터 금동삼존장륙상 대좌

장륙상이란 부처의 키가 1장(丈) 6척(尺)이라는 불교의 교리에 의하여 만든 부처의 등신상을 의미한다. 요즘의 척도(1척=30cm)로 환산하면 약 4.8m의 크기이다. 『삼국유사』에 실린 황룡사 장륙상에 관한 설화의 뜻을 새겨보면 당시 신라 금동주조술이 얼마나 우수했는가를 알 수 있다. 현재 남아 있는 장륙상은 하나도 없다.

정면 9칸 측면 4칸의 금당 안에는 높이가 일장육척이나 되는 거대한 석
가여래삼존상을 중심으로 좌우에 십대 제자상, 신장상 2구가 있었다. 신
라 최고의 국보로 숭앙되었던 금동장륙상에 관해서는 『삼국유사』에 다
음과 같은 이야기가 실려 있다.

"인도의 아육(아소카) 왕은 불상을 조성하고자 세 번 시도하였으나 모
두 실패하였다. 이때 태자가 전혀 이 일을 거들지 않기에 왕이 그 연유
를 물었더니 혼자 힘으로는 공덕을 이룰 수 없음을 이미 알고 있었다고
말하는 것이었다. 왕은 그래도 인도 전국을 다니면서 조성하려고 애를
썼으나 역시 실패하고 말았다. 최후로 배에 구리 5만 7,000근, 황금 4
만 푼과 삼존상의 모양을 그린 그림을 실어 바다에 띄워보내면서 인연
이 있는 나라에 가서 조성되기를 빌었더니 드디어 배가 신라 울산 근처
바닷가에 도착하였다. 바다를 지키던 관원이 이 사실을 보고하였다. 신
라에서는 그 재료로 한번에 불상을 완성하였는데, 본존상의 무게만 3만
5,007근에 황금 1만 198푼이 들었고, 두 보살의 무게 1만 2,000근에
금 1만 136푼이 들었다고 한다."

금당터 장륙상 대좌
인도 아육왕이 보낸 구리로 만들었다는 금동장륙상이 쓰러지지 않도록 받침대 밑에 홈을 팠다.

지금 금당 중앙에 남아 있는 3개의 석조대석이 바로 이 금동삼존장륙상을 안치하였던 대좌이다. 이 대좌의 크기로 보아 불상의 크기를 짐작할 만하다. 대좌는 자연 그대로 생긴 바위의 윗면을 일단 평평하게 고른 뒤 장륙상의 발이 들어가게 홈을 파 넘어지지 않도록 고정시켰다. 앞부분이 넓고 뒤로 갈수록 좁은 형태인데, 이러한 모양은 좌우 협시불의 대좌도 마찬가지이다.

미탄사터 삼층석탑
황룡사터 남동쪽에 있는 미탄사터에는 전형적인 통일신라의 삼층석탑이 서 있다.

황룡사터 옆 폐사지의 탑재
황룡사터 발굴연구소 옆에 이름을 알 수 없는 폐사지가 있다. 곳곳에 건물이 들어섰던 흔적을 볼 수 있고, 그 중앙에는 마귀를 밟고 있는 사천왕상이 새겨진 탑의 석재가 놓여 있는 쌍탑터가 있다.

황룡사에서 나온 유물들

목탑지의 심초석 아래에서 발견된 사리 장엄구에서는 금제합, 명문판, 염주, 청동방함, 은합 등이 나왔다.

유물로는 높이 20.1cm의 금동불 입상과 높이 8.3cm의 금동보살 불두(佛頭)가 있다. 한편 황룡사 강당 자리 북동쪽에서 출토된 높이 182cm, 최대 폭 105cm의 대형 치미는 우리 나라는 물론 일본이나 중국에서도 유례가 없이 큰 것이다. 이렇듯 거대한 치미가 사용된 건물이 얼마나 웅장했는지를 짐작할 수 있다. 치미는 길상과 벽사의 의미로 궁궐이나 절의 용마루 끝에 사용되던 장식기와이다.

이 치미는 워낙 크기 때문에 한번에 굽지 못하고 아래위 둘로 나누어 만들었는데 가운데에 아래위를 끈으로 꿰어 묶었던 구멍이 있다. 또한 양쪽 옆면과 뒷면에 교대로 연꽃무늬와 웃는 모습의 남녀를 엇갈려 배치한 것은 그 유례를 살펴볼 수 없는 독특

황룡사터 출토 치미
다른 곳에서는 찾아볼 수 없는 큰 치미로, 한 번에 다 굽지 못하여 둘로 나누어 구운 뒤 끈으로 묶었던 흔적을 볼 수 있다.

한 장식이다.

모두 국립경주박물관에 소장되어 있다.

당간지주
황룡사터에서 분황사로 넘어오는 길 왼쪽 옆에 당간지주가 서 있다. 특이하게도 당간을 받치는 간대를 거북이로 만들어놓았다.

경주시 구황동에 있다. 황룡사터와 담장을 마주하고 있으므로 교통편은 황룡사와 같다. 주변에 숙식할 곳은 없다.
입장료
어른 1,300·군인과 청소년 1,000 (900)·어린이 800(700)원, ( )는 30인 이상 단체
주차료는 받지 않는다.
분황사 종무소 T. 054-742-9922

분황사

황룡사와 담장을 같이하고 있는 분황사는 선덕여왕 3년(634)에 건립되었으며, 우리 민족이 낳은 위대한 고승 원효와 자장이 거쳐간 절이다.

643년에 자장이 당나라에서 대장경의 일부와 불전을 장식하는 물건들을 가지고 귀국하자 선덕여왕은 그를 분황사에 머무르게 하였다. 또 원효는 이 절에 머물면서 『화엄경소』, 『금광명경소』 등 수많은 저술을 남겼다. 또 원효가 죽은 뒤 그의 아들 설총은 원효의 유해로 소상을 만들어 이 절에 모셔두고 죽을 때까지 공경하였다. 일연이 『삼국유사』를 저술할 때까지는 원효의 소상이 있었다고 한다.

또한 좌전 북쪽 벽에 있었던 천수대비 그림은 영험이 있기로 유명했다. 경덕왕 때 희명의 다섯 살 난 아이가 갑자기 눈이 멀자, 아이를 안고 천수대비 앞에 가서 '도천수대비가'를 가르쳐주고 노래를 부르면서 빌게 하였더니 눈을 뜨게 되었다는 이야기가 전해진다.

솔거가 그린 관음보살상 벽화가 있었다고 하며, 경덕왕 14년(755)에는 무게가 30만 6,700근이나 되는 약사여래입상을 만들어서 이 절에 봉양하였다고 한다. 역사가 오랜 분황사에는 허다한 유물이 있었을 터이나 몽고의 침략과 임진왜란 등으로 모두 유실되었고, 지금은 분황사에 둘러놓은 어른 키만한 담장 위로 석탑의 윗부분만이 보이는 자그마

한 절이 되었다.

현재 분황사 경내에는 분황사 석탑과 화쟁국사비편, 삼룡 변어정이라는 우물 들이 있으며, 석등과 대석 같은 많은 초석 들과 허물어진 탑의 부재였던 벽돌 모양의 돌들이 한편에 쌓 여 있다. 1965년 분황사 뒷담 북쪽으로 30여 미터 떨어진 우 물 속에서 출토된 불상들이 경주박물관 뜰에 늘어서 있다.

1915년경의 분황사 석탑
무너진 탑을 나무로 받쳐놓았고 위에는 풀이 우거져 있다.

분황사 석탑

안산암을 벽돌 모양으로 다듬어 쌓은 높이 9.3m의 모전석탑이다. 분 황사 창건 당시 만들어진 석탑이 임진왜란 때 반쯤 파괴되었는데, 조선 시대에 이 절의 중이 수리하려고 하다가 도리어 더욱 파손시켜 1915년 다시 수리를 하였다. 현재는 3층으로 되어 있으나 원래는 7층 혹은 9층 이었을 것으로 추측된다.

기단은 한 변 약 13m, 높이 약 1.06m로 크기가 제각기 다른 막돌 로 쌓았다. 밑에는 상당히 큰 돌을 쌓았고 탑신 쪽으로 갈수록 경사가

분황사 석탑
돌을 벽돌처럼 쌓은 모전 석탑으로 현재 3층까지만 남아 있다. 원래는 7층 또는 9층이었을 것으로 추측하고 있다.

감실 입구 인왕상
감실 입구 인왕상들은 비록 파손되기는
하였지만, 불법을 수호하는 신답게 막강
한 힘이 느껴진다.

급해지고 있다. 기단 위에는 화강암으로 조각한 동물 한 마리씩을 네 모퉁이에 배치하였는데, 동해를 바라보는 곳에는 물개, 내륙으로 향한 곳에는 사자가 있다.

현재 탑신부는 3층까지 남아 있으며, 탑신은 위쪽이 아래쪽보다 약간 좁다. 1층 네 면에는 입구가 열려 있는 감실을 만들어놓았으며 입구 양쪽에 인왕상을 세웠다. 이 인왕상은 모두 반나이며 옷무늬가 각기 다르

석탑 기단 위 돌사자
탑을 수호하는 사자답게 힘차고 굳건한
자세로 앉아 있다.

다. 전체적으로 불법을 수호하는 신답게 막강한 힘을 느끼게 하는 조각으로 7세기 삼국 시대의 조각 양식을 잘 보여주고 있다.

탑의 1층 네 면에 감실을 만든 것은 목탑의 뜻을 살린 것이다. 현재 감실 안에는 머리가 없는 불상이 놓여 있는데 원래 그 자리에 있었던 것은 아니다. 2층과 3층은 1층에 비하여 높이가 현저하게 줄어들었다. 국보 제30호로 지정되어 있다.

1915년 일본인들이 해체·수리할 때 2층과 3층 사이에서 석함 속에 장치된 사리 장엄구가 발견되었다. 이때 발견된 병 모양의 그릇, 은합, 실패와 바늘, 침통, 금은제 가위 등은 경주박물관에 있다.

삼룡변어정
지금까지 천년이 넘도록 사용하고 있는
신라 때의 우물이다.

삼룡변어정

지금도 관광객의 목을 축여주는 분황사의 우물은 신라 시대에 만든 것
이다. 우물의 겉모양은 팔각이고 내부는 원형이다. 외부의 팔각모양은
부처가 가르친 팔정도를 상징하며 내부의 원형은 원불(圓佛)의 진리를
상징한다.

전설에 따르면 이 우물에는 세 마리의 호국용이 살고 있었는데, 원성
왕 11년(795)에 당나라의 사신이 이 우물 속에 사는 용을 세 마리의 물
고기로 변하게 한 뒤 가져가는 것을 원성왕이 사람을 시켜 뒤쫓아가서
빼앗아왔다고 한다. 그 뒤 삼룡변어정이라고 부르게 되었다.

지금부터 천년 전에 만들어졌던 신라 시대의 우물을 지금도 그대로 사
용하고 있다는 사실이 놀랍다. 남아 있는 신라 우물 가운데에서는 가장
크고 우수한 것이다.

화쟁국사비편

우물 옆에 초라하게 남아 있는 비대좌는 고려 시대 때 만들어진 원효의
화쟁국사비이다. 숙종 6년(1101) 8월 원효와 의상이 동방의 성인인데
도 불구하고 비석이나 시호가 없어 그 덕이 크게 드러나지 않음을 애석
하게 여긴 숙종이 원효에게 대성화쟁국사(大聖和諍國師)라는 시호를
내리고 비석을 세우게 한 것이다.

원효대사

원효(617~686년)는 한국불교사에 길이 남을 학자이자 사상가이다. 또 파계와 이적을 보인 인간적인 면모를 지닌 고승으로 널리 알려져 있다. 성은 설씨이고 원효는 법명이다.

소년시절에는 화랑이었으나 도중에 깨달은 바가 있어 출가할 것을 결심하였다. 648년 황룡사에서 중이 되어 각종 경전을 연구하고 수도에 정진하였으나 특정한 스승을 모시고 경전을 공부하지는 않았다. 나이 34세 때 풍조에 따라 의상과 함께 당나라 유학길에 올랐으나 육로로 고구려를 통과하다가 잡혀 귀환하였다. 십년 뒤 다시 의상과 함께 해로로 당나라로 가려고 하였으나 여행 도중에 해골에 괸 물을 마시고 '진리는 밖에서 찾을 것이 아니라 자기 자신에게서 찾아야 한다'는 깨달음을 터득하고 의상과 헤어져서 돌아왔다.

이후 태종무열왕의 둘째 딸로 남편과 사별하고 홀로 있던 요석공주에게서 아들 설총을 얻었다. 이것

이 원효의 나이 39세에서 44세 사이에 일어난 일이었다.

그는 어느 날 한 광대가 이상한 모양을 한 큰 표주박을 가지고 춤추는 놀이를 하는 것을 보고 깨달은 바가 있어, 화엄경의 이치를 누구나 알아들을 수 있도록 노래에 담았다. '모든 것에 거리낌이 없는 사람이라야 생사의 편안함을 얻는다'는 내용의 '무애가'(無㝵歌)이다.

그리고 별다른 이유도 없이 미친 사람과 같은 말과 행동을 하였으며 술집과 기생집도 드나들었다. 쇠칼과 쇠망치를 가지고 다니며 돌에 글을 새기기도 하고, 어떤 때에는 가야금 같은 악기를 들고 사당에 가서 음악을 즐기기도 하였다. 그는 또 여염집에서 유숙하기도 하고 혹은 명산대천을 찾아 좌선을 하는 등 기이한 행동을 서슴지 않았다.

한번은 왕이 100명의 고승을 초청하여 법회를 열었는데, 다른 승려들이 원효가 품행이 방정치 못하다고 헐뜯어 초청 대상에서 제외된 일이 있었다. 이후 왕비가 종기를 앓게 되었는데, 아무리 좋은 약을

그 뒤에는 방치되어 있었던 듯 비신을 받쳤던 비대가 절 근처에서 발견되자 김정희가 이를 확인하고 비대좌 위쪽에 '차신라화쟁국사지비적'(此新羅和諍國師之碑蹟)이라고 써놓았다. 주의 깊게 살펴보지 않으면 글씨를 알아볼 수가 없다.

화쟁국사비편
원효를 기리는 비로 고려 숙종(1101년) 때 세워졌다. 현재는 비신을 받쳤던 비대좌가 남아 있다. 비대좌 위에 추사 김정희가 쓴 「차신라화쟁국사지비적」(此新羅和諍國師之碑蹟)이라는 글씨만 희미하게 남아 있다.

써도 효과가 없자 왕은 명산대천을 찾아다니며 기도를 드렸다. 한 무당이 말하기를 "다른 나라에 사람을 보내어 약을 구하라"고 하였다. 왕은 곧 당나라에 사신을 보냈다. 그 사신 일행이 바다 한가운데에 이르자 바닷속에서 한 노인이 나와 다 흩어지고 순서가 뒤바뀐 종이뭉치를 내밀며 "보살행을 설명해주는 불경이오. 원효대사에게 청하여 소(疏)를 짓게 하여 이를 풀어하면 왕비의 병이 나을 것이오" 하고 일러주었다.

그리하여 원효가 『금강삼매경』에 대한 주석서를 지어 황룡사에서 설법하게 되었다. 그의 강설은 도도하고 질서정연하였으며 오만하게 앉아 있던 고승들의 입에서 찬양하는 소리가 저절로 흘러나왔다. 강설을 끝낸 원효는 "지난날 나라에서 백 개의 서까래를 구할 때에는 그 안에 끼일 수 없더니, 오늘 아침 단 한 개의 대들보를 가로지르는 마당에서 나 혼자 그 일을 하는구나" 하였다. 이 말을 들은 고승들은 부끄러워하며 깊이 뉘우쳤고, 원효는 그 뒤 조용한 곳을 찾아 수도와 저술에 전념하였다고 한다.

현존하는 그의 저술에는 20부 22권이 있으며, 현재 전해지지 않는 것까지 포함하면 100여 부 240여 권이나 된다. 특히 그의 「대승기신론소」는 중국 고승들이 해동소(海東疏)라 하여 즐겨 인용하였고, 『금강삼매경론』은 여간한 고승이 아니고서는 얻기 힘든 논(論)이라는 평가를 받고 있는 대작이다.

또한 그는 당시 왕실 중심의 귀족화된 불교를 민중불교로 바꾸는 데 크게 공헌하였다. 또 종파주의적 방향으로 달리던 불교이론을 고차원적인 입장에서 회통(會通)시키려 하였다.

그것을 오늘날 우리는 '화쟁(和諍)사상'이라 부른다. 이것은 인간의 심식(心識)을 깊이 통찰하여 원천으로 돌아가는 것, 곧 귀일심원(歸一心源)을 궁극의 목표로 설정하고 육바라밀의 실천을 강조하는 일심(一心)사상, 그리고 일체의 걸림이 없는 사람은 단번에 생사를 벗어난다는 뜻의 '무애사상'과 함께 원효사상의 핵심을 이루는 것으로 평가되고 있다.

국립경주박물관

경주가 신라 천년의 고도였던 까닭에 문화재보호에 일찍 눈을 뜬 이 지역의 유지들이 신라 고분을 보호하기 위한 모임으로 1910년 '신라회'를 만들었다. 그 뒤 이 모임은 1913년 '고적보존회'로 발전하여 1915년 경주 객사인 현재 경주경찰서 화랑관 뒤 건물에 진열관을 두었다. 이것이 국립경주박물관의 전신이다.

뜻만 있으면 귀중한 문화재를 모으는 데는 그리 어려움이 없던 때인지라 진열품이 늘어나 장소도 현재의 동부동 동헌자리로 옮기고 규모도

경주시 인왕동에 있다. 경주역에서 7번 국도를 따라 불국사(울산)쪽으로 1.7km가면 길 오른쪽으로 있다. 경주C에서 불국사 쪽으로 가다 LG정유 경주고속주유소가 있는 사거리에서 왼쪽 시내로 난 7번 국도를 따라 700m가면 있다.
박물관 입구에는 넓은 주차장이 있으나 숙식할 곳은 없다. 시내에서 박물관 앞으로 다니는 시내버스는 자주 있다.

입장료
어른 1,000(700)·청소년 500(300),
( )는 20인 이상 단체
주차료는 받지 않는다.

국립경주박물관(054-740-7518)
이용안내
개장 시간(입장 시간)
3~10월 : 09:00~18:00(17:00)
11~2월 : 09:00~17:00(16:00)
토·일·공휴일 1시간 연장
1월 1일, 매주 월요일 휴관

국립경주박물관의 수많은 유
물들을 모두 보려면 많은 시간이 걸린다.
바쁜 일정 때문에 짧은 시간에 둘러보아
야 한다면, 불교조각과 금속공예품을 전
시한 불교미술실과 박물관 뒤뜰에 전시
된 유물을 중심으로 둘러보는 것이 좋다.

확장하였다. 해방 뒤에는 서울의 총독부박물관이 국립박물관으로 정식
개관하자 국립박물관 경주 분관이 되었다. 이후 별다른 발전을 이루지
못하다가 5·16 군사쿠데타 이후 정치적 안정이 이루어지자 비로소 활
기를 띠고, 1975년 현재의 자리인 반월성 동쪽 인왕동으로 이전하여 개
관하게 되었다.

1985년 안압지에서 출토된 유물을 보관, 전시하기 위한 제2별관이 개
관돼 본관, 제1전시실과 더불어 모두 세 개의 전시관을 두게 되었으며,
뜰에도 많은 유물을 전시하고 있다. 경주박물관은 2,500여 점의 유물
을 상설 전시하고 있으며 8만여 점의 유물을 보유하고 있다.

본관에는 경주와 주변 지역에서 수집한 선사 시대부터 원삼국 시대까
지의 유물을 전시한 선사 원삼국실, 이양선 박사가 기증한 문화재를 전
시하고 있는 이양선 기증 유물 전시실, 신라와 통일신라 시대의 불교조
각과 금속공예품 등을 전시한 불교미술실로 이루어져 있다.

선사 원삼국실 입구에는 울산 대곡리 반구대의 너비 8m, 높이 2m
의 암벽에 새겨진 암각화 탁본이 전시되어 있다. 이 그림에는 고래, 호
랑이, 개, 사슴, 돼지 같은 짐승과 생식기가 표현된 남자, 배, 사냥하
는 모습들도 보인다. 전시유물로는 경북 지방에서 출토된 토기와 석기
(신석기 문화), 구정동에서 출토된 무기와 의식용 도구, 경주 입실리
에서 출토된 무기와 장신구, 대구 평리동의 유물(초기 철기문화), 조

국립경주박물관 전경
국립경주박물관은 신라의 문화를 밀도
있게 압축해놓은 곳으로 2,500여 점의
유물을 상설 전시하고 있으며, 8만여 점
의 유물을 보유하고 있다.

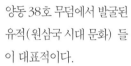

박물관 주변의 뜰
박물관 주변의 뒤뜰과 옆뜰에는 고선사
터 석탑을 비롯하여 여러 유적지에서 옮
겨온 석조유물들이 전시되어 있어 또 하
나의 박물관을 보는 듯하다.

양동 38호 무덤에서 발굴된 유적(원삼국 시대 문화) 들 이 대표적이다.

불교미술실에는 1976년부터 1983년까지 8년 동안 황룡사터 발굴조사를 통해 출토된 유물과 황룡사 복원 모형(1/60 축소), 사리장치 등의 금속공예, 불상(삼화령 애기부처, 백률사 금동약사여래입상), 십이지상(김유신 묘에서 출토된 납석제 십이지상) 등의 조각품과 이차돈 순교비, 그리고 남산신성비 비석 같은 금석문 자료가 전시되어 있다.

이양선 기증 유물 전시실에는 의사였던 이양선 씨가 30년간 개인적으로 모아온 수집품 666점이 있다. 대표적인 것으로는 기마형 인물토기, 오리형 토기가 있다.

제1별관은 고분관으로 신라 고분에서 출토된 유물을 전시하고 있다. 일제 시대 발굴된 금관총, 서봉총을 비롯하여 1970년대에 조사된 계림로 고분, 미추왕릉 지구 고분, 천마총, 황남대총, 그리고 최근에 조사된 정래동 고분, 월성로 고분, 용강동 고분, 황성동 고분 등에서 출토된 유물들이 일괄 전시되고 있다.

제2별관은 안압지관으로 안압지에서 나온 3만여 점의 유물 가운데 대표적인 유물을 선정하여 전시하고 있다. 이들 유물은 궁궐에서 쓰던 실생활용품들로 당시의 궁중생활을 짐작하게 하는 귀중한 것들이다.

　박물관 정문으로 들어서면 가장 눈에 띄는 것이 오른쪽 뜰에 자리 잡은 성덕대왕신종이다. 그 밖에도 고선사터 석탑을 비롯하여 장항리에서 옮겨온 석조여래입상을 비롯한 많은 불상과 석탑, 석조, 석등, 비석받침을 비롯한 각종 석조유물들이 뜰에 늘어서 있어 또 하나의 박물관을 이루고 있다.

　국립경주박물관은 하나의 거대한 박물관인 경주를 밀도 있게 압축한 곳으로 꼭 들러볼 일이다.

성덕대왕신종

박물관에 들어서면 오른쪽 뜰에 이제는 제 목소리를 감춘 에밀레종이 있다. 시주로 바쳐진 어린아이가 종 속에 녹아들어가 '에밀레, 에밀레' 하고 운다고 하여 에밀레종이라는 이름이 붙은 유명한 성덕대왕신종이다. 얼마 전까지만 해도 제야에 서른세 번 타종되었으나 종을 보호한다는 명목으로 타종을 금하고 있어, 장중하면서도 고운 울림이 긴 여운을 남기는 신비한 종소리를 들을 수 없게 되었다.

　"이전에도 없고 이후에도 없고, 오직 하나 에밀레종이 있을 뿐이다" 할 만큼 외형으로나 소리로나 신라의 종 가운데, 아니, 세계에서 가장 우수한 동종으로 인정받고 있다.

　종의 높이는 3.77m, 둘레 7m, 입지름 2.27m이고, 두께는 아래쪽이 22cm, 위쪽이 10cm이며, 전체 부피는 약 3평방미터, 무게는 20∼22톤이다. 전체적으로 종이컵을 엎어놓고 배흘림을 한 모양이며, 종의 아랫부분이 살짝 안으로 오므려 있는 것은 우리 나라 종만이 가지고 있는 특색이다.

　종에 새겨진 기록을 보면, 경덕왕(742∼764년)이 부왕 성덕왕의 명복을 빌기 위하여 구리 12만 근으로 종을 만들다가 완성하지 못하고 돌아가니, 다음 왕위에 오른 혜공왕이 경덕왕의 유지를 받들어 즉위 7년 되던 771년 12월에야 완성하였다고 한다. 이 종을 성덕왕을 위해 세운 봉덕사에 봉납하였으나, 봉덕사는 북천의 홍수으로 황폐해졌고 종을 세조 5년(1460) 다시 영묘사에 걸어두었다. 그러나 그 영묘사가 다시 불타버리자, 중종 원년 경주 부윤인 예춘년이 경주읍성 남문 밖 봉황대 밑

성덕대왕신종 경덕왕의 부왕인 성덕왕의 명복을 빌기 위하여 만든 대종. 유려하면서도 긴장이 살아 있는 곡선미를 보여주며 소리는 장중하면서도 맑다.

에 종각을 세워 옮겨두었다가 1915년 10월에 경주박물관 안으로 옮겼다.

종의 맨 꼭대기에는 종을 달기 위한 용뉴(龍紐)가 있다. 매우 날카로운 용 조각이 있고 그 옆에는 높이 96cm의 음향을 조절하는 역할을 하는 음관이 있다. 이는 중국 종이나 일본 종에서 볼 수 없는 우리 나라 종의 특성이다. 용뉴는 아래 지름이 14.8cm, 위쪽에는 지름 8.2cm 정도가 뚫려 있다. 이곳으로 잡음이 빠져나가고 소리가 길게 울린다.

종의 몸을 보면 맨 위쪽(상대)에 보상화문을 둘렀다. 바로 아래에 역시 보상화문을 두른 유곽을 네 곳에 만들었으며 그 안에는 연화문으로 된 9개의 종유(鐘乳)가 있다. 제일 밑의 종 입구(하대)는 보상화문 띠 사이사이에 연화문 여덟 개를 배치하였다.

상대와 하대 사이는 넓은 공간으로 되어 있는데, 두 곳에는 종을 치는 자리인 당좌(撞座)를 연꽃으로 표시하고 마주보는 두 곳에 공양 비천상과 일천 자에 달하는 긴 명문을 새겼다. 공간에 배치된 문양은 양각으로 조각하고, 서로 대칭되는 위치에 배치하였다.

종 밑바닥에서 안쪽을 훔쳐보면 흡사 손질을 하지 않은 듯 덕지덕지 쇠를 덧바른 듯 울퉁불퉁하다. 이는 부처님의 목소리에 가까운, 장엄하면서도 부드러운 여운이 오래도록 남는 신비한 종소리를 내기 위해 종

성덕대왕신종 이전 광경
봉황대에 있던 신종을 동부동 경주고적
보존회로 옮겨가는 모습이다(1915년).

을 만든 이가 애쓴 흔적이다.

　또 이렇게 큰 종을 만들기 위해서는 27톤의 끓는 쇳물을 거푸집에 일시에 들이부어야 하는데, 이때 거품이 일어나 공기가 미처 빠지지 못하면 기포가 생긴 채 굳어버리게 된다. 요즘 만든 주물에도 기포가 많은데 그때 당시의 기술로 어떻게 기포를 없앴는지 신비하기만 하다.

　성덕대왕종의 명문에는 "신종이 만들어지니 그 모습은 산처럼 우뚝하고 그 소리는 용의 읊조림 같아 위로는 지상의 끝까지 다하고, 밑으로는 땅속까지 스며들어 보는 자는 신기함을 느낄 것이요, 소리를 듣는 자는 복을 받으리라"고 씌어 있는데, 신종의 소리와 모습을 설명한 가장 적절한 표현일 듯싶다. 국보 제29호로 지정되어 있다.

성덕대왕신종 비천상 탁본

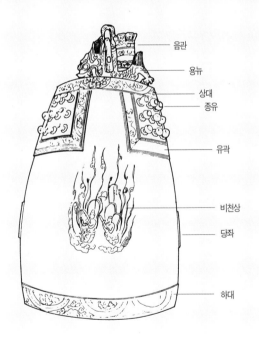

범종의 각부 명칭(상원사 동종)

음관
용뉴
상대
종유
유곽
비천상
당좌
하대

코스 11 소금강산

꽃비 타고 신라 땅에 온 부처

소금강산은 경주시 북쪽에 있는 높이 280m의 산이다. 높지 않은 산이지만 산기슭의 굴불사터 사면석불에 조용히 합장하고 오솔길을 더듬어 백률사를 찾아가 경배하고 산 정상에 올라 경주 시내를 조망해보는 마음은 높이 들뜨기만 한다. 소금강산은 사계절에 따라 변하는 산의 색채가 특히 아름다우며, 절 뒤쪽 산꼭대기에서 보는 경주 시가의 경치는 매우 뛰어나 옛부터 많은 문인과 시객들이 즐겨 찾았다고 한다.

소금강산은 본래 옛 신라 오악의 하나, 곧 북악이라 하여 성스러운 곳으로 여겨져왔으나 이차돈의 순교 이후 소금강이라 불렸으며 불교의 성지로서 더욱 이름이 높아졌다. 법흥왕 14년(527) 불교를 이 땅에 전파하기 위해 이차돈이 순교의 방법을 택했을 때, 그의 목이 한 길이나 높이 솟구쳐 하늘로 올랐다가 북악에 떨어지자 그 자리에 절(자추사, 나중에 백률사가 됨)을 세워 이차돈의 명복을 빌었던 것이다.

이 일대 불적 가운데 대표적인 것은 굴불사터에 있는 사면석불과 백률사이다. 백률사 뒤 정상에서 북쪽으로 조금 내려간 곳에는 선각삼존마애석불이 있고, 근처 경주 시청 동천 청사(구 군청) 뒤 주택가에는 사방불이 새겨진 탑신 하나가 있다. 선각삼존마애불은 마모가 심하나 부드러운 선 처리가 돋보인다.

그런가 하면 경주에서 안강으로 가는 길목에 있는 현곡면 나원리에는 천수백 년을 넘게 순백의 청순한 빛깔을 잃지 않아 뭇 사람들의 궁금증을 더해주는 오층석탑이 있다. 작은 마을 외진 구석에서 숨죽인 듯 고요하지만 높이 9.8m의 체구에는 주변을 압도하는 당당한 힘이 넘쳐난다.

동학의 창시자인 수운 최제우가 태어나고 도를 얻고 죽어 묻힌 현곡면 가정리 구미산 일대도 나원리와 함께 동선을 엮어 찾아갈 만한 곳이다. 동학은 조선 시대 봉건사회 해체기에 만민평등의 이념으로 농민대중 속에 신앙 형태로 파고 들었으나, 탐관오리를 몰아내고 외세를 배척하는 등의 정치적인 요인과 맞물려 사회운동의 요인이 강해지면서 이후 갑오농민전쟁의 사상적 기반이 되었다. 그 넘치는 성스러운 기운을 찾아 마음을 열어볼 일이다.

굴불사터
백률사
나원리 오층석탑
동학의 성지,
용담정 일대

소금강산은 경주시 외곽 동북쪽에 자리 잡고 있지만 교통은 편리한 편이다.
국립경주박물관 부근 LG정유 경주고속주유소가 있는 사거리에서 보문단지
가는 길로 1.6km 정도 가면 구황교 앞 사거리가 나오는데, 여기서 구황교를
지나 포항 쪽으로 1.85km 가면 오른쪽 산기슭 아래 소금강산으로
오르는 길이 나온다.
현곡면에 있는 나원리 오층석탑과 동학 성지를 찾아가려면 경주에서 금장교 넘어
안강행 68번 지방도로와 영천행 925번 지방도로를 이용해야 한다.
모두 다 숙식할 곳은 마땅치가 않으므로 경주 시내를 이용하는 것이 좋다.

나원리 오층석탑

굴불사터

분황사 뒤쪽 북천을 가로지르는 구황교를 지나 1.85km 정도 북쪽으로 가면 오른쪽으로 백률사 입구를 알리는 표지석이 보인다. 여기서 약 200m 떨어진 곳에 사면석불이 서 있는 널찍한 터가 나온다. 이곳이 굴불사터이다. 이곳 사면석불은 남산의 칠불암, 안강 금용사터의 사방불과 함께 신라의 사방불 신앙을 알려주고 있다.

한편 굴불사터 입구에서 동쪽 앞으로 400m 거리에 있는 경주 시청 동천 청사(구 군청) 뒤 한 주택가에서도 사방불을 볼 수 있다. 어느 탑의 탑신부 몸돌에 새겨진 사방불인데 그것말고는 알려진 바가 없다.

굴불사에는 다음과 같은 창건설화가 있다. 신라 35대 경덕왕이 백률사에 나들이하는 도중 이 근처를 지나는데 땅속에서 이상한 소리가 들렸다. 왕에겐 그것이 어느 스님의 경 읽는 소리처럼 들렸다. 이상하게 생각한 왕은 대번에 신하에게 명하여 그곳을 파보게 하였다. 그러자 거기서 각면에 불상이 새겨진 바위가 나왔다. 이에 감동한 왕은 석불을 파내었다 하여 굴불사라는 이름의 절을 지었다.

오늘날 이 굴불사의 자취는 찾아보기 어렵고 자연암석에 조성된 사방

불만이 남아 있다.

굴불사터 사면석불

원래 남북 사면에 불상을 조각하는 것은 사방정토를 상징하는 것으로 대승불교의 발달과 더불어 성행한 사방불 신앙의 한 형태였다. 사방불의 사면에 어떤 부처를 모시는가에 대해서는 여러 견해가 있지만, 신라의 사방불은 대체로 서방에 아미타불과 동방에 약사여래, 남쪽에 석가모니불, 북쪽에 미륵불을 모신다.

　이곳 사면석불도 이와 같은 배치를 따르고 있다. 정면의 서쪽에 아미타불과 협시보살인 관세음보살과 대세지보살을 모셨으며, 동쪽에는 약

서면 아미타 삼존불
본존불의 몸체는 바위면에 돋을새김하고 머리는 따로 조각해 몸체 위에 얹었다. 양 협시보살은 독립된 돌로 조각했다.

동면 약사여래
동쪽 바위 전면에 돋을새김을 했다. 약합
을 손에 얹고 있어 약사여래임을 알 수 있
다.

합을 들고 있는 약사여래를 모셨다. 동서쪽에 모신 부처는 확실하지만
남북쪽의 부처는 마멸이 심해 분간하기가 어렵다.

 서쪽의 아미타불은 높이 3.9m로 다른 불상들보다 크며 돋을새김으
로 표현되어 있다. 머리는 별개의 돌로 둥글게 조각하여 얹었으며 오른
손은 떨어져나갔다. 양쪽의 협시보살은 둘 다 독립된 돌에 조각하였는
데, 오른쪽 대세지보살의 머리 부분은 허물어졌고 왼쪽 관세음보살은
한쪽 다리에 무게중심을 두고 균형을 잡은 삼굴(三屈) 자세를 하였다.
삼굴 자세는 삼국 시대 말기부터 나타나는데, 통일신라 시대에 와서 더
욱 유행하였다. 이는 불상의 자연스러운 자세를 나타내고 균형된 신체

비례를 보여준다. 두 협시보살은 높이 1.95m이다.

동쪽의 약사여래상은 결가부좌하였으며, 왼손에 약합을 들었고 오른
손은 시무외인을 한 듯하나 파손되었다.

남쪽에 현재 남아 있는 두 보살상과 불상은 몸체의 굴곡 표현이나 옷
주름 등을 볼 때 균형이 잘 잡혀 있다. 이들은 모두 높은 돋을새김으로
조각되었다. 불상의 광배는 1.6m 가량 되는 주형(舟形) 신광이다. 두
광에는 연꽃무늬, 빗살무늬, 당초무늬가 차례로 새겨져 있으며 이 주위
로 불꽃무늬가 둘러져 있다.

돋을새김으로 조각된 북쪽의 보살입상은 높이 틀어올린 머리에 보관

경주 시청(동천 청사) 뒤 사방불
굴불사터와 가까운 경주 시청(동천 청사) 뒤, 허물어진 탑신부에 사방불이 새겨져 있다.

을 쓰고 있다. 손을 든 자세나 천의를 두른 모습이 남쪽의 보살과 비슷하나 보존상태는 매우 안 좋다. 왼쪽에 선각으로 된 보살상은 6개의 손에 11면의 얼굴을 가진 관음보살이다. 이는 관음상의 변화된 형태로서 중생을 제도하기 위하여 다방면의 신통력을 보여주는 주술적인 성격을 띠고 있다. 이렇게 사면석불에 십이면육비의 관음보살상이 표현되어 있는 것은 8세기 통일신라 시대에 신앙된 불상 중에 밀교적 성격을 띠는 불상이 섞여 있음을 보여주는 매우 귀중한 예이다. 보물 제121호로 지정되어 있다.

백률사

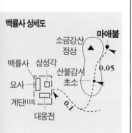

경주시 동천동에 있다. 굴불사터를 지나 계단을 오르면 바로 백률사다. 주차할 곳이나 찾아가는 방법은 굴불사터와 동일하다.
대웅전 뒤 삼성각 옆으로 난 산길을 따라 100m 오르면 산불감시초소가 있고, 이곳에서 평지와 다름없는 능선을 따라 정상 쪽으로 가다 오른쪽 오솔길로 살짝 내려가면 마애불이 나온다.

백률사 상세도

소금강산 정상 / 마애불
백률사 삼성각 / 산불감시 0.05 초소
요사
계단|||| / 0.1
대웅전

백률사
이차돈이 순교할 때 그의 목이 하늘로 치솟아올랐다가 이곳에 떨어지는 이적이 생겨 절이 세워졌다는 이야기가 전해진다. 지금은 작고 조용한 절이다.

굴불사터 사면석불 위쪽에 상당히 길게 뻗어올라간 돌계단이 있다. 백률사로 오르는 계단이다. 현재 건물은 대웅전과 요사채밖에 없어 조용한 절이지만 이차돈의 순교와 신라의 화랑 부례랑을 구출한 대비천에 얽힌 이야기 등 이적이 많은 곳이다.
절의 창건 연대는 밝혀지지 않았으나 효소왕 2년(693)에 백률사와

소금강산에서 바라본 남산
백률사를 품고 있는 소금강산 정상에 오르면 경주 시내와 남산이 한눈에 들어온다.

대비천에 얽힌 이야기가 전하고 있는 것으로 보아 삼국 통일을 전후한 시기에 창건된 것으로 추정된다. 또한 이차돈의 목을 베자 흰 피가 솟았고 그의 목이 하늘로 치솟아올랐다가 이곳에 떨어지는 이적이 생기자 법흥왕 때 불교를 공인하게 되었으며, 이곳에 절을 세우게 되었다는 이야기도 있다. 이러한 영험들과 더불어 상당히 번창한 큰 절이었을 것으로 추정되나 임진왜란으로 큰 피해를 입었다.

창건 당시 이 절의 이름은 자추사(刺楸寺)였으나 어느새 백률사(栢栗寺)로 이름이 변했다. 신라에서는 음이나 뜻이 같으면 쉽게 이름이 바뀌어버리는 경우가 종종 있다. 곧 자(刺)는 잣이니 백(栢)과 같고, 추(楸)는 밤이니 율(栗)과 같은 것이다.

대웅전은 약 3m 높이의 축대 위에 있으며 선조 때에 중창한 것이다. 대웅전 동쪽 암벽에 삼층탑이 음각되어 있으나 상륜부를 제외하고는 알아보기 힘들다. 신라 시대의 작품이며 대웅전 앞에 탑을 건립할 자리가 없어 소금강산 암벽에 만들었다고 한다. 이 밖에도 경내에는 옛 건물에 쓰였던 것으로 보이는 초석과 석등의 지붕돌 등이 남아 있다.

이곳에서 발굴된 금동약사여래입상과 이차

삼존마애불좌상
백률사 뒤쪽 소금강산 정상 바위에 새겨진 삼존불상은 보존상태는 좋지 않으나 얕게 돋을새김한 조각솜씨가 뛰어나다.

금동약사여래입상
두 손은 없어졌으나 매우 당당해 보이는
통일신라 최대의 금동불이다.

돈 순교 공양비가 경주박물관에 안치되어 있다.

대웅전 뒤쪽으로 등산길이 소롯이 나 있다. 이 등산길을 따라 약 5분 오르면 경비초소가 나타나고 여기에서 북쪽으로 약 50m 아래 지점에 유형문화재 제194호로 지정된 삼존마애불좌상이 있다. 조각수법은 우수하나 보존상태가 그다지 좋지 못하다. 석불이 새겨진 바위 위쪽에 손으로 판 구멍이 있는 것으로 보아 마애불을 풍화로부터 보호하려는 어떤 장치가 있었을 것으로 추정된다. 백률사 뒤 소금강산 정상은 경주 시내가 가장 잘 보이는 곳 중의 하나이니 꼭 올라가볼 일이다.

금동약사여래입상

높이 약 179cm의 입상으로 현존하는 통일신라 시대 최대의 금동불상이다.

머리는 신체에 견주어 크지 않은 편으로 인체비례에 가까우며, 얼굴은 사각형에 가까운 둥근형이다. 긴 눈썹, 가는 눈, 오똑한 코, 작은 입에는 온화한 미소가 감돌아 보는 이의 마음을 부드럽게 해준다. 아랫배가 나오고 상체가 뒤로 젖혀지면서 우람한 체구를 과시하고 있지만 이에 견주어 어깨는 빈약하게 처리되었다. 두 손의 모습은 알 수 없으나 발과 발톱의 표현은 세세한 편이다.

어깨와 두 팔에서 내려온 옷자락이 발 위까지 U자형으로 정연하게 늘어뜨려져 있다. 이 U자형의 주름은 하나씩 엇갈리면서 중심이 끊어지는 독특한 모양을 하고 있다.

이 약사여래에 기원하면 모든 병이 치유된다 하여 신라 때부터 공주나 귀족의 부녀자들에게 가장 인기 있는 불상이었다. 경주박물관에 소장되어 있으며 국보 제28호이다.

이차돈 순교비

법흥왕 14년(527) 불교의 융성을 위해 순교한 이차돈을 추모하는 공양비이다. 육면의 특이한 기둥 형식인데, 다섯 면에는 명문이 있고 나머지 한 면에 이차돈의 순교장면이 양각되어 있다. 비의 밑부분에는 별석의 대석이 있었고 위에는 지붕이 있었던 흔적이 있으며, 현재 경주박물관에 소장되어 있다.

이차돈 순교 공양비
이차돈의 목에서 흰 피가 솟아오르고 하늘에서 꽃비가 내리는 모습을 돋을새김 하였다. 옆면에는 이차돈의 순교에 관한 글이 새겨져 있다.

마멸이 심하여 다섯 면에 있는 비문은 거의 읽을 수가 없다. 다만 판독할 수 있는 단어들이 『삼국유사』에 나오는 이차돈의 순교 기록과 일치하며, 양각된 그림을 보아도 이차돈의 순교비라는 것이 확실하다. 약간 허리를 굽혀 공수하고 있는 인물상의 머리는 땅에 떨어졌고, 머리 없는 목에서는 흰 피가 솟아오르고 있으며, 꽃비가 내리고 천지가 진동하는 것을 추상적인 수법으로 표현하고 있다. 이 인물상이 입은 복장은 부인의 통치마 같은 하의에 허리까지 덮이는 상의인데, 신라 복식을 연구하는 데 좋은 자료가 되고 있다.

이 공양비는 비문의 마멸로 건립연대도 작가도 알 수가 없으며, 다만 비문의 글씨에 의해 혜공왕 2년(766) 이후에 건립된 것만 알 수 있다. 비문은 창림사 비문 글씨로 중국에까지 이름을 떨친 김생의 글씨라고 전한다. 김생은 성덕왕 10년(711)에 태어나 팔십 평생 붓 들기를 쉬지 않았으며, 예서와 초서 할 것 없이 모두 신필(神筆)로 인정을 받았다.

나원리 오층석탑

현곡면 나원리에는 신라 팔괴의 하나로 알려진 나원리 오층석탑이 서 있다. 탑이 있는 절터 바로 뒤쪽에는 산이 있으며 앞쪽으로 서천과 너른 평야가 펼쳐져 있다. 더 멀리는 소금강산 줄기가 흐르고 있어 무척 아늑한 분위기를 자아낸다. 무릇 풍수가들이 가장 좋아하는 지형이라고 한다. 신라 석탑으로는 보기 드물게 큰 오층탑이 그곳에 서 있다. 탑 자체가 갖는 듬직한 위엄과 순백의 빛깔은 주변환경과 더불어 숭고함을 느끼게 한다.

근래에 오층석탑 뒤로 나원사라는 절이 들어섰다. 드문 예이지만 이 오층석탑은 옛 절의 금당 자리 뒤쪽에 세워진 것으로 보인다. 이러한 예는 양산 통도사의 경우에도 보이지만 그 의도는 어떠한 것이었는지 알 수 없다. 이 석탑을 품었던 옛 절의 이름은 알 수 없으나, 신라의 석탑 중에서는 비교적 빠른 시기인 8세기경에 건립된 것으로 추정된다.

2중의 기단부와 5층의 탑신부로 되어 있는, 통일신라에서는 보기 드문 오층석탑이다. 탑 전체의 높이가 9.76m로 경주 지역에서는 감은사터 삼층석탑과 고선사터 삼층석탑 다음으로 크다.

하층 기단 각면에는 두 우주에 탱주 3개씩을 조각하였고, 상층 기단 각면에는 우주와 탱주 2개씩을 조각하였다. 탑신부는 1층 몸돌만 각면 1매씩의 판석으로 짜고 그 위의 몸돌은 1개의 돌로 짜여 있다. 1층과 2층은 지붕돌은 낙수면과 층급받침을 각기 다른 돌로 쌓았으나 3층 이상은 1개의 돌로 만들었다. 각층의 양식이나 수법은 모두 같으며 5단씩의 지붕돌 층급받침이 있다. 낙수면의 합각도 예리하고 네 귀퉁이도 하늘 높이 올라 경쾌하다. 각 전각부에 풍경을 달았던 작은 구멍이 있고 상륜부에는 파손된 노반만이 남아 있다.

기단의 높이와 1층의 몸돌은 다른 부재들에 견주어 상당히 높고 커서 위압감을 주며 조금 둔중하나 그만큼 듬직한 힘이 있어 보인다. 또 각층의 지붕돌에 뚫린 작은 구멍을 보면서 이 순백의 오층석탑에서 바람이 치고 갈 때마다 적요로움을 깨고 울려퍼졌을 풍경소리의 영롱함을 상상하게 된다. 국보 제39호로 지정돼 있다.

경주시 현곡면 나원리에 있다. 굴불사터 입구 사거리에서 경주 시청 동천청사로 난 길을 따라 1km 가면 길 앞에 SK형제주유소가 있는 삼거리가 나온다. 주유소 앞 삼거리에서 오른쪽 포항으로 난 7번 국도를 따라 400m 가면 다시 왼쪽에 황성공원과 함께 영천으로 가는 925번 지방도로가 나온다. 925번 지방도로로 1.8km 가 다시 길 앞 오른쪽에 있는 현곡식육점 앞에서 왼쪽 68번 지방도로를 따라 2km 가면 나원역 못미처 나원리로 들어가는 마을길이 나온다. 마을길을 따라 철교를 넘은 후 곧 오른쪽으로 난 길을 따라 1.3km 가면 마을 입구에 이르게 되고, 왼쪽으로 난 나원사 표지판을 따라 450m 가면 된다.

주차장은 따로 없다. 승용차는 석탑까지 들어갈 수 있으나 대형버스는 마을 입구에 주차해야 하며 숙식할 곳은 없다. 시내에서 나원리까지는 1시간 간격으로 시내버스가 다닌다.

1996년 3월 나원리 오층석탑 해체·보수중 3층 지붕돌 안에서 높이 14.4cm, 폭 15.5cm의 금동사리함과 그 속에서 높이 8.6〜8.8cm의 9층짜리 수직형 금동소탑 3점, 높이 10.6cm의 금동소탑 1점, 높이 4cm인 순금제 불상 1점, 사리 15과와 구슬 5과, 무구정광대다라니경으로 추정되는 종이조각 들이 발견되었다.

특히 금동소탑 3점은 출입문이 있고, 지붕돌이 기와골로 돼 있는 점에서 황룡사터 구층목탑의 형태를 본떠 만들었을 가능성이 높은 것으로 추정되고 있다. 현재 우리나라에 남아 있는 목탑은 조선시대 때 만들어진 속리산 법주사 팔상전이 유일한 것으로 경사가 완만하게 만들어져 있으며, 수직형 목탑의 모형이 발견된 것은 처음이다.

나원리 오층석탑 세월이 가도 탑의 흰색이 변하지 않는다고 해서 '백탑'이라는 별명을 갖고 있다. 감은사탑, 고선사탑 등과 함께 통일신라 석탑을 대표한다.

신라 8괴(八怪)

신라의 서울 경주에는 여덟 가지의 괴이한 것이 있다. 내용상으로 볼 때 아름다운 경치 여덟 곳을 말한 듯한데, 그 가운데는 전설적인 것도 포함되어 있다. 사람에 따라 8괴로 꼽는 내용이 조금 다르지만 다음 열 가지에 모두 포함된다.

남산 부석: 남산 국사골 바위 하나가 아슬아슬하게 걸쳐 있다.

문천 도사(倒沙): 문천 곧 남천의 모래는 물 위를 떠서 강물을 거슬러 올라간다.

계림 황엽: 계림숲에서는 가을 아닌 여름에도 잎사귀가 누래진다. 이를 보고 신라 말 학자 최치원이 신라의 국운이 이미 쇠퇴하였음을 알고 예언했다는 이야기가 전해진다.

금장 낙안(金丈落雁): 경주군 현곡면 금장리 형산강가, 임금이 놀던 금장대에 날아온 기러기는 반드시 쉬어간다.

백률 송순: 재래종 소나무는 순(筍)이 생기지 않는데 백률사의 소나무는 가지를 친 뒤 솔순이 생긴다고 한다. 이차돈의 순교와 관련이 있으며 솔순은 불교 소생을 의미한다.

압지 부평: 안압지에 있는 마름이라는 여러해살이 풀은 뿌리를 땅에 내리지 않고 물 위에 떠 있다.

불국 영지: 영지에 석가탑의 그림자가 비치길 기다린 아사녀와 아사달의 전설이 얽혀 있다.

나원 백탑: 경주군 현곡면 나원리의 오층석탑은 통일신라 초기의 탑인데 지금까지도 순백색의 빛깔을 간직하고 있다.

선도 효색: 선도산의 새벽경치가 아름답다.

금오 만하: 금오산 곧, 남산의 저녁노을이 아름답다.

동학의 성지, 용담정 일대

경주시 현곡면 가정리에 있다. 나원리 오층석탑 가는 도중에 만나는 현곡 면소재지 금장리 삼거리에서 왼쪽으로 난 925번 지방도로를 따라 영천쪽으로 5.7km 가면 길 왼쪽에 용담식당과 용담 입구 표지석이 나온다. 이 길을 따라 1.4km 가면 용담정이다. 용담 입구 표지석 앞에서 용담정 쪽으로 가지 않고 영천으로 400m 정도 더가면 오른쪽에 가정리 버스정류장과 함께 마을길이 나오는데, 마을길을 따라 400m 들어가면 최제우 생가터와 유허비를 볼 수 있다. 또 가정리 버스정류장

경주 현곡면 금장리에서 영천 쪽으로 빠지는 925번 지방도로를 타고 약 5.7km 가면 구미산 기슭 가정리 일대에 천도교의 창시자인 최제우(1824~1864년)가 태어나고 '사람마다 마음속에 한울님을 모셨으니 사람이 곧 한울(인내천사상)'임을 깨달아 포교활동을 하고 또 그의 뼈를 묻은 곳, 곧 동학 천도교의 성지가 있다.

수운 최제우가 태어난 가정리에는 생가는 남아 있지 않으나 그 자리에 1971년에 세운 귀부와 이수를 갖춘 높이 5m의 유허비가 있다. 맞은편 산중턱에 그의 묘가 있으며, 묘의 왼쪽 산골짜기에 용담정이 있다. 이 세 곳이 모두 1km 이내의 거리에 있다.

앞에서 영천 쪽으로 100m쯤 더 가서 왼쪽으로 난 산길을 따라 조금 오르면 최제우의 묘를 찾을 수 있다.
용담정이나 생가터까지는 대형버스도 충분히 갈 수 있으나 묘지는 걸어 올라가야 한다. 숙식할 곳은 없으며 경주 시내에서 가정리로 가는 시내버스는 1시간 내외 간격으로 있다.

수운 최제우 묘에서 바라본 가정리
구미산 자락 깊숙한 품에 안겨 있는 이곳 가정리에서 최제우가 태어났다.

유허비에서 큰길 건너 산중턱에 보이는 묘역이 최제우의 묘이다. 산길을 걸어 올라가 최제우의 묘에 서서 주변의 산세를 살펴보면 아무리 풍수지리에 어두운 이라 할지라도 평범치 않음을 느낄 터이다. 구미산 자락에 깊숙이 싸여 있는 이곳은 더없이 아늑하며 사방 산으로 둘러싸인 마을 위로 하늘이 높이 트여 있어 절로 신성함이 느껴진다.

용담정은 최제우가 포교를 하고 용담유사를 쓴 곳으로 현재 구미산 기슭 약 40만 평의 땅에 들어선 수도원 시설이다. 입구까지 도로가 포장돼 있다. 입구에서 몇 개의 문을 지나 계곡을 따라 올라가면 가장 높은 곳에 용담정이 있다. 이 건물은 1975년 시멘트건물에 기와를 올린 것으로 용담유사에 나오는 옛 용담정은 아니다.

수운 최제우의 묘
가정리가 내려다보이는 산등성이에 있다.

용담정 안에는 천도교의 기도의 식인 청수봉존(淸水奉尊, 수운이 참형을 받을 때 청수를 받들고 순교함에 따라 일체 의식을 갖는다는 의

수운 최제우 유허비
생가터에 최제우를 기리는 유허비를 세웠다.

미로 청수를 떠놓고 기도함)을 할 수 있도록 자리가 마련돼 있고 영정이 하나 있을 뿐 장식이 하나도 없다. 정갈함이 지나쳐서인지 초라함마저 느껴진다.

동학은 '사람이 곧 한울'(人乃天) 곧 인간 절대 존엄의 기본정신을 주장하여 19세기 말 사회적 불안기에 핍박과 수탈을 당하던 민중들 사이에 큰 지지를 받았으나 곧 관의 탄압대상이 되어 피지 못한 꽃이 되고 말았다. 그러나 그 정신은 보이지 않는 지하에서 더 튼튼한 거름이 되어 훗날 갑오농민전쟁이 비롯되는 싹을 틔우게 된다.

수운 최제우와 용담유사

유년시절 어머니를 여의고 17세에 아버지마저 사별한 그는 20세에 집을 떠나 세상을 두루 돌아다닌다. 그는 세상을 돌아다니며 비참한 민중의 생활을 보았다. 당시의 정세는 안동 김씨 세도가 한창 기승을 부리고 있었고 수탈을 견디지 못한 민중들은 산속과 외딴 섬으로 숨어들었다. 30대에 접어든 그는 귀향한 뒤 처가인 울산으로 이사했으나 다시 구도의 길을 떠나 36세 때 용담에서 수도에 정진한다. 세상 인심의 각박함과 어지러움이 바로 천명을 돌보지 않기 때문에 나타난 것을 깨닫고 천명을 알아낼 수 있는 방법을 찾기 시작한 것이다.

그리고 다음해 깨달음을 얻은 그는 동학을 창시하여 주변 사람들에게 동학을 가르친다. 당시 민간에 널리 퍼지던 천주교를 서학이라 불렸는데 이에 맞서 우리의 도를 천명한 것이라는 뜻으로 동학이라 하였다. 그가 조정의 주목을 크게 받기 시작한 것은 그의 포덕에 동조하는 사람들이 성황을 이루면서부터이다. 특히 관에서는 후천개벽설이나 검결(劍訣 : 칼춤을 추며 검가를 부르는 의식)이 사회를 불안하게 한다고 여겼다. 수운은 전라도에 피신하여 많은 저술을 남겼으며 포덕 4년 만에 제자들의 만류에도 불구하고 관을 피하지 않고 스스로 체포당하여 대구 감영에서 1864년 3월 참형당했다. 그의 나이 41세 때이다.

수운이 득도한 1860년부터 1863년 사이에 쓴『용담유사』는 인간지상 절대평등의 가르침을 담고 있는 천도교의 경전으로 모두 904구의 가사로 이루어져 있다. 구미산 용담의 아름다움과 득도의 기쁨을 담은 용담가, 정치·종교적으로 불안해하는 부녀자들을 진정시키기 위한 안심가, 아들과 조카에게 내리는 교훈형식의 교훈가, 제자들에게 수도를 당부하는 도수가, 제자들에 대한 정회를 쓴 권학가, 수운 자신의 성장과 득도 과정을 쓴 몽중노소문답가, 도덕의 귀중함을 강조한 도덕가, 도덕을 닦는 방법을 노래한 흥비가 등 8편과 부록으로 검결이 포함된 순 한글 경전이다.

동학은 득도한 최제우가 동학을 포덕한 지 4년 만에 죽임을 당한 뒤에도 계속되는 핍박으로 비록 지하로 숨어들었지만 가난하고 핍박받던 사람들은 계속 동학에 입도하였다. 동학에서는 교도들 사이에 신분의 고하를 막론하고 누구나 맞절을 하게 했는데, 이는 인간평등주의정신을 실천한 예이다. 이런 정신은 종의 신분을 가진 사람, 가난한 사람, 양반에 천대받던 사람들에게 호소력이 있었다. 최제우의 뒤를 이은 최시형 이후로 동학은 전국에 계속 퍼져 1890년대에는 수백만에 이르렀고, 이러한 동학의 정신이 1894년 갑오농민전쟁의 밑거름이 되었음은 이론의 여지가 없을 터이다.

동학 성지 용담정 입구에 서 있는 최제우 동상

코스 12 선도산과 건천

삼국 통일의 기둥이 된 화랑 정신

'위로는 국가를 위하고 아래로는 벗을 위하여 죽으며 의에 어긋나는 일은 죽음으로써 항거한다.' 신라가 삼국을 통일하게 된 데에는 이같이 든든한 화랑 정신이 있다. 화랑들은 명산대천을 찾아 도의를 닦고 나라가 어지러울 때에는 제 한 몸을 아끼지 않았다. 김유신과 김춘추는 화랑이 배출해낸 대표적 역사 인물이다. 경주의 동북쪽인 건천 방면에는 화랑의 자취를 찾아볼 수 있는 유적지가 적지 않다.

고속버스터미널에서 서천교를 지나 오른쪽으로 빠지면 김유신 묘로 갈 수 있다. 진달래가 활짝 피는 봄이면 소풍 삼아 걷기에 좋은 길이다. 평복 차림의 십이지신상 조각은 물론 돌난간을 두른 모습이 어느 왕조 못지않게 호화로운데, 그의 살아생전 업적이 죽은 뒤 흥무왕으로 추대될 정도로 높았기 때문이다. 김유신 묘에서 나와 서악동으로 약 2.7km 가면 태종무열왕릉과 서악고분이 있고, 길 건너편에 김인문·김양의 묘가 마주보고 있다. 무열왕릉 앞에는 귀부와 이수의 조각이 무척 씩씩하고 아름다워 우리 나라 최고의 비석 조각 작품으로 꼽히는 태종무열왕릉비가 있다. 무열왕릉 뒤로도 네 기의 묘가 일직선상에 서 있는데, 누구의 묘인지는 확실치 않으나 김인문이 그의 둘째 아들인 점으로 미루어보아 이 일대가 무열왕의 가족 묘역이 아닐까 싶다.

태종무열왕릉 위로 뻗은 선도산 꼭대기에는 비록 본존불의 얼굴이 많이 파손되어 있기는 하지만 삼국 통일을 이루어낸 신라인의 당당함이 그대로 드러나 있는 거대한 삼존마애불이 있다.

서악동에서 건천 쪽으로 좀더 나가면 화랑들의 자취가 더 진해진다. 김유신이 단칼에 큰돌을 베었다는 전설이 있는 단석산은 화랑들의 수도처로 알려진 곳이다. 산 중턱 신선사의 거대한 ㄷ자형의 석굴 바위에는 불상과 보살상, 두 인물상이 새겨져 있는데, 특히 두 인물상은 신라 복식 연구에 귀중한 자료가 되고 있다.

오랜 세월을 지내 윤곽은 뚜렷하지 않으나 오히려 그 어렴풋한 윤곽이 은은하게 솟아오르는 느낌을 주는 두대리의 마애삼존불도 통일신라 시기의 불상인데, 단석산 가는 길에 빠뜨리지 말고 보아야 한다.

서울↖　↖영천

건천농협 •
건천

2.1　　2.3

건천IC ◎
20
청도·
산내

금척버스정류장 •
금척리 고분군 •　• 모량역

3.3

경부고속도로 ①

송산저수지

1
송산2리

우중골

2.3

▲ 단석산
신선사
277

일방통행로
송화산 ▲
김유신 묘

고속터미널
1.2

선도산　선도산성
서울휴게소
선도산 마애삼존불　(서악동사무소)　서천교
1.5　입구　　1.5

서악동 고분
태종무열왕릉
김인문 묘
서악동
귀부
2.3
시내

두대 ↑
3.5
두대리
275 마애불

경주IC

형산강

5.7
④

부산↓

김유신 묘

태종무열왕릉

선도산 마애삼존불

두대리 마애불

금척리 고분군

단석산 신선사
마애불상군

화랑 정신이 깃들어 있는 선도산과 단석산 일대의 유적지는
건천 방면 4번 국도와 20번 국도 주변에 있다.
고속터미널 옆 서천교를 건너 4번 국도를 따라 건천 쪽으로 가면
태종무열왕릉, 선도산 마애불, 두대리 마애불 들을 찾아볼 수 있고,
건천에서 20번 국도를 따라 청도로 가다보면 화랑들의 수련장이었던
단석산으로 갈 수 있다.
경주시 외곽에 있어 찾는 사람이 드문 편이지만
도로나 대중교통은 잘 발달되어 있다.
건천에는 식당은 여러 군데 있으나 잠잘 곳이 드무니,
경주 시내에서 숙박하는 것이 편리하다.

태종무열왕릉 귀부

두대리 마애불

김유신 묘

경주시 충효동에 있다. 경주
시내에서 영천으로 난 4번 국도를 따라
고속버스터미널 옆 서천교를 건너 사거
리에서 오른편 송화산쪽으로 1.2km 정
도 간다. 고속터미널에서 불과 2km도
안되는 거리에 있는 데다, 형산강을 끼
고 경주시를 바라보며 가는 길맛도 좋아
걸어가기를 권한다.
주차장 근처에 기념품 가게가 한두 곳 있
으나 숙식할 곳은 없다.
입장료 및 주차료
어른 500(400)·군인과 청소년 300
(200)·어린이 200(150)원, ( ) 안
은 30인 이상 단체, 주차료 무료

고속버스터미널 옆 서천교를 넘어 오른쪽으로 김유신 묘 가는 길이 나
있다. 이 길은 김유신 묘를 위해 특별히 낸 흥무로이다. 봄이면 길가에
붉은 진달래가 활짝 피어 드라이브코스로도 인기가 높다.

묘자리는 송화산 줄기가 동쪽으로 뻗어 전망이 좋은 울창한 소나무 숲
속이며, 어느 왕릉에 견주어도 뒤떨어지지 않는 화려한 모습을 하고 있
었는데 1996년 큰불이 나 묘 주위의 소나무 숲을 모두 태워버렸다. 김유
신 묘는 지름만 30m에 달하는 큰 원형분인데 둘레에는 호석과 돌난간
을 둘렀다. 호석과 돌난간 사이에는 바닥에 돌을 깔았다.

호석은 쥐, 소, 호랑이, 토끼, 용, 뱀, 말, 양, 원숭이, 닭, 개, 돼
지 등 십이지신상이다. 대개의 경우 능을 지키는 수호신으로는 갑옷을
입은 조각들이 새겨지는데 김유신 묘의 십이지신상은 평복을 입고 무기
를 들었다. 몸체는 정면을 보고 서 있으나 오른쪽으로 고개를 돌려 주
시하는 머리 모습이 이색적이다. 무장을 하지 않아 그런지 매우 온화해
보인다.

김유신이 아무리 당대의 명장이었다 하지만 이렇듯 호화스러운 능을
과연 가질 수 있었을까 하는 점이 의문스럽다. 『삼국유사』에 "김유신
이 죽은 뒤 흥무대왕으로 봉하였으며, 그 능은 서산(西山) 모지사(毛
只寺)를 동향한 산봉에 있다"고 하고, 또 『삼국사기』에 "문무왕이 그

김유신 묘
묘 주위에 십이지신상을 새기고 바깥에
는 돌난간을 둘렀다.

의 부음을 듣고 채백(彩帛) 1천 필과 조(租) 2천 석을 보내고, 군악고취(軍樂鼓吹) 100인을 보내 금산원에 예장하고, 유사(有司)로 하여금 비를 세워 기공(紀功)을 기명하고, 민호(民戶)를 배정하여 묘를 수호하게 하였다" 고 기록하고 있으니, 죽은 뒤 그의 죽음을 애도한 문무왕이 호화로운 능을 마련해주지 않았나 싶다.

십이지신상 중 양
평복을 입고 무기를 든 김유신 묘 십이지신상 탁본.

　사적 제21호로 지정되어 있으며, 묘 아래쪽에 묘를 지키는 금산재(金山齋)가 있다.

태종무열왕릉

고속버스터미널에서 서천교를 넘어 서악동 쪽으로 약 1.5km 가면 선도산 아래 태종무열왕릉이 나선다. 경주에 있는 많은 능 가운데 누구의 왕릉인지 단정할 만한 확증이 있는 것이 많지 않은데, 이 왕릉은 앞쪽에 태종무열왕릉비가 서 있어 확실히 29대 태종무열왕의 능인 것을 확신할 수 있다.

경주시 서악동에 있다. 고속버스터미널 옆 서천교 건너 사거리에서 왼쪽으로 난 영천행 4번 국도를 따라 1.5km 정도 가면 선도산 아래 태종무열왕릉에 이른다.

시내에서 건천 방면으로 가는 시내버스는 20분 간격으로 다니는데 태종무열왕릉 앞에서 내린다. 넓은 주차장과 음식점이 몇 있으나 잠잘 곳은 없다.

입장료 및 주차료
어른 500(400)·군인과 청소년 300(200)·어린이 200(150)원, ( ) 안은 30인 이상 단체, 주차료는 무료

태종무열왕릉
능 둘레에 호석을 세웠으나 흙에 묻혀 잘 보이지 않고, 별다른 장식이 없어 단정한 느낌을 준다.

　무열왕은 통일의 위업을 완성할 무렵의 왕으로 그의 어머니는 26대 진평왕의 딸이자 27대 선덕여왕의 동생이었다. 무열왕의 딸 요석공주가 원효와 인연을 맺은 이야기, 어릴 때부터 친구였던 김유신의 누이와 혼인하게 된 이야기 등 무열왕에 관해서는 여러 가지 일화와 전설이 전한다. 김유신의 누이와 무열왕의 사이에서 태어난 아들이 30대 문무왕이다.

　능은 높이 약 12m, 밑둘레 약 100m의 큰 봉분으로 능선이 유연한 곡선을 그려 아름답다. 능 둘레에 자연석으로 1m쯤 석축을 쌓고 3m 간격으로 호석을 세웠으나 흙에 묻혀서 잘 보이지 않는다. 별다른 장식이 없이 규모가 큰 삼국 시대 초기의 능으로는 마지막에 속하며, 이후로는 호석을 세우는 등 화려하고 장엄한 멋을 살린 통일신라 시대의 능이 시작된다. 사적 제20호로 지정되어 있다.

태종무열왕릉비

문무왕 1년(661) 무열왕의 업적을 기리기 위해 세운 비로 태종무열왕릉 앞쪽의 비각 안에 있다. 비신은 없어지고 그 위에 얹었던 이수와 비의 받침대인 귀부만 남아 있다. 국내의 많은 귀부와 이수 가운데서도 대

태종무열왕릉비
살아 움직이는 듯 힘차고 사실적인 조각이다. 신라 석조미술의 걸작으로 꼽는다.

표가 될 만큼 조각이 크고 뛰어나며 남아 있는 귀부 중에서는 가장 오래
된 것이다.

양쪽에 세 마리씩, 여섯 마리의 용이 서로 얽혀 여의주를 받들고 있
는 이수 한가운데에 '태종무열대왕지비' 라는 여덟 자가 두 줄로 내리 새
겨져 있는데, 이 글씨는 무열왕의 둘째 아들인 김인문이 쓴 것이라고 한
다. 김인문의 묘는 무열왕릉 앞길 건너편에 있다.

귀부는 막 걸음을 떼려는 거북이의 자세가 매우 생동감 있게 조각되
었다. 머리를 치켜들고 네 발로 힘차게 땅을 밀치는 모습은 신라의 황
금기를 여는 무열왕 시대의 사회적 분위기와 힘을 보여주는 듯하다. 거
북이의 앞발가락이 다섯이고 뒷발가락은 넷인데, 이는 거북이가 힘차
게 나갈 때 뒷발의 엄지발가락을 안으로 밀어넣고 힘을 주는 모습을 암
묵적으로 표현해낸 것이다. 또 거북이가 힘을 줄 때 턱밑이 붉어지는 것
을 보여주기 위해 자연석의 붉은 부분을 거북이의 턱으로 삼았다. 거북
이 등에 새겨진 구름무늬와 당초문, 보상화문, 머리와 목의 주름 그리
고 입가에 입김과 콧김까지 새겨둔 조각의 치밀함이 볼수록 놀랍다. 이
비 하나만으로도 신라 예술의 우수성을 증명하고도 남음이 있다. 국보
제25호로 지정되어 있다.

서악동 고분군

태종무열왕릉 뒤쪽으로 거대한 능 네 기가
일직선상에 나란히 서 있다. 고분의 둘레는
첫번째 능이 160m, 두번째가 186m, 세
번째가 122m, 맨 끝의 것이 110m이다.
누구의 무덤인지 정확히 밝혀지지 않았다.
다만 무열왕릉과 같은 영내에 있고 더 높은
곳에 위치한 점들로 미루어보아 무열왕의
선조들이 아닌가 여겨진다.

서악동 고분군
누구의 무덤인지 확실히 알 수는 없으나
무열왕 선조의 무덤으로 여겨진다.

태종무열왕릉과 서악동 고분군이 함께 있는 영내는 잘 자란 소나무들
이 잔디와 어울려 깔끔한 공원처럼 조경되어 있다. 사적 제142호로 지
정되어 있다.

김인문 묘
신라 통일 전후 뛰어난 외교관이었던 김
인문 묘. 작은 묘는 김양의 것으로 알려
져 있다.

김인문 묘

태종무열왕릉과 길 하나를 사이에 두고 마
주보고 있는 두 기의 고분 중 큰 것이 김인
문의 묘이고, 다른 하나는 김양의 묘로 알
려져 있다. 문인석이나 무인석, 석수도 없
는 간소한 묘이다.

김인문은 무열왕의 둘째 아들이며 문무
왕의 친동생으로, 진덕여왕 5년(651)에 당나라에 일곱 차례나 왕래하
며 삼국 통일 전후 당나라와의 외교에 큰 공로를 세운 뛰어난 외교관이
었다. 김양은 무열왕의 9대손으로 통일신라와 당나라의 화평교섭에 지
대한 역할을 한 인물이다. 김인문은 글씨도 잘 써 태종무열왕릉 비문을
썼다.

서악동 귀부

김인문 묘 앞에 비각이 서 있고 그 안에 귀부가 하나 남아 있다. 비신과
이수는 없어진 지 오래이다. 이 귀부는 전체적으로 태종무열왕의 비와
비슷하나, 무열왕 비에 견주어 전체적으로 형식화되고 약해 보인다. 그
러나 무열왕릉비를 보지 않고 서악동 귀부만 본다면 이 역시 매우 훌륭
한 작품으로 여길 만하다.

눈여겨볼 만한 것은 무열왕릉비 귀부의 발가락이 앞이 다섯, 뒤가 넷
이었던 데 견주어 서악동의 귀부는 앞뒤 다섯 개라는 점이다. 정지해 있

서악동 귀부
무열왕릉비 귀부에 못지않은 훌륭한 작
품이나 조금은 형식화되고 약해 보인다.

을 때와 전진할 때의 차이라고도 하나 그렇게 구별한 뜻을 알 길이 없다.

한편 1931년 근처의 서악서원 땅 밑에서 김
인문의 묘비가 발견되었으나 몹시 풍화되고 글
자가 마멸되어 알아보기 곤란하다. 귀부의 비
신을 세웠던 홈과 그 크기를 맞출 수 없을 정도
로 파손이 심하여, 이 귀부에 김인문의 묘비가
세워졌던 것인지는 알 수 없다. 보물 제70호로
지정되어 있다.

선도산 마애삼존불

선도산은 경주시 서쪽에 있는 높이 390m의 낮은 산이다. 이 산에는 신라 건국설화와 관련 있는 선도산 성모가 신라 개국 이전부터 이곳에 살면서 신라를 지켜주었다는 전설이 있다. 또 김유신의 누이동생인 보희가 왕비가 될 길몽을 꾼 것과도 관계가 있다. 태종무열왕릉을 비롯해 서악서원, 서악동 삼층석탑, 서악동 고분, 진흥왕릉 등이 이 선도산 기슭에 있다.

무열왕릉 입구에서 걸어서 1.5km 정도 올라간 선도산 정상에 거대한 마애삼존불상이 새겨진 암벽이 있다. 그다지 높지는 않지만 경사가 져 숨가쁘게 올라간다. 삼존불상의 크기는 본존불이 높이 6.85m, 오른쪽 협시보살이 4.62m, 왼쪽 협시보살이 4.55m이다.

본존불은 경주 주변의 석불로는 가장 큰 불상이지만 파손이 심해 조각의 세부는 물론 옷무늬마저도 판별할 수 없을 정도이다. 특히 눈의 윗부분이 떨어져나갔고 몸의 정면에도 상하로 균열이 생겼다. 그러나 떡 벌어진 어깨, 턱을 들어 경주평야를 가리키는 당당한 기풍에는 역시 무한한 힘이 느껴진다.

본존불 좌우에는 협시보살이 있는데, 몇 개의 조각으로 파괴되어 아래 계곡에 있던 것을 최근에 복원한 것이다. 왼쪽 협시보살은 머리에 삼산(三山)보관을 쓰고 있으며, 갸름한 얼굴에 윤곽선이 부드럽고 적당히 살쪄 복스럽다. 왼손은 내려서 정병을 잡고 있으며 오른손은 가슴께로 들어 손바닥을 보이고 있어 관음보살로 추정된다.

오른쪽 협시보살은 5개로 조각을 이어붙인 것으로 왼쪽 보살보다 훨씬 파괴가 심하다. 왼쪽 팔이 심하게 떨어져나갔다. 얼굴은 왼쪽 보살과 비슷하지만 얼굴이 직사각형에 가깝다. 왼쪽이 관음보살임에 비추어 대세지보살로 추정된다. 두 협시보살의 모습은 길고 시원한 눈썹, 웃음 짓는 가는 눈, 큼직한 코, 입가에 깊이 파인 보조개, 터질 듯 부푼 뺨 등 어느 것 하나 소홀히 다룬 데가 없는 맵시 있는 조각이다. 세 불상 모두 발 아래에 복련 연화문대좌가 있다. 통일신라 초기의 작품으로 추정된다. 보물 제62호로 지정되어 있다.

경주시 서악동 선도산 정상에 있다. 무열왕릉 주차장 옆 서울휴게소(서악동사무소 입구) 사이로 난 마을 길을 통해 1.5km 가량 걸어 올라가야 한다. 대형버스는 무열왕릉 주차장에 두어야 한다. 승용차는 휴게소를 지나 600m 가면 나오는 서악서원 주변에 주차하고 걸어가야 한다.
경주 시내에서 무열왕릉 앞으로는 약 20분 간격으로 시내버스가 다니는데 무열왕릉에서 내려 걸어가야 한다. 숙식할 곳은 없다.

선도산 마애삼존불 파손이 심하여 그 원형을 가늠하기 힘들다. 삼국 시대의 양식을 보여주는 통일신라 초기의 작품이다.

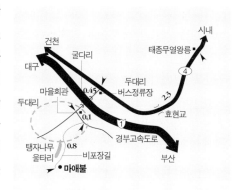

두대리 마애불

무열왕릉이 있는 서악
동을 거쳐 약 2.3km
를 지나가면 왼쪽 산 아
래에 율동 곧, 두대리
마을이 있다. 이 마을
뒷산 길을 따라 올라가
면 마애삼존불이 서
있고 불상 앞쪽에 작은
암자가 하나 있다.

경주시 율동에 있다. 경주 시
내에서 영천으로 난 4번 국도를 따라 고
속버스터미널 옆 서천교를 넘으면 사거
리가 나온다. 사거리에서 왼쪽으로 난 4
번 국도를 따라 3.8km 가면 왼쪽으로
버스정류장과 함께 두대리 가는 마을길
이 나온다. 마을길로 접어들어 약 450m
가면 두대리 마을회관 앞 사거리가 나오
고 왼쪽으로 꺾어들어 100m 가다시
오른쪽으로 난 마을길을 따라 800여m
가면 성주암 주차장이 나온다. 두대리 마
애불은 성주암 위에 있다. 승용차는 성
주암 주차장까지 갈 수 있으나 대형버스
는 두대리 마을회관 옆 공터에 주차해야
한다. 경주 시내에서 건천 방면으로 가
는 시내버스가 약 20분 간격으로 다니
는데 두대리 입구 버스정류장에서 내린
다. 숙식할 곳은 없다.

두대리 마애불
서방 극락정토를 바라보며 흐트러짐 없
이 당당하게 위용을 과시하고 있다.

높이 2.5m 크기의 당당한 대장부 같은 몸체에 풍만한 얼굴, 미소를
머금은 자비에 넘치는 본존불의 표정은 합장 예배할 마음을 절로 우러
나오게 한다. 본존불이 서쪽을 바라보고 있는 것으로 보아 서방 극락세
계의 아미타불이라 여겨진다. 불상 위쪽으로 갈수록 조각이 깊어지고
머리는 거의 환조에 가깝다. 목에는 삼도가 있고 법의가 얇아 옷무늬도

선명하게 나타나 있다. 오른손은 긴장을 한 듯 아래로 뻗어 있고 왼손
은 가슴에 얹어서 마치 국기에 대한 경례를 하는 듯하다.

좌우의 협시보살은 높이 약 2m이며 본존에 비해 야위고 날씬한 느낌
이나 당당한 기풍은 동일하다. 왼쪽 협시보살은 왼손에 정병을 쥐었고
오른쪽 협시보살은 합장하고 있는 것이 특징이다. 삼존은 모두 발뒤꿈
치를 모으고 발끝을 바깥쪽으로 하고 있다.

화려하면서도 약하지 않고 섬세하면서도 흐트러짐이 없으며, 당당하
게 위용을 자랑하면서도 예술적 향기가 짙은 8세기 중엽 신라 문화 전
성기의 작품이다. 보물 제122호로 지정되어 있다.

금척리 고분군

건천읍 금척리에 있다. 두대
리 입구 버스정류장에서 4번 국도를
따라 건천 쪽으로 5.7km 가면 길 양쪽
으로 고분군이 있다. 길 한쪽에 잠시 주
차해야 한다. 경주 시내에서 건천 방면
으로 시내버스가 약 20분 간격으로 다
니는데 금척 버스정류장에서 내린다.
숙식할 곳은 없다.

금척리 고분군
총 38기의 크고 작은 고분들이 모여 있
는 금척리 고분군. 사람을 살리는 신통
력을 지닌 금자가 이곳 어느 고분엔가 묻
혀 있다는 전설을 가지고 있다.

두대리(율동)에서 건천읍 쪽으로 가다보면 길을 사이에 두고 크고 작은
고분이 모여 있어 시선을 끈다. 큰 것이 24기, 작은 것이 14기, 모두 합
하여 38기나 된다. 1951년 도로확장공사 때 파괴된 2기를 발굴조사한
결과 돌무지 덧널무덤임이 밝혀졌다.

금척리 고분군에서 특이할 만한 것은 다른 고분군과는 달리 38기가
한곳에 집중적으로 있다는 점이다. 예사롭지 않은 그 분위기를 뒷받침
이라도 하듯이 금척(金尺)이 묻혀 있다는 이야기가 옛부터 전해지고
있다.

옛날 신라에 금자를 왕에게 바친 사람이 있었다. 죽은 사람이라도 이
금자로 한번 재면 다시 살아나고, 무슨 병이라도 금자로 한번 쓰다듬으
면 그 자리에서 낫는다는 신기한 힘을 가지고 있다는 것이다. 왕은 이
금자를 국보로 여겨 매우 깊숙한 곳에 두었다.
이런 소문이 당나라에 전해지자 당나라에서는
사신을 보내 금자를 보내달라고 요청하였다. 왕
은 국보에 해당하는 금자를 달라고 하는 무뢰
한 당나라 사신에게 순순히 금자를 내줄 수가
없었다. 곧 신하에게 명하여 토분을 만들고 그

속에 금자를 파묻었으며 주변에 다른 토분을 만들어 어느 곳에 금자를 묻었는지 알 수 없게 하였다. 그리하여 당나라 사신은 그 많은 토분을 헤치고 금자를 찾아낼 기력이 없었던 듯 물러나고 말았다. 왕의 지략으로 금자를 당나라에게 빼앗기지 않았으나, 이후 어느 토분에 금자가 묻혔는지는 아무도 모르게 되었다고 한다. 사적 제43호로 지정되어 있다.

단석산 신선사 마애불상군

건천에서 산내 방면으로 약6.4km 가면 송선저수지를 지나 신선사 입구 우중골에 다다른다. 우중골에서 1시간 정도 가파른 골짜기를 따라 오르면 거대한 마애불상군이 있는 단석산 신선사다.

건천읍 산내면에 우뚝 솟은 단석산은 높이 827m로 경주 주변의 산 중에서는 가장 높다. 경주 시내에서 멀리 떨어져 있고 산이 험준하

지만 경치가 좋아 등산객들의 발걸음이 잦다. 또한 이곳은 옛 화랑들이 심신을 수련하던 곳으로 알려져 화랑과 신선사 마애불상군에 관심을 갖는 이들이 꾸준히 찾아들고 있다.

단석산은 옛 신라에서 중악이라 불리웠으며, 김유신이 15세에 화랑이 된 뒤 17세에 삼국 통일의 포부를 안고 입산하여 난승(難勝)이라는 나이 많은 도사한테 전수받아 체득한 신술로 큰 바위를 단칼에 자른 뒤부터 단석산이라는 이름이 붙여졌다고 한다. 신선사 위 산 정상에 김유신이 단칼로 잘랐다는 '단석'이 남아 있다.

김유신을 비롯한 화랑들이 수도했다는 내용의

경주시 건천읍 송선리에 있다. 건천읍 건천농협 앞 사거리에서 산내·청도 가는 20번 국도를 따라 5.4km 가면 왼쪽에 신선사 표지판과 마을길이 나온다. 이 길을 따라 1km 가면 우중골 단석산장에 닿고, 길은 비포장길로 변한다. 그 길을 따라 산에 약 2km 가면 신선사에 닿는다.

승용차는 단석산장 앞까지 갈 수 있다. 신선사 표지판이 있는 마을 입구에서 20번 국도를 따라 산내 쪽으로 약 850m 더 가면 길 왼쪽에 우중골로 내려가는 길이 나온다. 대형버스는 그곳 한편에 주차할 수 있지만 고갯길이라 위험하므로 그곳에 내려주고 건천으로 되돌아가는 것이 좋다. 숙식할 곳은 없다. 시내에서 산내까지는 시내버스가 자주 다닌다.

신선사 전경
상인암 옆에 있는 작은 절 신선사. 단석산을 오르는 등산객들이 잠시 쉬어가는 곳이다.

상인암 미륵장륙상 다소 딱딱하고 서툰 듯한 솜씨로 만든 것같지만 중후한 체격에 앳된 얼굴이 친숙감을 느끼게 한다.

명문이 ㄷ 자형의 상
인암에 불상군과 함
께 새겨져 있다. 현재
는 마모가 심해 새겨
진 글씨의 일부내용
만을 알아 볼 수 있을
뿐이다. 또한 신선은
곧 미륵불을 뜻하는

상인암
ㄷ자형의 거대한 자연암벽 위에 지붕을
덮어 만든 신라 최초의 석굴사원이다.

것으로 화랑들의 신앙 대상이었음을 생각할 때 '신선사' 라는 절 이름에
서도 신라 시대에 이미 단석산 일대가 화랑들의 수도장이었음을 짐작할
수 있다.

상인암 마애불상군

신선사 옆에 거대하게 서 있는 ㄷ 자형의 상인암은 신라 최초의 석굴사
원으로 토함산 석굴 또는 제2석굴암이라 불리는 군위삼존불보다 이삼
백 년 앞선 것으로 여겨진다. 이 석굴 사원은 깊이 10m, 암벽 높이 8m,
입구 폭이 3m인 ㄷ자형의 거대한 암벽으로 그 위에 지붕을 덮어 이른
바 석굴 법당을 만들었다. 지금은 지붕 없이 하늘로 뻥 뚫려 있으나 주
변에서 지붕을 덮었던 기와조각이 발견되었다.

높이 827m의 단석산은 경주를 둘러싼
여러 산 중에서 가장 높다. 이 산은 백제
군들이 지리산을 넘어 함양, 청도를 거
쳐 경주로 들어오던 길목에 자리 잡고 있
어, 옛신라에서는 국방의 요충지로서 매
우 중요하게 여겼다.

북쪽 바위에 새겨진 삼존불
돋을새김으로 조각되어 있는 삼존불 모
두가 왼손으로 서쪽 바위면 본존불을 가
리키고 있어 본존불로 인도하는 듯한 독
특한 자세를 보여준다.

북쪽 바위에 새겨진 공양상
한 사람은 향로를, 한 사람은 버들가지 같은 것을 들고 본존불에게 공양을 바치는 자세이다. 이 조각들은 신라의 복식을 연구하는 데 귀중한 자료가 되고 있다.

ㄷ자형의 거대한 암벽 못지않게 장관을 이루는 것은 석굴의 바위면에 조각된 1구의 부처상과 9구의 보살상이다. 7세기 전반기의 불상 양식을 보여주는 이 마애불상군은 고신라 불교미술 연구에 귀중한 자료가 된다.

서쪽으로 트인 곳이 입구이며 들어서면서 왼쪽, 곧 북쪽 바위 중앙에 새겨진 삼존불은 왼손으로 미륵장륙상 쪽을 가리키고 있어 본존불로 친절히 안내해주는 듯하다. 맨 왼쪽의 불상은 약 60cm이고, 오른쪽 2구는 각각 120cm와 96cm 정도이다. 그 안쪽에 반가사유상이 얕은 돋을새김으로 새겨져 있다. 반가사유상 아래쪽에는 버선 같은 모자를 쓰고 공양을 바치는 자세의 공양자상 두 구와 스님 한 분이 얕은 부조로 새겨졌다. 두 공양자상과 스님은 높이 약 90cm에서 120cm 정도이다. 특히 이 조각들은 신라인의 복식을 연구하는 데 매우 귀중한 자료가 된다.

여기서 바위가 단절되어 쪽문처럼 트였고 다시 바위가 솟았는데 여기에 거대한 미륵장륙상이 있다. 이 불상은 8m 정도의 크기로 비록 딱딱하고 서툰 듯한 솜씨로 조성된 면도 있지만, 중후한 체구에 둥글고 동안인 얼굴이 친숙하게 느껴진다. U자 모양을 이루는 법의 안에 내의를 묶은 띠 매듭 등이 보인다. 발가락 조각이 지금도 또렷이 남아 있다.

동쪽 바위 암벽에는 높이 6m 정도 되는 보살입상이 조각되어 있으나 얕은 부조에 선각인 데다 마멸이 심해 알아보기 힘들다. 남쪽 바위면에도 역시 모양과 크기가 비슷한 입상이 있고 그 옆에 명문이 있는데 역시 마멸이 심하다. 일부 알아볼 수 있는 명문에는 '이 절이 신선사이고 본존불은 미륵장륙상'이라 적혀 있다.

7세기 전반기의 불상 양식을 보여주는 상인암의 마애불상들은 고신라 불교미술과 신앙연구에 귀중한 자료로 높이 평가되고 있다. 국보 제199호로 지정되어 있다.

여근곡

건천에서 대구 쪽으로 조금 가면 왼쪽으로 한눈에 들어오는 산줄기가 있는데 이것이 부산(富山)이다. 부산은 바로 『삼국유사』에 나오는 '선덕여왕이 미리 알아낸 것 세 가지' 이야기 중에 나오는 여근곡이다. 지형이 여자의 국부처럼 생겨서 여근곡이라 불리며, 계곡의 중앙에는 옥문지(玉門池)라는 샘이 하나 있어 그 신기함을 더해준다.

선덕여왕 5년(636), 어느 깊은 겨울에 옥문지에서 개구리떼가 여러 날 울어대고 있다는 보고를 받은 여왕은 정병 2,000명을 뽑아 여근곡을 찾아가서 적병을 치도록 명령하였다. 군사들이 그곳에 이르니 과연 백제의 군사 500명이 매복해 있어 그들을 포위하고 전멸시켰다.

이에 감탄한 신하들이 여왕에게 물으니 여왕의 말인즉 "개구리가 노한 형상은 병사의 형상인데 때아닌 겨울에 운 것은 전쟁을 의미하는 것이고, 옥문은 여자의 성기이고 이는 음이며 백색이고 서방이다. 따라서 서쪽의 옥문과 같은 지형에 적병이 있을 것으로 짐작하였다. 또한 남자의 성기는 여자의 성기 안에 들어가면 반드시 죽게 되므로 여근곡에서 적을 쉽게 처치할 줄 알았다"고 하였다.

이 전설이 두고두고 내려오는 가운데 이곳을 지나가는 장수와 과거 보러 가는 선비들은 길을 돌려 그 앞을 피했다고 한다.

고속버스를 타고 경주로 들어오다 경주터널을 지나면 곧 오른쪽으로 멀리 여근곡이 바라다보인다. 여근곡이 잘 바라다보이는 마을 동구에는 향나무 한 그루가 서 있고 그 밑에 목 없는 돌부처가 여근곡을 살짝 외면하고 앉아 있다.

특집
우리 나라 탑의 이해

탑의 의미와 명칭

탑(塔)이란 부처의 사리를 모셔놓고 예배하는 대상물이다. 탑이란 말은 고대 인도에서 무덤을 이르는 말인 '스투파'(stupa)가 불교가 전파되는 과정에서 '탑파'로 되고, 줄여서 '탑'이 된 것이다. 원래는 석가모니의 진신사리를 그 안에 모셔놓고 부처를 예배하듯이 하였으나, 불교가 널리 전파되면서 건립되는 모든 탑에 진신사리를 모실 수가 없으므로 후대에는 다른 사리나 불경, 작은 금동불 등 공경물이 될 수 있는 것들을 탑 안에 대신 모셨다. 그래서 절에 들어가면 부처를 모신 법당 앞에 있는 탑에 합장하여 예배하거나 탑돌이를 하며 기원하기도 하였다.

　우리 나라의 탑은 크게 그 재질에 따라 목탑, 석탑, 전탑으로 나뉜다. 그리고 탑의 이름은 대개 그 탑이 있거나 옮기기 전에 있던 자리, 층수, 재질에 따라 붙이게 된다. 말하자면 불국사 삼층석탑(석가탑, 이 책 96쪽)은 불국사에 있는 삼층으로 지은 돌로 된 탑이라는 뜻이다. 또 안동 신세동 칠층전탑은 절 이름은 모르고 지금 안동시 신세동에 있으며 벽돌을 쌓아 세운 칠층탑이라는 뜻이 된다. 지금 경복궁에 있는 경천사터 십층석탑은 본래 경기도 개풍군의 경천사터에 있던 것을 옮긴 것이므로 명칭이 그러하다.

탑의 기원과 나라별 변천

중국 전탑

인도 산치대탑

우리 나라에서는 '탑'이라고 하면 대개 불국사 석가탑처럼 돌을 다듬어 쌓은 삼층석탑을 떠올리지만, 세계 모든 탑이 재료나 모양에서 모두 그러하지는 않다. '탑'이라는 명칭이 불교의 전파 과정에서 지역어에 맞게 정착되었듯이 탑의 모양도 지역 특성에 따라 형성되었고 그래서 나라마다 특징도 다르다.

　탑은 원래 인도 고유의 무덤 형식에 석가모니 사리를 모신 축조물에서 비롯되었다. 불교의 창시자인 석가모니가 돌아가자(涅槃) 유해를 화장

(茶毘)하여 여덟 나라에 나누어주고 탑을 세
우게 하였으니 그것을 근본 팔탑(根本 八塔)
이라고 한다.

지금 남아 있는 탑으로 가장 오래된 것은 인
도 산치에 있는 거대한 탑으로 기원전 1세기
에 기본 구조가 축조된 것이다. 반구를 엎은
모양인 무덤 자체에는 맨 위에 우산 같은 덮개
처럼 산개(傘蓋)를 얹었을 뿐 다른 장식이 없
으나, 둘레에 돌난간을 두르고 동서남북에 석
가모니의 생애를 조각한 문을 세웠다.

소실되기 전 화순
쌍봉사 삼층목탑

그후 불교가 동쪽으로 전해질 때에 한길로는 비단길을 따라 중앙아시아를 거쳐
중국의 북방을 통해 우리 나라로 전파되었고, 다른 한길로는 인도 남부의 스리랑
카에서 바닷길로 인도차이나 반도를 거치고 중국 남부를 통해서 전파되었다. 이러
한 과정에서 인도의 묘탑 형식이 고집되기보다는 각 지역의 고유한 건축물에 부처
의 사리를 모시게 된 것이다. 중국에서는 원래의 다층누각이 초기의 탑이 되었고
뒤에 벽돌을 쌓아 구축한 전탑으로 자리 잡았다.

우리 나라 탑의 연원과 형성 과정

중국을 통해 불교를 수용한 우리 나라에서도 처음에는 다층누각 형식을 본받아 다
층목탑을 지었다. 그 자리가 발굴된 것으로는 평양의 금강사 팔각목탑자리와 경주
황룡사터 사각목탑자리, 부여 천군리 절터 목탑자리 등이 있다.

목탑은 삼국 시대에 가장 널리 지어졌고 통일신라 시대와 고려 시대, 조선 시대
에도 계속 지었다고 여겨진다. 그러나 전란이 나거나 했을 때에 불에 타기 쉬운 성
질 때문에 거의 파괴되었고, 조선 후기에 지은 속리산 법주사의 팔상전과 김제 금
산사의 미륵전만이 목탑 형식을 간직한 건축물로 남아 있다. 18세기에 지은 쌍봉
사 대웅전은 특히 목탑의 고유한 기울기를 그대로 간직하여 삼층목탑의 전형적인
모습을 지녔는데 불에 타버렸다. 지금은 그 자리에 복원되어 있어 원래의 고아한
맛을 지니지는 못하나마 형식을 알 수 있다. 이러한 목탑들은 겉에서는 삼층 또

의성 탑리 오층석탑

는 오층으로 보이나 내부는 높은 기둥으로 지탱하여 통층으로 뚫려 있다.

목탑의 그러한 제약을 깨닫고 좀더 견고하고 불에 타지 않는 구축물로 고안된 것이 벽돌을 쌓아 세운 전탑이나 돌을 쌓아 세운 석탑이다. 나라마다 구하기 쉬운 재료를 이용하여 탑을 세웠는데, 중국에서는 풍부한 모래를 이용한 벽돌집이 이미 발달했던 터라 전탑을 많이 쌓았다.

우리 나라에서는 중국의 보기를 알았겠으나 초기의 전탑은 찾을 수 없다. 또 벽돌 생산 자체도 손쉬운 일은 아니었던 듯하다. 대신 풍부한 석재를 벽돌 모양으로 잘라 쌓은 탑을 볼 수 있는데, 661년에 건립된 경주의 분황사탑(이 책 239쪽)이 그것이다. 원래는 오층 이상이었으나 지금은 삼층까지만 남아 있다.

분황사탑이 석재를 벽돌 크기로 자른 반면에 돌 크기를 좀더 크게씩 하여 부재

오대산 월정사 팔각구층탑

의 수효를 줄이고 모양을 단순하게 하여 쌓은 탑이 의성 탑리의 오층석탑이다. 이런 탑들은 몸돌에서 한 단계씩 점점 넓혀가며 쌓다가 가장 넓은 면에서 다시 한 단계씩 좁혀가며 쌓는 식으로 하여 옆에서 보면 한 층의 모양이 마름모꼴을 이룬다.

백제에서는 돌 자체의 성질을 살려 목탑의 부재를 돌로 대체하는 방법을 고안해냈다. 전라북도 익산의 미륵사탑은 7세기 초 무왕이 미륵사를 세울 때 가운데에 목탑을 세우고 동서로 석탑을 세웠는데, 그 중에 서쪽 탑 일부가 남

은 것이다. 1
층 기둥 모양의
돌에 목재를 다
듬듯이 배흘림
을 주었고, 기
둥 위에도 목조
건축의 가구 수
법을 그대로 적
용하여 두공과
방(枋) 등을
두었으며, 넓
은 판석을 다듬
은 지붕돌의 처
마 부분도 기와

익산 미륵사터 서석탑

집의 지붕처럼 처마선이 살짝 들린 느낌을 주도록 석재를 깎았다. 원래는 구층탑
이었으나 윗부분이 무너져 지금은 6층까지만 남아 있다. 이 서탑을 그대로 본따 동
탑 자리에 새로 탑을 복원해놓았다.

　이처럼 목재를 석재로 대체하려면 돌을 나무처럼 깎아야 하므로 보통 어려운 일
이 아니다. 그러므로 돌의 성질에 맞게 세부를 단순하게 해서 다듬게 되었으니 그
렇게 만든 탑이 부여 정림사터에 있는 오층탑이다. 미륵사탑보다는 훨씬 간결해졌
으나 1층 탑신에는 여전히 배흘림 수법이 남아 있고, 두공 위에 지붕이 얹힌 형식
이나 얇은 판석으로 처마선의 느낌을 살린 점 등에서 목조 건축의 느낌을 조금이라
도 간직하고 있다. 전체적인 비례로는 땅에 발 붙이기보다는 하늘을 향한 상승감
이 더 강한 편이다.

　탑의 이런 모양은 삼국 통일기에 매우 대담하게 정리되어 형식적인 통일성을 보
인다. 삼국 통일을 이룬 문무왕이 동해를 바라보는 산중턱에 감은사를 세웠으나 끝
을 보지 못한 채 죽자, 그 아들인 신문왕은 감은사 건립을 마무리하고 동남쪽을 향
한 금당의 앞쪽 좌우로 의젓하고 둔중한 쌍탑(이 책 31쪽)을 세웠다. 681년에 완

부여 정림사터 오층석탑

성된 이 감은사탑은 모든 목조적인 세부가 정리되어 단순해지면서 매우 강한 모습을 보인다.

감은사터 쌍탑과 비슷한 시기에 세워진 고선사터 삼층석탑(이 책 55쪽)이 7세기 중엽 삼국 통일의 기상과 힘을 표현한반면, 100년 뒤에 축조된 불국사 석가탑은 전체를 받치는 기단부보다 몸돌과 지붕돌이 작아져 안정성이 강조됨으로써 신라문화 전성기인 8세기의 안정됨을 대변한다고 할 수 있다. 9세기 이후에 세워진 탑들은 형식적으로 균형과 조화를 이룬 이 석가탑을 본따 세워졌으므로 석가탑을 석탑의 전형 양식이라고 한다.

전형이 확립된 뒤의 탑들은 크게 두 가지로 나누어볼 수 있다. 8세기 이후에는 신라의 수도인 경주 중심에서 문화가 지방으로 확산됨에 따라 경상남북도와 전라도, 충청도에까지 많은 절이 지어졌는데, 거기에 세워진 탑은 석가탑이 작아진 모습이다. 우리가 절에 가서 볼 수 있는 탑들이 대개 그러하다.

통일신라 시대에는 쌍탑을 세운 예도 많다. 감은사탑을 동서 쌍탑으로 세운 것에서부터 전남 장흥 보림사 대적광전 앞의 쌍탑, 근처에서 옮겨온 것이지만 경북 영주 부석사의 쌍탑 등이 그 보기이다.

삼국 시대에는 절이 주로 평지의 넓은 터에 세워지고 건립 배경도 국가적인 건축물로서 우뚝 세워졌던 데 비해, 통일신라 시대에는 산지의 좁은 터에 세워지고 지방화되면서 상대적으로 규모가 작아졌다. 법당에 비해서 탑의 비중이 낮아지는 것을 둘이라는 숫자로 보완하려는 면도 있었던 듯하다. 또 탑의 몸돌에 직접 부처나 사천왕, 팔부신중을 새겨 부처를 모셨다는 의미를 나타내기도 하였다.

한편, 석가탑이라는 전형이 확립된 뒤에는 다보여래를 상징하는 다보탑(이 책 94쪽)과 같은 전혀 새로운 형식의 탑도 나타나게 된다. 다보탑은 사방으로 계단을 세우고 기단 위에는 기둥을 세웠으며 한 층이 올라간 위에 난간을 두르고 맨 위에는 여덟 모가 난 지붕돌을 씌움으로써 부분적으로 목조 건축의 구조를 보이고 있다.

그 밖에도 경북 경주시 안강의 정혜사터 십삼층석탑, 전남 구례 지리산 화엄사의 사사자 삼층석탑 들이 형식적인 다양성을 보이는 탑들이며, 이를 전형 양식의 탑과는 다르다고 하여 흔히 '이형(異型) 석탑'이라고 부른다.

고려 시대에는 불교를 국교로 삼고 지방마다 정치·경제적으로 세력 기반을 가진 호족들이 절을 지음에 따라 탑의 모양에도 지방적인 면이 드러난다. 옛 신라 지역의 탑들이 전형 양식의 신라탑을 계승했다면, 옛 백제 지역인 충청남도에는 얇은 판석으로 지붕돌을 삼고 상승감을 강조한, 정림사터 탑을 닮은 탑이 많이 세워졌다.

또 옛 고구려 지역에는 묘향산 보원사의 팔각십삼층석탑이나 강원도 오대산 월정사의 팔각구층탑처럼 여러 개의 모난 지붕돌을 쌓은 탑들이 세워졌다. 고려 말 원나라 복속기에는 불교의 한 갈래인 라마교의 영향을 받은 탑이 경기도 개풍군 경천사에 세워졌고 지금

화순 운주사 구층석탑

은 서울의 경복궁에 있다. 기단부에서부터 亞자 모양으로 목조 건축 세부와 같은 조각이 섬세하게 새겨지고, 부처의 모습과 코끼리나 사자 같은 불교의 상징물들을 곳곳에 새긴 이 탑의 모습은 조선 초기 원각사터(탑골 공원)에 세워진 십층석탑과 도 이어진다.

탑이 지니는 시대적 의미

이처럼 다양한 탑의 모습과 느낌은 시대 상황과 깊은 관련이 있는 것으로 보인다. 이를테면 익산 미륵사터의 탑은 삼국간의 세력 다툼이 치열해진 7세기 초에 무왕 이 백제의 국력과 강력한 왕권을 과시하려고 세운 것이다. 왕비가 미륵불을 보았 다는 자리에 절을 지으면서 이름을 미륵사라 붙였는데, 임금 곧 무왕 자신이 미륵 불의 발현이라는 생각을 심으려는 목적으로 세운 것이다. 그런가 하면 감은사터의 쌍탑은 삼국 통일 직후에 신라와 백제의 기술을 합쳐 신라적인 힘과 백제적인 우아 함을 조화시킴으로써 통일의 의미를 살리려고 힘쓴 것이다. 8세기 중엽에 축조된 석가탑은 통일 왕국의 안정됨을 보여준 것이며, 다보탑은 화려한 변형으로 문화적 인 다양함을 발현해 보였다고 하겠다.

국가적인 축조물인 이런 탑들과는 달리 지역적인 토속성을 살린 운주사의 천불 천탑에서는 하나의 탑으로 힘을 모으기보다는 집합성에 의미를 두려는 표현 의지 를 볼 수 있다. 그러므로 석가탑으로 완성된 형식에 얽매이지 않고 몸돌에 꽃무늬 를 그린다거나 지붕돌로서 부처의 연화좌를 겹겹이 쌓는다거나 하여 엄격한 형식 을 파괴하고 자유로운 표현을 드러내게 된 것이다.

이런 다양성을 보이는 우리 나라 탑의 특성은 화강암이 풍부한 자연 조건을 최 대한 살려 돌이라는 재료로 고유한 형식을 창안해내고 다양한 변화를 시도한 데에 있다고 하겠다.

석탑의 세부명칭

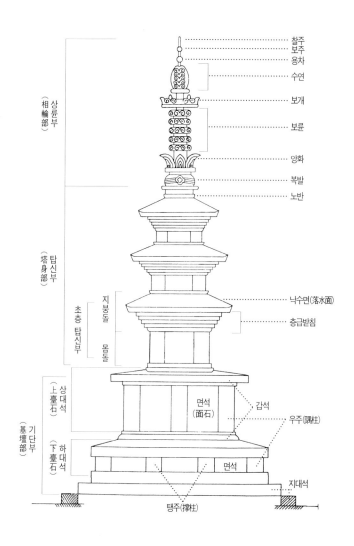

- 찰주
- 보주
- 용차
- 수연
- 보개
- 보륜
- 앙화
- 복발
- 노반
- 낙수면(落水面)
- 층급받침

(相輪部) 상륜부

(塔身部) 탑신부

초층 탑신부

지붕돌

몸돌

(上臺石) 상대석

(基壇部) 기단부

(下臺石) 하대석

면석
(面石)

갑석

우주(隅柱)

면석

지대석

탱주(撑柱)

부록 1
경주를 알차게 볼 수 있는 주제별 코스

석탑 순례

'절들은 별처럼 총총히 세워졌고 층층의 탑들은 기러기 날 듯이 줄지었다'는 『삼국유사』의 기록처럼 경주 곳곳에서 볼 수 있는 여러 탑들을 돌아보면서 석탑의 여러 유형과 조형 의지를 찾아볼 수 있는 답사코스이다. 이 중에서도 감은사터 삼층석탑과 나원리 오층석탑은 해질녘에 돌아보면 특별한 느낌을 준다.

천군동 쌍탑 → 감은사터 삼층석탑(감은사터, 이견대, 대왕암) → 장항리 절터 오층석탑 → 석가탑·다보탑(불국사) → 영지(무영탑 전설) → 원원사터 삼층석탑 → 남산동 삼층쌍탑 → 탑골 부처바위, 구층마애탑 → 고선사터 삼층석탑(박물관) → 황룡사터 구층목탑자리 → 분황사 석탑 → 황복사터 삼층석탑 → 나원리 오층석탑

신라 신앙의 터를 찾아서

신라인들이 신성히 여기며 불국토로 만들고자 했던 낭산과 남산을 돌아보면서 신라 사람들의 마음을 들여다볼 수 있다. 남산에 진달래가 필 적이면 여러 불적들과 어울려 가히 환상적인 풍경을 빚어낸다.

나정과 양산재 → 남간사터 → 창림사터 → 배리 삼존석불입상 → 삼릉(목 없는 석불) → 삼릉골 마애관음보살상 → 삼릉골 마애선각육존불상 → 삼릉골 선각여래좌상 → 삼릉골 석불좌상 → 상선암 마애석가여래대불좌상 → 상사암 → 용장사터 → 신선암 마애보살상 → 칠불암 → 남산동 삼층쌍탑 → 서출지 → 보리사 → 탑골 부처바위 → 부처골 감실석불좌상 → 망덕사터 → 사천왕사터 → 선덕여왕릉 → 능지탑(중생사) → 황복사터

고분과 궁궐을 따라 떠나는 시간여행

경주 어디서나 눈에 띄는 고분들과 궁궐터를 돌아보면서 신라 천년의 역사를 더듬어보는 답사코스이다. 특히 노동동·노서동 일대의 여러 고분군은 저녁 산책 삼아 둘러보기에 적합하다.

서악동 고분군(태종무열왕릉, 태종무열왕릉비, 김인문 묘, 서악동 귀부) → 김유신 묘 → 대릉원 → 노동동·노서동 고분군 → 첨성대 → 계림(내물왕릉) → 반월성(석빙고) → 안압지 → 국립경주박물관 → 포석정 → 진평왕릉 → 선덕여왕릉 → 신문왕릉 → 구정동 방형분 → 괘릉

고신라의 문화를 찾아서

진평왕과 선덕여왕 시절, 새로운 문화를 창조하려는 자신감에 찬 고신라 문화를 더듬어보기에 알맞다. 보문사터 여러 유적들은 가을 추수 후에 그 모습을 제대로 볼

이 책 본문에서 제시하고 있는 12개의 답사여행길은 일반적인 여행의 동선에 따라 만들어진 것이다. 좀더 독특한 여행을 하고 싶다거나 하나의 주제를 좇아 깊고 알찬 답사여행을 하고 싶다면 다음과 같은 코스를 택하는 것도 좋을 것이다.

수 있으며, 단석산 신선사 마애불상군은 정오 이후 햇빛이 강할 때 보는 것이 좋다.

대릉원 → 첨성대 → 삼화령 애기부처(국립경주박물관) → 황룡사터 → 분황사 → 진평왕릉 → 선덕여왕릉 → 탑골 부처바위 → 부처골 석불좌상 → 배리 삼존석불입상 → 무열왕릉 → 단석산 신선사 마애불상군

통일신라의 문화를 찾아서

통일국가를 건설한 신라인의 호국 의지를 느껴보고 통일신라 전성기 문화의 조화적 이상미를 감상할 수 있는 답사코스이다.

감은사터(대왕암, 이견대) → 골굴암 → 장항리 절터 → 불국사 → 석굴암 → 괘릉 → 보리사 → 창림사터 → 포석정 → 고선사터 삼층석탑 → 성덕대왕신종(국립경주박물관) → 안압지 → 굴불사 → 백률사 → 나원리 오층석탑 → 김유신 묘 → 선도산 마애삼존불 → 두대리 마애불

다음은 한국문화유산답사회에서 경주를 답사할 때 사용했던 일정표이다. 좀더 짜임새 있는 여행을 하고 싶다면 이런 것을 참고로 삼아 새롭게 자신만의 여행일정표를 만들어볼 수 있을 것이다.

한국문화유산답사회 제25차 답사 「불국사와 석굴암」 일정표
1994년 1월 21~23일
첫째날 —09:00 출발 / 12:00 추풍령 휴게소, 점심 식사 / 12:40 출발 / 15:00 석굴암 / 16:00 출발 / 16:40 불국사 / 17:30 출발 / 18:00 영지 / 21:00 청산장(054-746-1811)
둘째날 —09:00 출발 / 09:30 남산동 삼층쌍탑 / 10:00 출발 / 10:30 보리사 / 11:10 출발 / 11:30 탑골 부처바위, 점심 식사 / 12:30 출발 / 13:00 부처골 감실석불좌상 / 13:30 출발 / 14:00 창림사터 / 15:00 출발 / 15:30 삼릉 마애불 / 17:00 출발 / 17:10 배리 삼존석불 / 17:30 출발 / 17:50 노동동·노서동 고분공원 산보 / 19:00 청산장
셋째날 —09:00 출발 / 09:30 황룡사터 / 10:00 출발 / 10:30 국립경주박물관 / 11:30 출발 / 12:20 감포식당(054-744-2142), 점심 식사 / 13:20 출발 / 13:30 감은사터 / 14:30 출발 / 14:40 대왕암 / 15:30 서울로 출발

부록 2
경주로 가는 기차와 버스

1. 경주로 가는 기차 (경주역 054-743-4114)

	출발시간	도착시간	열차구분	비고
서울→경주	05:55	10:38	새마을호	대구·동해 남부선 하행
	07:40	12:39	새마을호	대구·동해 남부선 하행
	11:55	16:36	새마을호	대구·동해 남부선 하행
	13:10	17:53	새마을호	대구·동해 남부선 하행
	15:00	19:47	새마을호	대구·동해 남부선 하행
	17:50	22:36	새마을호	대구·동해 남부선 하행
	22:35	03:38	무궁화호	대구·동해 남부선 하행
청량리→경주	09:00	15:27	무궁화호	중앙선 하행
	21:00	02:54	무궁화호	중앙선 하행
동대구→경주	07:25	08:39	무궁화호	대구·동해 남부선 하행
	12:52	14:07	무궁화호	대구·동해 남부선 하행
	16:00	17:12	무궁화호	대구·동해 남부선 하행
	19:05	20:24	무궁화호	대구·동해 남부선 하행
부전→경주	06:00	07:41	새마을호	대구·동해 남부선 상행
	09:00	10:41	새마을호	대구·동해 남부선 상행
	11:00	12:39	새마을호	대구·동해 남부선 상행
	13:00	14:42	새마을호	대구·동해 남부선 상행
	15:25	17:00	새마을호	대구·동해 남부선 상행
	17:30	19:12	새마을호	대구·동해 남부선 상행
	20:05	21:56	무궁화호	대구·동해 남부선 상행
	22:15	00:05	무궁화호	대구·동해 남부선 상행

2. 경주로 가는 고속버스 (경주 고속버스터미널 054-741-4000)

운행구간	첫차	막차	배차(분)	차삯	소요시간	비고
서울→경주	06:30	19:00	30~40	17,500	4:00	우등(26,000)
대전→경주	07:00	18:30	4회	11,400	2:40	우등(16,700)
대구→경주	06:40	21:10	20~30	3,700	0:50	우등(5,400)
부산→경주	08:30	20:00	30~40	3,700	0:50	우등(3,900)
광주→경주	09:40	16:40	2회	14,800	3:30	우등(21,900)

이 시각표는 2008년 1월 현재의 것으로 수시로 변동이 있을 수 있으니
터미널과 기차역에 미리 연락을 해보는 것이 좋다.

3. 경주로 가는 시외버스 (경주 시외버스터미널 054-743-5599)

운행구간	첫차	막차	배차(분)	차삯	소요시간	비고
인천→경주	07:10	24:00	14회	26,100		종착지: 포항
동해→경주	06:05	16:55	20~30	22,500		직행
삼척→경주	06:31	17:21	25회	21,100	5:00	직행
삼척→경주	06:31	17:21	16회	21,100		종착지: 대구
임원→경주	07:15	18:00	0:20	17,900		종착지: 대구
임원→경주	08:25	16:45	11회	17,900		종착지: 부산
임원→경주	11:15		1회	17,900		종착지: 울산
수안보→경주	08:15		1회	19,300		종착지: 포항
대구동부→경주	04:30	22:00	0:08	3,700	0:50	고속
대구동부→경주	05:00	15:03	0:40	3,700		종착지: 강릉
대구동부→경주	06:25	19:45	0:18	3,700	1:30	직행
대구동부→경주	04:30	22:00	0:20	3,700		종착지: 포항
대구동부→경주	23:00		1회	3,700		종착지: 울진(심야)
김천→경주	08:10	18:35	3회	8,500		직행
김천→경주	08:10	18:35	6회	8,300		종착지: 포항
선산→경주	15:30		1회	7,700		종착지: 포항
상주→경주	07:10	17:00	5회	12,000		종착지: 포항
점촌→경주	06:35	16:30	5회	14,000		종착지: 포항
안동→경주	08:00	18:40	5회	12,000	3:00	직행
울진→경주	04:10	20:04	0:30	14,500	3:30	직행
울진→경주	06:16	17:55	14회	14,500		종착지: 부산
영덕→경주	09:35	17:05	6회	7,400		종착지: 대구
영덕→경주	05:53	20:45	38회	7,400		종착지: 대구
영덕→경주	06:40	18:30	9회	6,700		종착지: 동서울
영덕→경주	05:33	18:04	12회	7,400		종착지: 울산
포항→불국사	05:40	20:45	20~30	3,800	1:20	직행
포항→경주	05:30	22:00	0:20	2,700		종착지: 대구
포항→경주	23:00	03:35	2회	2,700		종착지: 대구(심야)
포항→경주	06:00	21:40	45회	2,700		종착지: 서대구
포항→경주	05:30	21:00	0:15	2,700		종착지: 부산
포항→경주	05:50	22:30	0:15	2,700		종착지: 울산
포항→경주	07:00	19:00	18회	2,700		종착지: 동서울
영천→경주	07:00	21:00	0:40	3,300	0:45	직행
영천→경주	07:30	20:00	0:30	3,300		불국사 경유, 종착지: 울산
부산→경주	05:30	17:00	0:10	4,000	1:10	고속
마산→경주	06:30	22:30	22회	7,300	1:40	직행
밀양→경주			3회	9,600		종착지: 포항
김해→경주	07:10	21:00	13회	5,500		종착지: 포항
울산→불국사	05:40	22:30	0:20	3,100		종착지: 경주

부록3
문화재 안내문 모음

경주시의 중요 문화재 안내문을 모아놓았다. 따로 보관하여 관리하는 동산문화재나 일부 기념물은 제외했다. 이 책에서 찾아가지 않은 유물·유적지까지 포함하고 있으므로 답사여행을 더욱 폭 넓게 하는 데 보탬이 될 수 있을 것이다. 여기에 소개한 안내문들은 문화재청에서 정리한 것인데, 이 책의 내용과 다를 수 있음을 밝혀둔다.

경주시

석굴암 석굴

국보 제24호
소재지:경상북도 경주시 진현동

석굴암은 신라 경덕왕 10년(751) 당시의 재상인 김대성에 의해서 창건되었다고 전한다. 석굴암의 조각들은 심오한 믿음과 우아한 솜씨가 조화된 통일신라 시대의 가장 뛰어난 세계적인 걸작으로 한국 불교예술의 대표작이다. 굴 가운데에는 높이 3.48m의 여래좌상이 안치되어 있고 전실과 굴 입구 좌우 벽에는 팔부신장, 인왕 및 사천왕 등의 입상이 조각되어 불천을 지키고 있다.

굴 내부 본존불 둘레에는 천부입상 2구, 보살입상 2구 및 나한입상 10구를 배열하고 본존불 바로 뒤에는 11면 관세음보살입상을 조각하였다. 그리고 굴 천장 주위에는 10개의 감실이 있는데 그 안에 좌상의 보살과 거사 등이 안치되어 있다.

석굴암 삼층석탑

보물 제911호
소재지:경상북도 경주시 진현동

이 석탑은 화강석으로 만든 희귀한 삼층석탑이다. 탑의 지대석과 상·하갑석은 일반 석탑에서 볼 수 없는 원형으로 되어 있는 것이 특이하다. 이중 기단 위의 중석은 팔각형을 이루고, 그 위로 일반 석탑의 방형 삼층 탑신에 옥개석을 갖추어 건립하였다. 각 탑신에는 우주를 모각하였고 각층의 옥개석 받침은 3단이며, 특히 이층 탑신에 비해 일층 탑신은 장대하고 옥개석은 평박하다.

현재 상륜부에는 노반과 복발이 남아 있다. 원형의 이중 지대석 위에 상·하 팔각형으로 된 기단에 방형 삼층석탑 형식을 갖춘 특수한 형식의 석탑은 이것이 유일한 것이다. 어디에서 유래된 것인지는 불분명하다. 현재 석탑의 높이는 3m에 달하며, 8세기 말의 것으로 추정된다.

신라 태종무열왕릉비

국보 제25호
소재지:경상북도 경주시 서악동

이 비석은 신라 문무왕 원년(661)에 무열왕의 위대한 업적을 길이 기념하기 위하여 세운 것인데, 비신은 없어지고 지금은 비의 대석이었던 귀부와 비신 위에 얹혔던 이수만 남아 있다. 목을 길게 쳐들고 힘차게 뒷발로 땅을 밀며 전진하는 거북의 모습에서 신라통일 초기의 씩씩한 기상을 볼 수 있어, 여의주를 받들어올린 여섯 용을 새긴 이수와 더불어 동양에서 가장 뛰어난 걸작이라는 칭찬이 높다. 그리고 이수에 새겨진 '태종무열대왕지비'의 여덟 글자는 무열왕의 둘째 아들인 김인문의 글씨라 전한다.

귀부의 길이 333cm, 가로 86cm, 높이 254cm, 이수 높이 110cm이다.

성덕대왕신종

국보 제29호
소재지:경상북도 경주시 인왕동

신라 경덕왕은 부왕인 성덕왕의 위업을 추앙하기 위하여 구리 12만 근을 들여 이 대종을 주조하려 하였으나 뜻을 이루지 못하고 돌아갔다. 그 뒤를 이어 아들 혜공왕이 부왕의 뜻을 받들어 동왕 7년(771)에 이 종을 완성하고 성덕대왕신종이라 하였다.

이 종은 처음 봉덕사에 받들어 달았으므로 봉덕사종이라고도 하며, 종을 부을 때 아기를 시주하여 넣었다는 애틋한 속전이 있어 에밀레종이라고도 불러왔다. 봉덕사가 폐사된 뒤 영묘사로 옮겼다가 다시 봉황대 옆에 종각을 지어 보존하고 있었다. 1915년 종각과 함께 동부동 구박물관으로 옮겼으며, 박물관이 이곳으로 신축 이전하게 되어 1975년 5월 26일에 이 종각으로 옮겨 달았다.

종의 입둘레는 팔능형이고 종머리에는 용머리와 음관이 있다. 특히 음관은 우리 나라 종에서만 볼 수 있는 독특한 구조로서 맑고 아름다운 소리를 내게 한다고 한다. 종 몸체 상하에는 견대와 구대가 있고 견대 밑 네 곳에 유곽이 있고 유곽 안에 9개의 유두가 있다. 몸체의 좌우에는 이 신종의 내력을 적은 양주 명문이 있으며 앞뒤에는 두 개의 당좌가 있고, 유곽 및 네 곳에는 구름을 타고 연화좌에 앉아 향로를 받는 공양천인상이 천의 자락을 휘날리고 있다.

산과 같이 크고 우람하나 조화와 균형이 알맞고 종소리 또한 맑고 거룩하여 그 긴 여운은 은은하게 영원으로 이어진다.

높이 3.75m, 입지름 2.27m, 두께 25~11cm, 무게 약 25톤이다.

분황사

소재지:경상북도 경주시 구황동

이 절은 신라 선덕여왕 3년(634)에 창건되었으며, 신라 서라벌내 7개 가람 중 하나에 속한다. 조선 선조 25년(1592) 임진왜란 때 소실되었다.

경내에는 모전 석탑을 비롯하여 화정국사비의 귀부와 석정, 석조, 석등 등의 유물이 있다. 국보 제30호로 지정된 모전 석탑은 안산암의 석재를 벽돌처럼 깎아 쌓은 탑으로 분황사 창건과 같은 시대에 세운 것으로 보고 있다. 원래의 규모는 정확히 알 수 없으나 일반적으로는 9층탑으로 보고 있는데 현재는 3층만이 남아 있다. 1915년 일본인들이 수리하던 당시 2층 탑신과 3층 탑신의 중간에서 석재의 사리함이 발견되어 그 속에서 각종의 비취옥을 비롯한 옥재류와 가위, 은바늘 등과 함께 숭녕통보 등의 고전이 발견되었는데, 고려 시대에 이 모전 석탑을 해체하고 수리하면서 동전 등을 봉납하였던 것이 아닌가 여겨진다. 넓은 기단의 네 구석에는 석사자를 배치하였다. 1층 탑신의 4면에는 화강암으로 만든 출입구가 있으며, 양편에는 불법을 수호하는 인왕상을 조각하였는데 부드러우면서도 힘찬 모습은 신라 석조미술의 걸작품에 속한다.

화정국사비의 귀부는 『동국여지승람』에 의하

면 '고려평장사 한문준의 소찬'으로 되어 있으며 임진왜란 후까지 있었던 것으로 보이나 현재 비신은 유실되고 귀부만 남아 있다. 석정은 당나라 사신과 두 마리 용간에 얽힌 전설이 있는 우물로서 지금도 잘 보존되고 있다.

분황사 석탑
국보 제30호
소재지:경상북도 경주시 구황동
이 석탑은 돌을 흙으로 구워 만든 전돌처럼 깎아 만들어 쌓은 석탑으로, 전돌로 쌓은 탑을 모방하였다 하여 모전 석탑이라고 부른다.
탑이 세워진 것은 분황사 창건과 같은 신라 선덕여왕 3년(634)으로 보고 있으며, 3층으로 되어 있는 지금의 모습은 1915년 일본인에 의해 수리된 것으로 원래의 규모는 정확히 알 수 없다. 수리 당시 2층과 3층 사이에 들어 있던 사리함 속에서 각종의 옥류, 가위, 은바늘 등과 함께 숭녕통보, 상평오수 등 고려 시대의 중국 주화가 발견됨으로써 창건 당시의 사리장치에 추가하여 고려 시대에서도 탑을 해체하고 수리하면서 동전을 넣었던 것으로 여겨지고 있다.
넓은 방형의 기단 위에 세워진 1층 탑신의 4면에 화강암으로 만든 출입구가 있으며, 양편에는 불법을 수호하는 금강역사라고도 하는 인왕상을 조각하였는데 부드러우면서도 힘찬 모습은 신라 조각의 걸작품에 속한다.

첨성대
국보 제31호
소재지:경상북도 경주시 인왕동
첨성대는 신라 선덕여왕(632~647) 때에 조영된 동양에서 가장 오래된 관측대이다.
화강석을 가공하여 기단 위에 27단의 석단을 원통형 곡선으로 쌓아올려 그 위에 방형의 장대석을 두 겹으로 우물정자와 같이 얹어 천문을 살피도록 시설하고 있다. 정남을 향해 밑에서부터 제13단과 제15단 사이에 감실과 같은 사각문이 뚫려 있다.
첨성대의 규모는 밑면의 지름이 5.17m, 높이가 9.4m이며 석종의 원형을 잘 보존하고 있는 신라 시대의 희귀한 유구이다.

경주 구황리 삼층석탑
국보 제37호
소재지:경상북도 경주시 구황동
이 탑은 이중으로 쌓은 기단 위에 세워진 삼층

석탑으로 통일신라 시대의 전형적인 석탑의 모습을 잘 나타내고 있다.
탑신과 옥개석은 각각 하나의 돌을 이용하여 만들었다.
1943년 이 탑을 해체·수리하였을 때 제2층 옥개석내에 있었던 금동으로 만든 사리함 속에서 금으로 만든 여래입상, 많은 유리구슬, 팔찌, 금실 등이 발견되었다. 아울러 사리함 뚜껑 내면에 새겨둔 글자가 있어 이 탑에 대한 내용과 발견된 유물의 성격을 알 수 있게 되었다. 즉 이 탑은 신라 신문왕이 그 11년(691)에 돌아가자 그의 아들 효소왕이 부왕의 명복을 빌기 위해 그 이듬해(692)에 세웠으며 효소왕이 돌아가자 성덕왕이 그 5년(706)에 앞서의 두 왕을 위해 사리, 불상 등을 다시 넣고 아울러 왕실의 번영과 태평성세를 기원한 것이다.
탑의 상륜부는 없어졌다. 높이는 7.3m이다.

고선사지 삼층석탑
국보 제38호
소재지:경상북도 경주시 인왕동
고선사는 통일신라 초기에 창건된 사찰로서 원효대사가 주지로 있었던 곳으로 이름 난 절이다.
이 석탑은 원래 경주시 암곡동 고선사터에 있었던 것을 경주고도 종합개발계획의 일환으로 실시된 덕동댐 공사로 인하여 수몰됨으로써 1975년 이곳으로 옮겨 세워놓은 것이다.
옥개석과 옥신석은 여러 개의 부재를 써서 조립식으로 짜맞추어 쌓아올렸으나 3층 탑신만은 하나의 부재를 사용한 것이 특징이다. 이것은 사리장치를 하기 위한 사리공과 찰주를 세우기 위한 찰주공을 마련하려는 배려였음을 해체·복원시에 알게 되었다.
통일신라 초기의 신라 석탑을 대표하는 작품이며 현재 높이는 10.2m이다.

경주 서악리 마애석불상
보물 제62호
소재지:경상북도 경주시 서악동
선도산 산정 가까이 대암면에 높이 7m 되는 거구의 아미타여래입상을 조각하고 왼쪽에 정병을 들고 있는 관음보살상과 오른쪽에 대세지보살입상을 협시로 한 7세기 중엽의 삼존불상이다.
중앙의 본존불은 손상을 많이 입어 머리는 없어졌고 얼굴도 눈까지 파손되었다. 그러나 남아 있는 부분의 표현에서 자비로운 인상이 흐

르고 웅위한 힘을 느낄 수 있으며, 양보살상에서는 부드럽고 우아한 기품을 엿보게 한다. 이 삼존불은 삼국 시대에서 통일신라 불상 조각으로 이어지는 과도기의 중요한 대작이다. 본존 높이 약 7m, 관음보살상 높이 4.55m, 세지보살상 높이 4.62m이다.

경주 서악리 삼층석탑
보물 제65호
소재지:경상북도 경주시 서악동
이 탑은 통일신라 시대의 모전탑 계열에 속하는 석탑이다.
4장의 장대석으로 된 지대석과 8개의 석괴로 이형 기단을 구성하였다. 초층 탑신 정면 중앙 문짝과 그 양쪽에 인왕상이 조각되어 있으며, 탑신에 비해 옥개석이 커서 상하의 균형이 맞지 않는 것이 오히려 둔중한 감을 주게 한다. 따라서 경주 남산리 동탑을 모방한 듯하면서도 시대도 떨어지고 조각 수법도 퇴화한 듯하다. 높이는 5.07m, 기단 폭은 2.34m이다.

경주 서악리 귀부
보물 제70호
소재지:경상북도 경주시 서악동
이 귀부는 신라 문무왕(661~680)의 공적을 새긴 비석 즉 김인문 묘비의 대석으로 알려지고 있다.
귀부의 크기는 길이 2.81m, 폭 2.14m이며 귀갑무늬를 새긴 거북등에는 비석을 꽂았던 흔적인 직사각형의 구멍이 뚫어져 있다.
이 귀부는 용두화되기 이전의 귀두의 원형을 지니고 있어서 한국 석비대석의 시원적 형식이라 하겠다.
전체 구성이 조금 형식화되고 약해 보이는 느낌이 있으나 목을 길게 뻗어 들고 멀리 앞을 바라다보는 기상은 통일신라 초기의 호국 정신을 잘 나타내고 있다.

경주 보문리 석조
보물 제64호
소재지:경상북도 경주시 보문동
이 석조는 통일신라 시대의 사찰에서 급수용으로 만들어진 것으로 여겨지는 대형의 돌로 만든 용기이다.
큰 화강암 하나를 가지고 내부를 깊이 0.61m, 길이 2.43m, 너비 1.85m 되게 장방형으로 파내어서 물을 담도록 했으며 전체적으로 볼 때 비교적 형태가 크나 내외 어느 곳에도 아무런

장식이나 문양이 없는 소박한 것이다. 그러나 단순하고 소박하면서도 웅장한 모습은 그 시대의 대표적인 석조로 꼽히고 있다.

경주 보문리 당간지주

보물 제123호
소재지:경상북도 경주시 보문동

당간이란 고대 사찰에서 불교의식이 있을 때 기를 달았던 깃대를 말하며, 당간지주는 당간을 세우기 위해 시설한 깃대받침을 말한다.

이 당간지주에는 깃대를 고정시키기 위해 마련된 구멍이 상·중·하 3곳에 있는데, 남쪽 지주에는 구멍이 완전히 뚫려 있고, 북쪽 것에는 반쯤 뚫려 있는 것이 특징이다.

현재 북쪽 지주의 윗부분 일부가 떨어져나갔으나 전체의 형태가 소박하고 장대하며 한 지주에만 관통된 구멍이 마련된 것은 그 시대의 지주로서 매우 희귀한 예로 중요시되고 있다. 높이는 3.8m이다.

경주 보문동 연화문 당간지주

보물 제910호
소재지:경상북도 경주시 보문동

이 당간지주는 두 개의 지주가 모두 원상대로 62cm의 간격을 두고 동·서로 마주서 있으며, 지주의 안쪽 상부에는 당간을 고정시키는 간구가 마련되어 있고, 하부는 현재 매몰되어 간단부를 확인할 수 없는 실정이다. 지주의 바깥면에는 자방을 갖춘 팔판단엽의 연꽃잎을 동일하게 양각으로 장식하여 단정하고 화려하게 조성하였다. 또한 통일신라 시대의 다른 당간지주와 비교하여 볼 때 연꽃잎의 장식이라든가 규모가 작고 단아한 것, 돌을 다룬 솜씨나 양식이 정교한 특징이 있다.

당간지주는 불보살의 공덕이나 벽사적 목적으로 기를 달 때 깃대를 고정시키는 기둥을 말하며, 경주 일원을 비롯하여 전국의 역사적 사찰에 유명한 당간지주들이 남아 보존되고 있다.

경주 석빙고

보물 제66호
소재지:경상북도 경주시 인왕동

원래의 석빙고는 조선 영조 14년(1738)에 축조하여 얼음을 저장하던 곳이나 남쪽 이맛돌에 새겨진 기록에 의하면 그후 3년 만에 현재의 위치로 옮겼음을 알 수 있다. 그 규모는 길이 12.27m, 높이 5.21m, 폭 5.76m이며 구조는 화강암 홍예로 골조를 이루어 지붕을 덮고,

3개의 환기통을 배설하였으며, 바닥을 경사를 지위 물이 흘러 배수될 수 있게 만들었다. 기록에 의하면 우리 나라에서 얼음을 저장하던 시설은 이미 신라 지증왕 6년(505)부터 있었다고 한다.

경주 효현리 삼층석탑

보물 제67호
소재지:경상북도 경주시 효현동

화강암으로 만든 이 석탑은 이중으로 된 기단 위에 세운 일반적인 석탑이나 옥개의 층단 받침이 4단으로 되어 있고 각부의 세부 조각이 섬약하게 나타난 것은 시대적인 특징을 보이고 있는 것으로 통일신라 시대인 9세기경의 제작으로 여겨지고 있다.

탑이 있는 이곳 일대는 신라 시대에 애공사가 있었던 곳이라고 전해오기도 한다.

상륜부는 모두 없어졌는데 현재 높이는 4.06m에 달하며, 1973년에 해체·복원하였다.

경주 황남리 효자 손시양 정려비

보물 제68호
소재지:경상북도 경주시 황남동

손시양은 고려 시대 사람으로 부모가 돌아가시자 각 3년씩 묘소에 여막을 지어놓고 묘를 지킴으로 당시 유수가 왕에게 상신하여 집에 정표를 내리고 지금의 정려비이다.

이 비석은 고려 명종 12년(1182)에 세워졌으며, 후면에는 5행 130자로 손시양의 효행 내용과 정려비의 입비 경위가 새겨진 명문이 있다. 이 정려비는 손시양의 효행을 널리 알려 백성이 지켜야 할 효도 정신을 고취시키던 유서 깊은 비석으로서, 노천에 서 있던 것을 1977년에 기단을 설치하고 보호각을 건립하였다.

비신 높이는 약 2m이다.

망덕사지 당간지주

보물 제69호
소재지:경상북도 경주시 배반동

당간이란 고대 사찰에서 불교의식이 있을 때 기를 달았던 깃대를 말하며, 당간지주는 당간을 세우기 위해 시설한 깃대받침을 말한다.

이 당간지주는 원래의 모습으로 65cm 간격으로 서로 마주보고 서 있으며, 안쪽의 위쪽에 장방형의 구멍을 만들어 깃대를 세운 상태로 고정시키는 장치를 마련하고 있다. 각면에 아무런 조각과 장식이 없으나 소박하고 장중한 느낌을 주고 있다. 망덕사가 신라 신문왕 5년(685)

에 세웠던 사찰이므로 당간지주 역시 같은 연대에 만들어진 것이다. 시대가 뚜렷한 통일신라 초기의 작품이기 때문에 당시의 당간지주를 연구하는 데 중요한 위치를 차지하고 있다. 높이는 2.5m이다.

굴불사지 석불상

보물 제121호
소재지:경상북도 경주시 동천동

이 사면불은 서쪽 면은 서방 극락세계의 아미타삼존불, 동쪽 면은 유리광세계의 약사여래, 남쪽 면은 양각의 보살입상과 음각의 입불상 2구, 북쪽 면도 역시 입불상 2구를 양각으로 새겨 화엄세계를 나타낸 것이다.

불상 조각에 있어 입체, 양각, 음각의 입상, 좌상 등을 변화 있게 배치하고 풍만하고 부드러우면서 생기를 잃지 않은 솜씨는 통일신라 초기의 특색이다.

『삼국유사』에 의하면 신라 경덕왕이 백률사에 거동할 때 땅속에서 염불소리가 들려오므로 파보게 하였더니 이 바위가 나왔다 한다. 바위에 사면에 불을 새기고 절을 지어 굴불사라 하였다 전하니 그 유적이 이곳이다.

경주 두대리 마애석불입상

보물 제122호
소재지:경상북도 경주시 율동

이 석불은 서쪽으로 향한 절벽의 바위면을 쪼아 삼존입상상을 얕게 부조한 것으로 굴불사 사면 석불의 양식을 계승하고 있는 통일신라의 대표적인 마애불상이다. 즉 중앙 본존불은 얼굴보다 큼직한 머리, 풍만한 얼굴, 당당한 체구, 사실적인 신체, 얇고 장식적인 통견의 등 굴불사 서아미타불입상을 따른 전형적인 8세기 불상 양식이며, 좌우 보살상은 우아하고 예쁜 얼굴, 사실적인 체구, 흐르는 듯한 곡선미 등 8세기 보살상의 전형적인 모습을 잘 표현하고 있다.

이 삼존상은 왼손을 가슴에 들어 엄지와 중지를 맞댄 아미타수인의 왼쪽 보살상의 왼손에 든 보병의 표현으로 보아 당시 유행하던 아미타불과 관음, 세지보살의 아미타삼존불로 생각된다.

무장사 아미타 조상 사적비 이수 및 귀부

보물 제125호
소재지:경상북도 경주시 암곡동

비는 없어지고 비를 받쳤던 귀부와 비머리 위

에 얹었던 이수만 남아 있는 이 석조물은 1915년 주변에서 발견된 세 조각의 비석 파편으로 무장사 아미타 조상 사적비임이 밝혀졌다. 따라서 이 비편의 발견으로 이곳에 무장사가 있었음을 알게 되었다.

비는 신라 소성왕(799~800)의 왕비인 계화부인이 왕의 명복을 빌기 위해 아미타불상을 만들어 무장사에 봉안한 내력을 새긴 것으로 비편은 국립경주박물관에 보관되어 있다.

무장사지 삼층석탑
보물 제126호
소재지:경상북도 경주시 암곡동

이 탑은 원래 넘어져 파손되어 있었던 것을 1963년에 얹어진 탑재의 일부를 보충하여 현재의 모습으로 다시 세웠다.

이중의 기단 위에 세워진 3층석탑으로 옥신과 옥개석은 각각 하나의 화강암으로 만들었으며, 초층 옥신은 가장 높고 큰 편인데 비해 2층과 3층은 급격히 작아지나 기단에 조각한 안상이나 무장사의 건립 연대를 볼 때, 이 탑은 통일신라 시대인 9세기 후반에 만들어진 것으로 보인다. 높이는 4.95m이다.

경주 삼랑사지 당간지주
보물 제127호
소재지:경상북도 경주시 성건동

삼랑사는 신라 진평왕 19(597)에 창건되었고, 신문왕(681~691) 때의 명승인 경흥법사가 주지로 있으면서 사찰이 성황하여 역대 왕의 행차가 잦았던 이름 높은 사찰이다.

경내에는 신라의 유명한 서도가인 요극일이 쓴 사비도 있었다고 하나, 지금은 알 길이 없고 이 당간지주가 남아 있을 뿐이다. 이 당간지주는 통일신라 시대의 대표적인 작품으로 외면이 간결하나 세련된 수법으로 선문을 조각한 특이한 양식이다.

이 당간지주는 두 개가 5m의 거리를 두고 서 있었던 것을 1977년에 현위치에 바로 옮겨 세웠다.

경주 천군리 삼층석탑
보물 제168호
소재지:경상북도 경주시 천군동

이 탑이 속해 있던 절 이름은 알 수 없지만 무너졌던 탑을 1939년에 복원하면서 주위를 발굴조사하였던 바 금당지, 강당지로 추정되는 건물터가 확인되었다. 동·서의 두 탑 모두 이

중 기단의 삼층석탑으로 신라 석탑의 일반적 형식을 보여주고 있다.

상륜부는 동탑의 것은 없어지고 서탑에만 일부 남아 있으며, 3층 옥신 상부 중앙에 사리공이 있다.

8세기 후반기에 조성된 것으로 보여지며 신라 석탑 중 뛰어난 작품 가운데 하나이다. 동탑의 높이는 6.73m, 서탑의 높이는 7.72m이다.

남간사지 당간지주
보물 제909호
소재지:경상북도 경주시 탑동

당간이란 사찰에서 불교의식이 있을 때 불보살의 공덕과 벽사적(僻邪的)인 목적 아래 '당'이라는 깃발을 달기 위한 깃대를 말하며, 이 깃대를 세우기 위한 돌기둥을 당간지주라 한다.

남간사지 당간지주는 2개의 화강석 돌기둥으로 되어 있는데 사지에서 약 500m 떨어진 곳에 서 있다. 돌기둥의 윗부분과 옆모서리를 죽여서 의장 수법을 나타내었다. 정상부에는 당간을 고정시키기 위한 십자형의 간구와 기둥 몸체 두 곳에는 원형 구멍이 있다. 특히 십자형 간구는 다른 당간지주에서는 볼 수 없는 특수한 수법을 지녔으며 지주의 크기는 3.6m, 폭 60cm, 두께 45cm인 통일신라 시대 중기에 해당되는 작품이다.

경주 마동사지 삼층석탑
보물 제912호
소재지:경상북도 경주시 마동

화강석으로 만든 이 석탑은 이중 기단 위에 세워진 것으로 현재 상륜부의 노반 이상은 없어졌다. 기단부에는 위아래 모두 양우주와 탱주 2개를 양각하였으며, 하층 기단은 8매 석으로 되었으나 중석은 하대석과 한 돌로 만들었다. 갑석 역시 8매 석이며 탑신부의 옥신과 옥개석은 삼층 모두 별석이며, 특히 옥개석에는 정교한 5단 받침을 갖추었다.

현재의 높이는 5.4m에 이르는 통일신라 시대의 작품이다.

전하는 바에 의하면 석굴암을 조성한 김대성과 인연이 있다고 하는데, 김대성이 무술을 닦을 때 곰을 잡아 운반하다가 날이 저물어 현재의 식탑이 있는 부근 민가에서 하룻밤을 내게 되었는데 꿈에 곰이 덤벼들면서 절을 지어주지 않으면 해치겠다고 하기에 이 마동에

절을 짓고 몽성사라고 하였다가 뒤에 장수사로 개명했다고 한다.

이 석탑도 몽성사 또는 장수사라는 사찰과 관계 있는 것으로 사찰과 동시대의 건립으로 본다.

경주 남산일원
사적 제311호
소재지:경상북도 경주시 인왕동외 경상북도 경주군 내남면 용장리외

이곳은 신라의 옛 도읍이던 서라벌의 남쪽을 가로막아 솟아 있는 해발 468m의 금오산과 494m의 고위산 두 봉우리를 비롯하여 낮은 도당산·양산 등으로 이루어져 있는데 통틀어 남산이라 불리고 있다.

남산에는 신라 건국 이야기가 깃들이는 나정, 신라 왕실의 연회장인 포석정터, 김시습이 거처하면서 우리 나라 최초의 한문소설인 금오신화를 지었다고 하는 용장사터 등 많은 신라 시대의 유적들을 간직하고 있다. 그뿐 아니라 신라가 불교를 국교로 한 이후로 남산은 부처가 머무는 영산으로 신앙시되어 많은 절과 탑이 서고 불상이 조성되었다. 그 흔적은 어느 계곡을 따라 들어가도 만날 수 있어 마치 야외 박물관이라고도 할 만큼 신라의 예술문화가 지금도 살아 숨쉬고 있는 곳이기도 하다.

경주 배리 석불입상
보물 제63호
소재지:경상북도 경주시 배동

이 세 석불은 이곳 남산 기슭에 흩어져 누워 있던 것을 1923년에 지금의 자리에 모아서 세운 것이다.

중앙 여래상은 높이 2.66m, 좌우의 보살상은 높이 2.3m이다. 특히 조각솜씨가 뛰어나 다정한 얼굴과 몸 등이 인간적인 정감이 넘치면서도 함부로 범할 수 없는 종교적인 신비가 풍기고 있다.

풍만한 사각형의 얼굴, 둥근 눈썹, 아래로 뜬 눈, 다문 입, 깊이 파인 보조개, 살진 뺨 등 온화하고 자비로운 불성을 간직한 이 석불들은 7세기경 신라 불상 조각의 대표적인 것이다.

경주 남산리 삼층석탑
보물 제124호
소재지:경상북도 경주시 남산동

이 탑은 불국사의 동서 쌍탑(석가탑과 다보탑)처럼 형식을 달리하는 쌍탑이 동서로 대립한

특이한 예의 탑이다.

동탑은 모전 석탑의 일종으로서 광대한 이중의 지대석 위에 8개의 석괴로써 입장체의 단층 기단을 형성하고 탑신과 옥신, 옥개석이 각각 일석이며 표면에는 장식이 없다.

석탑은 일반형 석탑으로서 이중 기단 위의 삼층석탑이다. 면석의 각면에 팔부신중상을 2구씩 양각한 것이 특징이다.

이 두 탑의 건립 연대는 탑 자체의 양식으로 보아 9세기경으로 추정된다.

경주 남산 미륵곡 석불좌상

보물 제136호
소재지:경상북도 경주시 배반동

신라 시대의 보리사터로 추정되는 이곳에 남아 있는 이 석불좌상은 현재 경주 남산에 있는 신라 시대의 석불 가운데 가장 완전한 불상이다. 8각의 대좌 위에 앉아 있으며 별도로 마련된 광배는 화불과 보상화 그리고 당초무늬로 장식되어 화려하며 특히 광배 뒷면에는 약사여래상을 가는 선으로 조각하였는데 이러한 형식은 그 예가 드물다.

통일신라 시대의 8세기 후반의 제작으로 보이며 전체 높이 4.36m, 불상 높이 2.44m의 대좌이다.

경주 남산 불곡 석불좌상

보물 제198호
소재지:경상북도 경주시 인왕동

자연암반에 감실을 파고 마련한 이 여래좌상은 단정한 자세에 상현좌를 이루고 하의는 얕게 새겼다.

양어깨에 걸쳐 입은 법의는 아래로 흘러내려 옷자락이 물결무늬처럼 부드럽게 조각되어 전체가 아름답게 조화를 이루고 있음을 느끼게 한다.

이 석불은 경주 남산에 남아 있는 신라 석불 가운데 가장 오래된 것으로 삼국 시대 말기의 제작으로 판단되는데 이 불상으로 해서 이 계곡의 이름을 부처곡으로 부르게 되었다.

경주 남산 신선암 마애보살반가상

보물 제199호
소재지:경상북도 경주시 남산동

이 불상은 칠불암 위에 곧바로 선 절벽 꼭대기에 새겨져 있어 마치 구름 위에 앉아 있는 듯이 보이는데 머리에 삼면보관을 쓰고 있어 보살상임을 알 수 있다. 옷자락으로 덮여 있는 의자 위에 걸터앉아 한 손에 꽃을 들고 한 손은 설법인을 표시하고, 깊은 생각에 잠긴 모습은 마치 구름 위의 세계에서 중생을 굽어보고 있음을 느끼게 하고 있다.

두광과 신광을 갖춘 광배 자체를 감실로 표현했기 때문에 보살상이 매우 두드러져 보인다.

불상 높이는 1.4m이며, 통일신라 시대인 8세기 후반의 작품으로 보인다.

경주 남산 칠불암 마애석불

보물 제200호
소재지:경상북도 경주시 남산동

이 석불들은 암반에 새긴 삼존불과 그 앞 모난 돌 4면에 각각 불상을 새기어 모두 칠불이 마련되어 있어 칠불암 마애석불로 불리어오고 있다.

삼존불의 가운데 있는 본존불은 앉아 있는 모습으로 손은 항마인을 하고 있어 석굴암의 본존불과 같은 자세이며, 불상의 높이가 2.7m에 이른다.

또한 4면에 새긴 4면불도 모두 앉아 있는 모습으로 각기 방향에 따라 손의 모양을 달리하고 있다.

이와 같이 깊은 산속에 대작의 불상을 조성한 것도 놀라운 일이나 조각 수법 또한 웅대하다. 통일신라 시대인 8세기에 만들어진 것으로 여겨진다.

경주 남산 탑곡 마애조상군

보물 제201호
소재지:경상북도 경주시 배반동

이 일대는 통일신라 시대의 신인사란 절이 있었던 곳이다. 9m나 되는 사각형의 커다란 바위에 마애조상군의 만다라적인 조각이 회화적으로 묘사된 것으로 신인종 계통의 사찰의 조각임을 알 수 있다.

남쪽의 큰 암석에는 목조 건물의 유구가 남아 있고, 폐탑이 흩어져 있어 남면의 불상을 주존으로 하는 남향 사찰이 있었음을 알 수 있다. 남면에는 삼존불과 독립된 보살상이 있고 동면에는 본존과 보살 그리고 비천상이 있으며, 그 옆으로 여래상과 보살상이 있다. 그러나 모두 마멸이 심하여 자세한 조각 수법은 알 수 없다.

그리고 북면에는 9층과 7층의 쌍탑이 있으며 서면에는 보리수와 여래상이 있다. 이렇게 불상, 비천, 보살, 탑 등 화려한 조각의 만다라적인 구조를 보여주는 것은 우리 나라에서 특이한 것이다.

경주 삼릉계 석불좌상

보물 제666호
소재지:경상북도 경주시 배동

일명 냉곡이라고도 하는 삼릉계곡의 왼쪽 능선 위쪽에 있는 이 석불좌상은 화강암을 조각하여 만들었다.

왼쪽 어깨에만 걸쳐 입은 법의를 표현했으나 몸 전체는 매우 풍만하게 느끼도록 제작되었다.

석불이 앉아 있는 연화대석에 새겨진 연꽃무늬와 안상을 비롯하여 전체적인 불상의 모습으로 보아 8, 9세기 통일신라 시대 후기의 작품으로 보인다.

삼릉계곡 마애관음보살상

경상북도 유형문화재 제19호
소재지:경상북도 경주시 배동

이 마애석불의 정확한 조각 연대와 조각자는 알려져 있지 않으나 통일신라 시대인 8~9세기 작품으로 추정된다.

석주형의 암벽 남면에 양각한 이 조각은 관음보살상으로 연화좌 위에 직립하고 있다. 머리에는 보관을 쓰고 한 손에는 보병을 들었으며, 얼굴은 만면에 미소를 띠고 있어 부처의 자비스러움이 잘 표현되어 있다.

뒷면에는 직립한 석주형 바위가 광배 역할을 하기도 하며 자연미에 인공미를 가한 듯하다.

이 불상의 동편에 위치하고 있는 머리 없는 불상은 남쪽으로 약 100m 떨어진 지점의 소나무 숲 속에서 출토되어 이쪽으로 옮겨진 것이다.

삼릉계곡 선각육존불

경상북도 유형문화재 제21호
소재지:경상북도 경주시 배동

이 2구의 마애삼존상이 만들어진 시대나 조각자는 알려져 있지 않지만 대체로 통일신라 시대로 추정된다.

자연암벽의 단애에 조각된 2구의 마애삼존상으로 그 조각 수법이 정교하고 우수하여 우리 나라 선각마애불 중에서는 으뜸가는 작품이다.

오른쪽의 마애석가여래삼존은 상호가 온화한 입상으로, 연화를 밟으며 중존을 향하고 있는 보살이 서 있고, 왼쪽 바위에도 역시 중존은 석가여래상으로서 입상이 있는데 양협시보살상은 연화좌 위에 꿇어앉아 남견화(南見化)하고 있는 자태이다. 오른쪽 암벽의 정상에는 당시 이들 불상을 보존하기 위한 법당을 세웠던 흔적이 남아 있다.

삼릉계곡 마애석가여래좌상

경상북도 유형문화재 제158호
소재지:경상북도 경주시 배동

높이 7m, 너비 5m 되는 거대한 자연 바위벽에 6m 높이로 새긴 이 불상은 앉은 모습의 석가여래좌상이다.

불상의 전체 모습은 몸을 약간 위로 제치고 반쯤 뜬눈으로 속세의 중생을 바라보고 있다. 머리에서 어깨까지는 깊게 조각해서 돋보이게 한 반면 몸체는 아주 얇게 새겨 자연과 인공을 조화시키고 있는 독특한 조각 수법을 보이고 있어 특이하며 통일신라 후대에 새겨진 것으로 추측되고 있다.

삼릉계곡 선각여래좌상

경상북도 유형문화재 제159호
소재지:경상북도 경주시 배동

서향한 높이 10m 되는 바위벽에 새겨진 이 불상은 앉아 있는 모습의 여래상이다.

몸의 모습은 모두 선으로 그은 듯이 새기고 얼굴만 도드라지게 새긴 독특한 조각 수법을 보이고 있다.

이 계곡 입구에는 신라 아달라왕, 신덕왕, 경명왕의 능이 있어 계곡의 이름이 삼릉계로 불리고 있는데, 통일신라 시대에 새긴 여러 불상 가운데 이 불상은 고려 시대에 새긴 것으로 여겨지고 있어 불상 연구에 중요한 위치를 차지하고 있다.

경주 남산 입곡 석불두

경상북도 유형문화재 제94호
소재지:경상북도 경주시 배동

이 불상은 원래 보주형 광배를 갖춘 여래입상이었으나 허리 아래와 광배 일부, 양손이 없어져 원 모습을 알 수 없으나, 불상 앞에 있는 복련으로 장식된 연화대좌에 불상의 발을 끼웠던 직사각형의 구멍이 있어 입상이었음을 증명하고 있다.

머리는 나발이고 육계는 우뚝 솟아 근엄해 보이면서도 부드럽고 균형 잡힌 얼굴을 하고 있다. 목에는 삼도가 뚜렷하며, 법의는 통견의이고 두신광에 조식된 화불들은 연화좌에 앉아 합장하고, 천상으로 날아오르는 모습을 하고 있다. 전체적인 조각 수법으로 보아 신라 최성

기에 제작된 우수한 여래입상 중의 하나이다.

보리사 마애석불

경상북도 유형문화재 제193호
소재지:경상북도 경주시 배반동

동향한 높이 2m의 바위벽에 새긴 이 불상은 통일신라 시대 마애석불의 한 예이다.

바위벽에 얇게 파낸 감실 안에 도드라지게 새긴 앉아 있는 모습의 여래상으로서 하반신은 선을 그은 것처럼 얇게 새겨 매우 독특한 조각 수법을 나타내고 있다.

불상의 높이는 1.1m에 지나지 않으나 발 아래에는 급경사로 되어 있어 전체적으로 볼 때 하늘에 떠 있는 느낌을 갖도록 하고 있다.

경주 배리 윤을곡 마애불좌상

경상북도 유형문화재 제195호
소재지:경상북도 경주시 배동

경주 남산의 여러 계곡 가운데 하나인 윤을곡의 ㄱ자형의 바위벽에 새긴 불상은 3점으로 매우 특이한 배치를 보이고 있는 마애삼존불이다.

불상의 크기는 65~75cm에 지나지 않으나 조각된 손 모습이나 얼굴 모습으로 보아 모두 여래상인 것이 특징이다. 특히 가운데 불상의 좌측에 '태화9년을묘'라고 글자가 새겨져 있어 이들 불상이 신라 흥덕왕 10년(835)에 조각된 것임이 밝혀졌다. 이로써 이 불상들은 9세기 전반의 통일신라의 불상 양식 연구에 매우 중요한 마애불의 예가 되고 있다.

경주 남산

사적 제163호
소재지:경상북도 경주시 보문동

남북으로 길게 마치 누에고치처럼 누워 낮은 구릉을 이루고 있는 이 남산은 신라 실성왕 12년(413) 8월 산에 구름이 일어나 누각과 같이 보이면 향기가 매우 짙게 퍼져 오랫동안 계속됐다. 이것은 하늘에서 신령이 내려와 노는 것으로 여기고 이때부터 남산에서 나무 베는 것을 금지했고, 성역으로 보존받아왔다. 이곳에는 선덕여왕의 유언에 따라 만든 여왕의 능을 비롯해서 사천왕사지, 문무왕의 화장터로 여겨지는 능지탑, 바위에 새긴 마애불, 구황리 삼층석탑 등 많은 신라 유적이 있다.

낭산 마애삼존불

보물 제665호
소재지:경상북도 경주시 배반동

경주 낭산의 서록에 해당되는 이곳에 조각된 마애삼존불은 비록 바위면이 박리가 심해 파손되었으나, 본존상은 두광과 신광을 갖추고 스님의 복장에 가까운 법의를 입고 있는 모습이다.

특히 머리에는 두건을 쓰고 있어 마치 고려 불화에 보이고 있는 피모지장보살의 모습을 하고 있어 이러한 양식의 앞선 예로 여겨지고 있다. 이와 같이 이 본존불은 지장보살상으로 추정되고 있으며 좌우에 함께 조각된 신장상은 병장기를 들고 있는 무인상을 표현하고 있다. 신라 문무대왕의 화장터로 전하는 능지탑이 가까이 있는 점과 조각 수법 등으로 통일신라 시대에 만들어진 것임을 알게 하고 있다.

능지탑

소재지:경상북도 경주시 배반동

이 탑은 예로부터 능시탑 또는 연화탑이라 불려왔는데 이 주변에서는 문무왕릉비의 일부가 발견되기도 하였다.

『삼국사기』에 의하면 문무왕이 "임종 후 10일 내에 고문(庫門) 밖 뜰에서 화장하라" 하고 "상례의 제도를 검약하게 하라"고 유언하였으며 이곳이 사천왕사, 선덕여왕릉, 신문왕릉 등에 이웃한 자리인 것으로 보아 문무대왕의 화장지로 추정할 수 있다.

당초에는 사방에 소조대불을 모시고 감실을 세웠을 가능성도 있으나, 기단 사방에 12지상을 세우고 연화문 석재로 쌓아올린 오층석탑으로 추정된다.

경주 포석정지

사적 제1호
소재지:경상북도 경주시 배동

이 포석정은 신라 임금의 놀이터로 만들어진 별궁으로서 건물은 없어졌으나 역대 임금들이 잔을 띄우고 시를 읊으며 놀이한 것으로 생각되는 전복 모양의 석조 구조물만 남아 있다.

이 구조물은 만든 시기는 알려져 있지 않으나 통일신라 시대에 만들어진 것으로 여겨지며, 폭은 약 35cm, 깊이는 평균 26cm, 전체 길이는 약 10m이다.

자연환경을 최대로 활용하고 주위의 아름다운 경관과 인공적인 기술을 가미하여 이루어진 조화미는 신라 궁원 기술의 독특한 면모를 잘 보

여주고 있다.

원래는 남산 계곡에서 흘러 들어오는 입구에 거북 모양의 큰 돌이 있었고, 그 입에서 물이 나오도록 만들어졌다고 하나 지금은 없어져 정확한 형태를 알 수 없게 되었다.

이곳에는 신라 헌강왕이 포석정에서 놀이하고 있을 때, 남산의 신이 왕 앞에 나타나 춤을 추자 왕도 따라 추게 되어 이 춤으로 어무상심무라 하는 신라춤이 만들어졌다고 전해오고도 있다.

927년 신라 경애왕이 이곳에서 잔치를 베풀고 놀이하고 있다가 후백제 견훤의 습격을 받아 붙잡히게 되어 스스로 목숨을 끊지 않으면 안 되게 되었던 신라 천년 역사에 치욕을 남긴 장소이기도 하다.

사천왕사지

사적 제8호

소재지:경상북도 경주시 배반동

사천왕사는 신라 문무왕 19년(679)에 명랑법사의 발원으로 세운 사찰이다.

이곳 일대는 사천왕사를 짓기 전부터 신유림이라 하여 신성하게 여겨왔던 곳인데, 신라 선덕여왕이 죽기 전 "내가 죽으면 도리천에 묻어달라"고 했는데, 도리천이란 불교에서 말하는 수미산 꼭대기 즉 사천왕 위에 있는 부처님의 세계인데 어떻게 인간이 그곳에 무덤을 만들 수 있을 것인지 어리둥절해 하고 있을 때, 여왕이 "낭산 기슭이 바로 도리천이다"라고 알려주자 그 말을 좇아 이곳 낭산 기슭에 여왕의 능을 만들었다. 선덕여왕이 죽은 지 31년 후에 이르러 왕릉 아래인 이곳에 사천왕사를 세우게 되었으니, 여왕의 예견에 감탄하지 않을 수 없다 하겠다.

이 절은 삼국 통일 후 신라가 부처의 힘으로 당나라의 세력을 막아내고자 한 호국의 염원으로 세운 절이었으나 지금은 금당터, 목탑터, 거북형의 비석받침대, 당간지주 등만 남아 있고, 더구나 일제 시대의 철로개설로 유적의 일부가 파괴되기도 했다.

경주 흥륜사지

사적 제15호

소재지:경상북도 경주시 사정동

흥륜사는 신라 때 포교승 아도가 창건하였다한다. 창건 당시에는 초가의 절이었으나 이차돈의 순교로 신라가 불교를 공인한 후 진흥왕 5년(544)에 흥륜사가 왕찰로 중창되었다. 그

후 신라 역대 국왕이 불교를 신봉하여 법등이 고려 시대까지 이어져 금당, 탑, 중문, 강당 등이 있었다고 한다.

금당에는 아도, 이차돈, 원효, 의상, 표훈 등 신라 10성의 상을 그린 벽화가 있었다고 전하며 이 절의 유물로는 신라 최대의 석조와 석등이 국립경주박물관에 보존되어 있다.

1972년과 1977년 및 1982년 흥륜사 유지의 부분적인 발굴을 실시한 결과 원형 평면의 건물지와 기타 건물지 일부가 노출되어 학계의 관심을 끌었다.

경주 남고루

사적 제15호

소재지:경상북도 경주시 황오동

남고루는 원래 대능원 입구에서 시작하여 동으로 경주 황오동 고분군을 둘러싸고 있는 형태를 보이면서 북으로 북천에 이르고 있었으나 지금은 이곳 일대에만 남북으로 그 흔적을 남기고 있을 뿐이다.

흙으로 쌓은 듯한 이 토루는 무엇을 위한 것이고 또 어느 시기에 만들어진 것인지 확실히 구명되지 않고 있으나 기록에 의하면 경주 북쪽에 고려 현종 때 석축의 제방을 쌓았다고 했으니 이 남고루가 그때 만들어져 북천의 범람을 막았던 것으로 판단될 뿐이다.

경주 동부사적지대

사적 제161호

소재지:경상북도 경주시 황남동·인왕동

이 지역은 안압지, 경주월성, 첨성대, 계림, 내물왕릉을 위시한 수십 기에 달하는 완전한 고신라 고분 등이 모두 포함되는 넓은 범위를 말한다.

동부사적지대란 단위 사적을 말하는 것이 아니라 여러 사적이 밀집되어 있으므로 전체를 보존하기 위해 하나의 단위로 지정한 범위를 말하는 것이다.

경주 월성

사적 제16호

소재지:경상북도 경주시 인왕동

이 성은 신라 파사왕 22년(101)에 쌓은 것으로, 신라 시대의 궁궐이 있었던 도성터이다.

지형이 반달처럼 생겼다고 해서 반월성이라고도 하며 또한 임금이 계신 성이라 해서 재성이라고도 불리었다. 성을 쌓기 전에는 호공이라는 사람이 살고 있었는데, 탈해왕이 어렸을 때

에 꾀를 써서 호공이 살고 있던 집을 차지해 당시 남해왕이 그 얘기를 듣고 보통 아이가 아닌 줄 느껴 사위로 삼았으며, 그후 신라 제4대 임금이 되었다는 전설도 간직한 곳이다.

남쪽으로는 성벽 아래로 남천이 흘러 자연적인 방어시설로 이용되고, 동쪽으로는 임해전으로 통할 수 있는 문터와 아울러 성벽 밑으로는 물이 흘러내리도록 인공적으로 마련된 방어시설인 해자가 있었음이 월성 부분 발굴조사로 밝혀짐으로써 성벽 전체를 돌아 물이 흐르도록 하여 성을 보호하도록 한 사실을 알게 되었다.

경주 임해전지

사적 제18호

소재지:경상북도 경주시 인왕동

이 안압지는 신라가 삼국 통일을 이룬 후 문무왕 14년(674)에 큰 연못을 파고 못 가운데 3개의 섬과 북쪽과 동쪽으로는 12봉우리를 만들었는데 이것은 동양의 신선사상을 배경으로 하여 삼신산과 무산십이봉을 상징한 것으로 해석되고 있다. 이와 같이 조성한 섬과 봉우리에는 진귀한 동물을 기르고 아름다운 꽃과 나무를 심었던 신라원지(新羅苑池)의 가장 대표적인 것이다.

못가에 임해전과 여러 부속 건물을 만들어 왕자가 거처하는 동궁으로 사용하면서, 나라의 경사스러운 일이나 귀한 손님을 맞을 때 이 못을 바라보면서 연회를 베풀었던 곳이기도 하다.

현재의 모습은 1975년부터 2년간에 걸쳐 실시된 발굴조사 결과로 얻어진 자료를 토대로 정비한 것이다. 못으로 흘러드는 입수로, 못의 물이 차면 나가는 출수로도 확인되었고, 아울러 못가의 호안석축의 정확한 길이도 밝혀져 원형대로 복원하였다.

못 주변에서 회랑지를 포함하여 26개소의 크기가 다른 건물터가 확인되어 그 중 서쪽 못가의 5개 건물터 중 3개소에만 신라 시대의 건물로 추정하여 복원하였다. 나머지 건물터는 그 위로 흙을 덮고 건물터의 기단부를 새로 만들어 재현하였다. 초석은 통일신라 시대의 것을 그대로 모조하여 회랑지를 제외한 주건물터에만 배치해놓았다.

그리고 안압지와 임해전 등 부속 건물을 추정하여 50분의 1로 축소한 모형도를 만들어 원래의 임해전 모습을 상상할 수 있도록 전시하고 있다.

경주 계림

사적 제19호

소재지:경상북도 경주시 교동

이 숲은 경주 김씨의 시조가 된 김알지가 태어난 곳이라는 전설을 간직한 곳이다.

신라 탈해왕 때 호공이라는 사람이 이 숲의 나뭇가지에 황금궤가 걸려 있고 그 옆에서 흰 닭이 울고 있는 것을 발견하고, 이 사실을 탈해왕에게 알리게 되어 왕이 친히 행차하여 금궤 뚜껑을 열어보니 그 속에서 한 사내아이가 일어나므로 왕은 하늘이 내린 아이로 알고 태자로 삼았으며, 금궤에서 나왔다 하여 성을 김이라 하고 이름을 알지라 했으며, 흰 닭이 알림으로써 태자를 얻었다 하여 원래 시림이라고 한 이 숲을 계림이라 고쳐 부르게 했다는 것이다.

탈해왕이 돌아가자 태자인 알지는 파사에게 왕위를 양보하였다.

그후 미추왕이 왕위에 올랐는데, 이 왕은 김알지의 7세손이며 신라 내물왕부터 신라가 망할 때까지 김알지의 후손이 나라를 다스리게 되었던 것이다. 이 계림은 신라 김씨 임금의 시조가 태어난 숲이라 해서 신성스러운 곳으로 지금까지 내려오고 있다. 비각내의 비는 조선 시대인 순조 3년(1803)에 세운 것으로 김알지의 탄생에 관한 기록을 세웠다.

신라 무열왕릉

사적 제20호

소재지:경상북도 경주시 서악동

선도산 아래 나지막한 구릉의 송림 속에 자리 잡고 있는 이 고분은 신라 태종무열왕의 능이다.

본명이 김춘추인 태종무열왕은 신라 진지왕의 손자이고, 이찬 벼슬을 하였던 용춘의 아들로 탁월한 정치력과 뛰어난 외교술로 삼국이 서로 패권을 다투었던 삼국 말 혼란의 와중에서 신라를 지탱케 하였다. 김유신 장군의 뒷받침을 받아 진덕여왕의 뒤를 이은 왕은 삼국 통일의 웅지를 품고 당나라와 연합하여 재위 기간에 백제를 멸망시킴으로써 통일대업의 기반을 닦았으나 통일의 완성은 그의 아들 문무왕 때에 이루어졌다.

능은 원형 토분으로 둘레 110m, 높이 11m이며, 봉분의 아래에는 자연석으로 축대처럼 쌓고 큰 돌을 드문드문 괴어놓은 호석을 둘렀는데 지금은 괴어놓은 큰 돌만 보인다. 이와 같은 호석 구조는 경주 시내에 있는 삼국 시대 신라 고분의 호석 구조보다 한단계 발전한 형식

이다.

능 앞 비각에는 국보 제25호로 지정된 신라 태종무열왕릉비가 있는데, 당대의 문장가로 이름 난 왕의 둘째 아들 김인문이 비문을 지었다고 한다. 비신은 없어지고 비신을 받치고 있었던 귀부와 비신의 머리를 장식하였던 이수만 남아 있다. 목을 길게 내밀고 등이 육각형의 귀갑으로 덮인 거북의 모습이 사실적으로 웅건하게 조각된 귀부와 좌우 모두 여섯 용이 몸을 틀고 여의주를 다투는 형상의 생동감 넘치는 이수는 통일신라 초기 석조 예술의 높은 경지를 보여주는 대표적인 걸작이다. 이수 전면 중앙에는 '태종무열대왕지비' 라 새겨져 있어 이 고분이 무열왕릉임을 확실하게 해주고 있다.

김유신 묘

사적 제21호

소재지:경상북도 경주시 충효동

송화산 중복에 자리 잡고 있는 이 고분은 삼국 통일의 명장 신라 김유신 장군의 묘이다.

김유신 장군은 금관가야국(가락국)의 마지막 왕 구구해(일명 구구형)의 증손이며 신라의 명장이었던 서현 장군의 아들로 태어나 15살에 화랑이 되어 무예를 닦고 35살 때에는 아버지와 함께 고구려 낭비성을 공격하는 싸움을 승리로 이끌었다. 장군은 김춘추를 도와 태종무열왕이 되게 하고 함께 삼국 통일의 대업에 나서 무열왕 7년(660) 나당연합군이 백제를 공격할 때 신라군 총대장이 되어 계백 장군이 거느린 백제군을 황산벌에서 무찔러 백제를 멸망시켰으며 문무왕 8년(668) 고구려를 공략할 때도 신라군 총사령관이 되어 고구려를 멸망시켰고 이어서 삼국의 영토에 야심을 드러낸 당나라 군사도 물리침으로써 통일의 위업을 완수하였다. 이렇게 혁혁한 무공을 세운 장군은 문무왕으로부터 태대각간이라는 신라 최고의 관작을 받았고 뒷날 흥덕왕은 장군을 흥무대왕으로 추봉하였다.

이 묘는 직경 30m나 되는 큰 무덤으로 봉분 아래에는 병풍처럼 판석으로 호석을 설치하였고 호석 중간중간에는 평복 차림에 무기를 든 12지신상을 배치하였다. 호석의 밖으로는 여러 개의 돌기둥을 세워 난간을 둘렀다. 한편 호석의 12지신상과는 별도로 높이 약 30cm의 납석에 정교하게 새겨 묘의 주변에 땅을 파고 묻어두었던 12지신상이 출토되기도 하였다. 묘의 앞에는 조선 시대에 세웠던 비석이 있으며 석상은 최근 묘를 수리할 때 세운 것이다.

경주 구정리 방형분

사적 제27호

소재지:경상북도 경주시 구정동

이 네모난 형태의 방형분은 한 변의 길이가 9.5m, 높이는 2m이다. 모서리에는 기둥돌을 세우고 각면마다 길게 다듬은 돌을 3단씩 쌓고, 그 위로 다시 길게 다듬은 돌을 넓게 놓아 봉토의 흙이 무너져내림을 막도록 하였다. 남쪽 면의 중앙에는 무덤의 안으로 들어가는 입구와 통로가 있으며 무덤의 안은 석실로 만들어졌고 그 바닥에는 관을 받치는 관대가 돌로 만들어져 있다.

이것은 누구의 무덤인지 알려져 있지 않으나, 각면에 3개씩 마련된 12지상의 조각 수법으로 보아 통일신라 시대의 무덤으로 보이며, 경주 지역에서는 이러한 형태의 방형분으로서는 처음 발견된 것으로 무덤의 구조와 아울러 신라 시대의 12지상을 연구하는 데 중요한 자료가 되고 있다.

신라 성덕왕릉

사적 제28호

소재지:경상북도 경주시 조양동

여기 송림 속에 자리 잡고 있는 통일신라 시대 고분은 신라 성덕왕(702~736)의 능이다.

성덕왕은 신문왕의 둘째 아들로 형인 효소왕의 뒤를 이어 왕위에 올라 안으로는 정치를 안정시키고 밖으로는 당나라와 외교를 활발히 하여 국력을 튼튼히 함으로써 삼국을 통일한 이후 정치적으로 가장 안정된 신라 전성기를 이루었으며, 문화적으로도 눈부신 발전을 가져오게 하였다. 지금 국립경주박물관에 있는 성덕대왕신종도 이 왕의 명복을 빌기 위하여 만들어진 것이다.

원형 토분으로 되어 있는 능의 밑둘레에는 봉분을 보호하는 호석을 설치하였는데, 병풍처럼 두른 판석을 삼각형 받침돌이 받치고 있으며 받침돌 사이사이에는 입체로 조각한 12지신상을 배치하였다. 호석의 밖으로는 돌기둥을 세워 난간을 설치하였고 네 군데에 돌사자를 세웠다. 봉분 남쪽에는 석상과 좌우 문인석 1쌍을 배치하였고 능의 남쪽 왼편에 비석을 세웠는데 지금은 비신을 받치고 있던 귀부만 남아 있다.

이 왕릉은 괘릉과 같은 정비된 통일신라 왕릉 형식의 기초가 되는 것으로, 호석 구조는 신문왕릉의 호석보다 한단계 더 발전한 형식을 보이고 있다. 12지신상도 이 왕릉에서 처음으로

배치된 것으로 이후의 왕릉에서는 봉분 밑에 병풍처럼 두른 판석에 직접 조각한 형식으로 바뀐다.

신라 헌덕왕릉

사적 제29호

소재지:경상북도 경주시 동천동

이 무덤은 신라 헌덕왕(809~826)의 능이다. 헌덕왕은 809년부터 826년까지 18년간 재위하면서 당나라와 외교관계를 유지했고 김헌창 등 두 차례의 반란을 평정하였으며 한편으로는 평양 밖에 폐강장성을 쌓아 국방에도 노력했다.

돌아가자 이곳에 장사 지내고 시호를 헌덕이라 했다.

무덤은 하부에 병풍처럼 다듬은 돌등을 돌려 튼튼히 보완했고, 돌과 돌 사이에는 12지상을 새긴 돌을 배치하여 방위신으로써 능을 보호하도록 했다.

이러한 무덤의 형식은 통일신라 이후에 나타나는 무덤 보호 형태로서 다음 임금인 흥덕왕의 능에도 마련되어 있다.

무덤의 밑지름 26.8m, 높이 5.7m이다.

경주 노동리 고분군

사적 제38호

소재지:경상북도 경주시 노동동

남북으로 통하는 도로 동쪽에 남아 있는 신라 시대의 무덤들이 노동리 고분군이다.

전체 3기 중 규모가 작은 2기는 발굴조사되었고, 발굴조사되지 않은 큰 고분은 일명 봉황대라고 하는데 높이 22m에 밑둘레가 250m나 되어 단일 고분으로는 신라 무덤 가운데 제일 큰 왕릉으로 추정하고 있다.

1924년에 조사된 무덤에서는 금관을 비롯하여 신라 시대의 문화를 알 수 있는 수많은 유물이 출토되었으며, 무덤의 구조는 적석목곽분임이 밝혀졌는데 그 무덤의 이름을 은령총이라 부르고 있다. 이들 신라 고분의 정비·보존을 위하여 1984년도에 주위에 있던 민가 34동을 다른 곳으로 옮기고 지금의 모습으로 정비하였다.

경주 노서리 고분군

사적 제39호

소재지:경상북도 경주시 노서동

이곳 노서동 일대의 평지에는 신라 시대의 큰 고분들이 밀집되어 있다. 이들 가운데 지금까지 5기의 무덤이 발굴조사되어 당시에 부장되었던 많은 유물이 출토됨으로써 신라 문화의 찬란함이 밝혀지기도 했다.

일제 시대인 1921년에 민가를 짓기 위해 터를 닦던 중 우연히 최초로 신라 금관이 출토됨으로써 이름 지어진 금관총을 비롯하여, 1926년 스웨덴의 구스타프 아돌프 황태자가 발굴에 참가하여 금관이 출토됨으로써 이름 지어진 서봉총이 있다. 광복 후 국립중앙박물관에 의한 발굴조사에서 많은 유물과 함께 그릇의 바닥 뒷면에 글자가 새겨진 청동그릇이 출토됨으로써 고분의 구조와 함께 일대의 무덤들이 4~5세기경에 만들어진 것임을 알게 되었으며 이를 호우총이라 이름했다.

이들 신라 고분 정비·보존의 일환으로 1984년도에 고분 주위에 있던 민가 55동을 다른 곳으로 옮기고 지금의 모습으로 정비하였다.

경주 황오리 고분군(Ⅰ)

사적 제41호

소재지:경상북도 경주시 황오동

이곳 황오동 평지 일대에는 신라 시대의 크고 작은 많은 무덤들이 밀집되어 있었던 곳이다. 오랜 세월 동안 민가가 많이 들어서고 파괴되기도 했으나 지금도 그 형태를 알 수 있는 무덤은 50여 기에 이르고 있다. 이 무덤은 황오동에 남아 있는 신라 시대 무덤 중 외형이 가장 큰 것이다.

무덤의 구조는 정확히 알 수 없으나 주변에서 조사된 같은 형태의 무덤 내용으로 미루어 이 무덤 역시 목곽 안에 목관과 부장품을 넣은 후 목곽 밖으로 큼직한 냇돌을 쌓아올리고 그 위로 흙을 높이 쌓아올려 외형이 지금과 같이 만들어진 적석목곽분으로서, 4~5세기경의 신라 왕족 또는 귀족의 무덤으로 여겨지고 있다.

신라 고분 정비·보존의 일환으로 1984년도에 고분 주위에 있던 민가 14동을 철거하고 지금의 모습으로 정비하였다.

경주 황오리 고분군(Ⅱ)

사적 제41호

소재지:경상북도 경주시 황오동

이곳 황오동 평지 일대에는 신라 시대의 크고 작은 많은 무덤들이 밀집되어 있었던 곳이다. 오랜 기간 동안 민가가 많이 들어서고 파괴되기도 했으나 지금도 그 형태를 알 수 있는 무덤은 50여 기에 이르고 있다.

이 무덤은 둥근 원형 봉분을 두 개 붙여 만듦으로써 전체 봉분의 외형이 표주박처럼 생겼다 해서 표형분 또는 쌍분이라고 부르고 있으며, 부부의 무덤으로 여기고 있다.

앞의 팔우정로터리에 있었던 무덤의 발굴을 통해 밝혀진 바로 미루어 이 무덤 역시 목곽 위로 냇돌을 쌓아올리고 다시 그 위로 흙을 쌓아올려 만든 적석목곽분으로서 4~5세기경의 신라 왕족 또는 귀족의 무덤으로 여겨지고 있다.

신라 고분 정비·보존의 일환으로 1984년도에 고분 주위에 있었던 민가 7동을 다른 곳으로 옮기고 무너진 봉토를 일부 다시 쌓아올려 지금의 모습으로 정비하였다.

경주 인왕리 고분군

사적 제42호

소재지:경상북도 경주시 인왕동

이곳 인왕동 일대는 경주에서 평지에 마련된 신라 시대의 고분 밀집 분포 지역이었으나 오랜 세월 동안 대부분 없어지고 현재의 상태로 남아 있다.

그 동안 경희대학교, 이화여자대학교, 영남대학교의 발굴조사로 이들 무덤의 내용이 부분적으로 밝혀지기도 했다. 즉 이 무덤들은 신라 시대의 적석목곽분의 구조였고, 또한 금동장식 제품, 무기류, 마구류, 토기 등이 출토되어 신라 시대 연구에 중요한 자료가 되었다. 특히 영남대학교에서 발굴조사한 무덤은 조사 후 내부 구조를 그대로 영남대학교 야외 박물관에 옮겨놓았다.

경주 서악리 고분군

사적 제142호

소재지:경상북도 경주시 서악동

신라 태종무열왕릉의 후면 구릉에 있는 이 고분군은 누구의 무덤들인지 전혀 알 수 없으나 무열왕릉의 위에 위치하고 있는 것으로 보아 왕이나 왕족의 무덤으로 생각된다.

봉분의 높이는 15m 미만이며 밑둘레는 110~140m에 달하는 비교적 큰 무덤들이지만 경주시의 중심부에 있는 평지 고분들과는 다르게 구릉지에 있는 것으로 보아 그 구조 역시 적석목곽분과는 달리 무덤 내부를 돌로 쌓아 공간을 마련하고 시체를 넣는 석실고분으로 여겨지고 있다.

신라 오릉

사적 제172호
소재지:경상북도 경주시 탑동

오릉은 신라 시조 박혁거세왕과 제2대 남해왕, 제3대 유리왕, 제5대 파사왕 등 신라 초기 네 박씨 임금과 박혁거세왕의 왕후인 알영왕비의 능으로 담암사 북쪽에 있다고 옛 문헌에 전하고 있다. 오릉에 대하여는 또 다른 전설이 전하고 있는 바, 혁거세왕이 나라를 다스린 지 61년 만에 승천하였는데, 그 7일 뒤 유체가 흩어져 땅에 떨어졌고, 이때 왕후도 세상을 떠났다. 이에 나라 사람들이 흩어진 유체를 모아서 장사 지내려 하였으나 큰 뱀이 나와 방해하므로 다섯 유체를 각각 장사 지내고 오릉이라고 하였으며 또한 사릉이라고도 하였다 한다.

오릉의 내부 구조는 알 수 없으나 외형은 경주 시대 평지에 자리 잡고 있는 다른 많은 삼국 시대 신라 고분과 같이 표면에 아무런 장식이 없는 원형 토분으로 되어 있다.

오릉의 남쪽에 있는 숭덕전은 혁거세왕의 제향을 받드는 제전으로 본래 조선 세조 11년(1429)에 지었던 것인데 임진왜란 때 불타버렸고, 현존하는 건물은 선조 33년(1600)에 재건한 것이다. 숙종 20년(1694)에 수리하였으며 경종 3년(1723)에 숭덕전으로 사액되었다. 경내에는 혁거세왕과 숭덕전의 내력을 새긴 신도비가 있는데 영조 35년(1759)에 세운 것이다.

숭덕전 위편에는 알영왕비의 탄생지라 하는 알영정터가 있다.

신라 일성왕릉

사적 제173호
소재지:경상북도 경주시 탑동

이 능은 신라 일성왕(134~151)의 무덤이다. 일성왕은 일성 이사금이라고도 하며, 왕으로 있는 동안 북쪽 변방으로 침입하는 말갈을 막았다. 특히 농사는 정치의 근본이며 식량은 백성들이 가장 고귀하게 생각하는 것으로 모든 주·군에서는 제방의 수리를 완전하게 하여 논밭을 널리 개척하게 함으로써 농본정책을 폈고, 백성이 금은주옥을 사용하는 것을 금지하게 하여 사치를 못하도록 하였다.

무덤은 밑뿌리에 돌을 돌려 무덤을 보호하도록 했고, 위로 흙을 쌓아 만든 원형 봉토분이다.

신라 탈해왕릉

사적 제174호
소재지:경상북도 경주시 동천동

이 고분은 신라 탈해왕(57~80)의 능이라고 한다.

신라 삼대 왕성 가운데 최초의 석씨 왕인 탈해왕 내력에 대해서는 아래와 같은 전설이 전하고 있다. 왜국에서 동북쪽으로 1천여 리 떨어져 있는 다파나국 왕비가 잉태한 지 7년 만에 큰 알 하나를 낳았는데, 이는 상서롭지 못한 일이라 하여 그 알을 궤에 넣어 바다에 띄워 보냈다. 그 궤가 신라 땅에 와닿아 한 노인이 열어보니, 그 안에 어린아이가 있으므로 데려가 길렀는데, 궤가 바다에 떠올 때 까치들이 울며 따라왔으므로 까치 '작'(鵲) 자에서 '조'(鳥)를 떼어내어 '석'(昔)으로 성을 삼고, 또한 궤를 풀고 나왔다 하여 이름을 탈해라 하였다고 한다.

탈해는 자라서 키가 9척이나 되었고 용모가 준수하고 지식이 남달리 뛰어나 신라 제2대 임금인 남해왕의 사위가 되었고 62세에 유리왕의 뒤를 이어 제4대 임금이 되었다. 재위 24년에 돌아가니 성 북쪽 양정언덕에 장사 지냈다고 한다.

능의 형식은 외부에 아무런 장식이 없는 원형 토분이며, 왕릉으로서는 비교적 작은 편이다. 능 서편에 있는 숭신전은 탈해왕의 제향을 받드는 제전으로 조선 광무 2년(1898) 월성 안에 세웠던 것을 최근 이곳에 옮겨 지은 것이다.

신라 미추왕릉역 고분공원

사적 제175호
소재지:경상북도 경주시 황남동

이곳은 대소 20여 기의 삼국 시대 신라 고분이 밀집되어 있어 이 고분들을 보호하기 위하여 조성한 신라 사적공원이다.

직경 10m 미만에서 120m까지, 높이 1m 미만에서 23m에 이르기까지 규모가 다양한 이 사적공원 안의 고분들은 삼국 시대 신라의 왕과 귀족의 능묘로 추정되고 있으며, 외형상으로는 대부분 원형 토분으로 되어 있으나, 표형분이라고 하는 부부 합장용의 쌍분도 있고, 내부 구조는 몇몇 고분의 발굴 결과 신라 특유의 적석목곽분일 것으로 추정되고 있다.

경내에 위치한 고분은 신라 미추왕(262~284)의 능으로 전하고 있는 바, 미추왕은 김씨 시조 알지의 7세손으로 신라의 첫번째 김씨 왕이 되어 22년간 재위하는 동안 백제의 침입을

막아내었다 하여 그의 능을 죽현릉 또는 죽장릉이라고 불렀다 한다.

또한 천마총(황남동 제155호 고분)과 황남대총(황남동 제98호 쌍분)은 발굴조사 결과 신라 적석목곽분 가운데에서도 특색 있는 내부 구조를 보여주었을 뿐만 아니라 금관과 금제 허리띠를 비롯하여 각종 금은제 장신구와 무기, 마구 등 호화찬란한 수많은 유물이 출토되어 신라문화의 우수성을 국내외에 입증한 바 있다. 천마총은 공개시설을 갖추고 내부 구조와 유물의 출토상황을 그대로 복원하여 발굴 당시의 모습을 일반에게 공개하고 있으며, 황남대총은 외형을 원형대로 복원하였다.

이외에도 이 고분공원 경내에서는 공원 조성 당시 지하에 묻혀 있던 수많은 파괴 고분이 조사되었는데, 적석목곽분과 함께 옹관묘, 수혈식석곽묘도 다수 발굴되어 신라 시대의 다양한 묘제(墓制)를 보여주었다.

천마총

소재지:경상북도 경주시 황남동

이 무덤은 5~6세기경에 만들어진 신라 적석목곽분이다.

이 무덤의 구조를 보면 평지에 놓인 나무로 만든 곽 안에 시체를 넣은 나무관을 넣고 곽의 뚜껑을 덮은 후 밖에 냇돌을 쌓아올리고 냇돌 위에 흙을 두껍게 덮어 봉분을 마련했다. 이와 같이 곽을 평지에 놓고 쌓은 신라 적석목곽분은 처음 밝혀진 일이다.

이 무덤에서는 1973년 발굴 당시 금관을 비롯하여 11,500여 점의 유물이 출토되었으며 특히 하늘을 나는 말의 그림이 있는 말다래가 출토되었다. 이 말다래는 신라 무덤에서는 처음으로 발견된 것으로 신라인의 그림솜씨를 알 수 있는 귀중한 유물이며, 이로 인하여 이 무덤의 이름을 천마총으로 부르게 되었다.

발굴조사 후 내부를 공개하도록 하여 신라 적석목곽분의 구조를 알 수 있도록 복원했고, 출토 당시의 유물이 놓여져 있었던 상태를 볼 수 있도록 모조하여 이해를 돕게 했으며, 내부의 공간을 이용하여 중요 유물의 모조품을 전시토록 배려했다.

이 무덤의 높이는 12.7m이며 밑둘레는 157m에 달한다.

신라 법흥왕릉

사적 제176호

소재지:경상북도 경주시 효현동

이 능은 신라 법흥왕(514~540)의 무덤이다. 법흥왕은 임금으로 있는 동안 신라의 발전에 크게 공헌했다. 관리들의 복장을 법률로써 정했고, 중국 양나라와 국교를 열었으며, 특히 법흥왕 15년(528)에는 불교를 국교로 정하여 신라 호국 불교의 기틀을 닦았으며, 아울러 살생을 못하게 했다.

한편으로는 금관국을 합병하여 낙동강 유역으로 신라의 영토를 크게 넓혔고, 또한 건원이라는 연호를 정하여 신라 최초의 독자적인 연호를 사용하였으며, 신라 최초의 사찰인 흥륜사를 이룩하기도 했다.

무덤은 둘레에 드문드문 자연석이 박혀 있어 무덤을 보호하기 위한 호석의 역할을 하고 있으며, 외형은 원형 봉토분으로 왕의 업적에 비해 단순하게 만들어졌다.

신라 진평왕릉

사적 제180호

소재지:경상북도 경주시 보문동

이 능은 신라 진평왕(579~632)의 무덤이다. 진평왕은 54년간 왕으로 있었으므로 신라 시조 박혁거세 이후 신라 역사상 가장 오래 왕위에 있었던 임금이다. 왕으로 있는 동안 고구려·백제와 싸움이 빈번했으며, 중국의 수나라·진나라·당나라와 친교를 맺어 외교에 힘씀으로써 후일 이를 이용하여 신라가 삼국을 통일하는 기틀을 마련했다.

무덤은 흙으로 쌓아올린 원형 봉토분으로 아무런 시설 없이 평야 가운데 마련되어 있는 것이 특이하다.

신라 신문왕릉

사적 제181호

소재지:경상북도 경주시 배반동

이 고분은 신라 신문왕(681~692)의 능이라 전한다.

신문왕은 삼국 통일의 대업을 완수한 문무왕의 맏아들로 문무왕의 대를 이어 즉위하였다. 재위 12년 동안 관제를 정비하고 왕권을 확립하였으며, 학문을 장려하고 인재를 양성하기 위하여 국학을 설치하였고 당나라 등 외국과도 교류를 빈번히 하여 문화의 융성을 도모하는 등 신라 전성시대의 기틀을 확립하였다. 능의 구조는 원형 토분으로 봉분의 밑둘레에

는 봉토를 보호하기 위한 호석을 설치하였는데, 벽돌 모양으로 다듬은 돌을 5단으로 쌓고 그 위에 갑석을 덮었으며, 이 석축을 지탱하기 위한 수많은 지주석을 같은 간격으로 설치해 놓았다.

이와 같은 구조의 고분 호석은 통일신라 왕릉의 12지신상을 새긴 호석으로 발전하는 과도기적인 것으로 삼국 시대 신라 고분에서 한층 발달한 것이다.

신라 선덕여왕릉

사적 제182호

소재지:경상북도 경주시 보문동

이 능은 신라 선덕여왕(632~647)의 무덤이다. 선덕여왕은 아들이 없는 진평왕의 장녀로 태어나 신라 최초의 여왕이 된 분이다.

재위 16년간 후일 태종무열왕이 된 김춘추, 명장 김유신과 같은 영걸을 거느리고 심라가 삼국을 통일하는 기초를 닦았으며 분황사, 첨성대 등을 세웠고 특히 신라 최대의 황룡사 9층 목탑을 세워 신라 불교건축의 금자탑을 이루기도 하였다.

이곳에 능을 만든 것은 여왕의 유언에 따라 도리천에 장사 지낸 것으로 후대인 문무왕 때 능 아래로 사천왕사가 세워지게 됨으로써 여왕의 예언이 증명되기도 했다.

이 능의 밑둘레는 73m에 달하는 원형 봉토분으로서 자연석을 이용해 봉분 아래를 2단으로 쌓아 보호석으로 한 것이 특징이다.

신라 효공왕릉

사적 제183호

소재지:경상북도 경주시 배반동

이 무덤은 신라 효공왕(897~911)의 능이다. 효공왕은 김씨이며 이름은 요이다.

신라 진성여왕의 뒤를 이어 왕위에 올라 16년간 나라를 다스리는 동안 궁예와 견훤이 후고구려와 후백제를 세워 신라의 영토를 침범하는 등 나라가 매우 어지러웠으나 평정하지 못하고 돌아가므로 이곳에 장사 지내고 시호를 효공이라 하였다.

능은 일반적인 원형 봉토분으로 외부에 특별한 시설물은 없고 높이 4.5m, 밑지름 22m이다.

신라 효소왕릉

사적 제184호

소재지:경상북도 경주시 조양동

이 능은 신라 효소왕(692~702)의 무덤이다. 효소왕은 감은사를 완성한 신문왕의 아들로 태어나 왕위에 오른 지 11년 만에 돌아갔으며, 왕으로 있는 동안 별다른 업적이 없었다.

능의 둘레는 약 50m에 달하나 외형상으로는 가장 단순한 원형 토분에 지나지 않고 무덤 자체에도 아무런 특징이 없다.

신라 신무왕릉

사적 제185호

소재지:경상북도 경주시 동방동

이 무덤은 신라 신무왕(839)의 능이다.

신무왕은 김씨이며 이름은 우징이다. 신라 말기 나라의 기강이 해이해지고 왕위 쟁탈이 심해져 부친인 균정을 받들어 추대했으나 뜻을 이루지 못하고, 청해진대사 장보고의 도움을 받아 839년에 자신이 왕위에 올랐다. 그러나 그 해를 넘기지 못하고 돌아가므로 시호를 신무라 하고 이곳에 장사 지냈다.

능의 외형은 일반적인 원형 봉토분이며 높이 2m, 밑지름 16m이다.

신라 정강왕릉

사적 제186호

소재지:경상북도 경주시 남산동

이 능은 신라 정강왕(886~887)의 무덤이다. 왕은 왕위에 올라 일년 만에 병환으로 돌아가게 되자, 아들이 없어 유언으로 여동생을 왕으로 세우게 함으로써 진성여왕이 왕위에 오르게 되었다.

무덤은 흙으로 쌓아올린 원형 봉토분으로서 무덤의 밑둘레에는 길게 다듬어 만든 장대석을 3단으로 쌓아 보호석으로 삼았다.

신라 헌강왕릉

사적 제187호

소재지:경상북도 경주시 남산동

이 능은 신라 헌강왕(875~886)의 무덤이다. 이 왕 때에는 신라의 서울이던 경주에는 민가도 지붕을 기와로 덮었고, 밥은 나무로 짓지 않고 숯으로 지었으며, 거리에는 노래소리로 가득했던 태평성세였다고 하며, 일본왕이 사신을 보내어 황금 등을 바치기도 했다.

무덤은 흙으로 쌓아올린 원형 봉토분으로서 밑둘레에는 길게 다듬어 만든 장대석을 4단으로

쌓아 보호석으로 삼았다.

신라 내물왕릉

사적 제188호

소재지:경상북도 경주시 교동

이 능은 신라 임금인 내물왕(356~402)의 무덤이다.

47년간 비교적 오랜 재위 동안에 신라의 기초를 공고히 하는데 노력한 임금이다. 특히 동왕 9년(364) 왜구가 침범하자 토함산 기슭에 허수아비를 세워두고 복병작전으로 격퇴시킨 것은 유명하다. 그후 여러 차례 왜구의 침입을 모두 물리쳤으며, 또한 중국과 통상하여 문물교류를 활발히 하였다.

무덤은 원형 봉토분으로서 무덤의 밑둘레에 보호를 위한 자연석을 돌렸음을 부분적으로 알 수 있을 뿐 특별한 시설물은 없고, 무덤 앞에 발견된 혼유석은 최근에 만들어놓은 것이다. 외형의 크기는 밑지름 22m, 높이 5.3m이다.

신라 지마왕릉

사적 제221호

소재지:경상북도 경주시 배동

이 능은 신라 지마왕(112~134)의 무덤이다. 지마왕은 신라 파사왕의 아들로 태어나 112년에 왕위에 올라 23년간 재위하면서 가야, 왜구, 말갈의 침입을 막았다.

무덤의 외형은 비교적 규모가 큰 원형 봉토분으로 남산에서 뻗은 경사면을 이용하여 일단 높은 곳에 만들었을 뿐 아무런 특징이 없는 무덤이다.

배리 삼릉 및 경애왕릉

사적 제219호·사적 제222호

소재지:경상북도 경주시 배동

이곳에는 신라 박씨 왕인 아달라왕, 신덕왕, 경명왕 등 세분 왕의 무덤이 한곳에 놓여 있어 삼릉이라고 불리고 있으며 조금 떨어져 경애왕의 무덤이 있다.

아달라왕(154~184)은 31년 동안 왕위에 있었으나 특별한 치적은 없었고 신덕왕(912~917)은 아달라왕의 먼 후손으로서 신라 헌강왕의 사위로 있다가 전왕인 효공왕이 돌아가자 아들이 없으므로 추대되어 왕위에 올랐으나 재위 6년 동안 특별한 치적은 없었다.

경명왕(917~924)은 신덕왕의 태자로 있다가 왕위에 올랐으나 재위 8년 동안 뚜렷한 치적을 남기지 못했다.

경애왕(924~927)은 경명왕의 뒤를 이어 왕위에 올랐으며 재위 4년 되던 해인 927년 11월에 포석정에서 연회를 베풀고 있을 때 후백제 견훤의 습격을 받아 비참한 최후를 마친 왕이다.

이 능들의 외형은 원형 봉토분으로서 일반 민묘보다 크다는 것뿐 특징은 없다.

삼릉 중 중앙에 있는 신덕왕릉은 1953년에 조사되어 무덤 안으로 들어가는 통로인 연도를 갖춘 석실분임이 밝혀지기도 했다.

경주 용강동 고분

사적 제328호

소재지:경상북도 경주시 용강동

이곳 용강동 평지에 있는 이 무덤은 '개무덤', '고려장'으로 불리오면서 방치되어 있었던 것을 경주의 향토사학자들의 모임인 신라문화동인회 회원들의 노력으로 1986년 6월 문화재연구소 경주고적발굴조사단에 의해 발굴조사함으로써 무덤의 규모와 성격이 밝혀지게 되었다.

무덤은 통로인 널길을 갖춘 돌방무덤으로 내부에는 시신을 모셔두는 주검받침이 비교적 높게 마련되어 있다. 발굴조사시 수습된 유물은 인물토용, 청동제12지상, 토기 등 모두 64점이었다. 이들 유물 중 인물토용과 청동제12지상은 우리 나라 고분 발굴사상 처음 출토된 것으로 통일신라 시대의 복식사 및 당나라와의 문화교류를 밝히는 데 있어서 귀중한 유물로 평가되고 있다. 무덤의 주인공은 7~8세기에 이르는 시기의 신라 왕족의 무덤으로 여겨지고 있다.

서봉총

소재지:경상북도 경주시 노서동

이곳은 금관총·금령총에 이어 일본인의 손에 의해 1926년 세번째로 신라 시대 금관이 발굴된 무덤이 있었던 자리이다.

무덤의 구조는 목곽 안에 시체를 넣은 목곽과 부장품을 넣고 목곽 밖으로 냇돌을 쌓아올리고 그 위로 다시 흙을 덮어 봉분을 만든 신라 적석목곽분이며 금관을 비롯해서 금제 장신구, 유리제품, 토기 등 수많은 유물이 출토되어 당시 세상을 놀라게 했다.

이 무덤을 발굴한 당시 스웨덴의 구스타프 황태자가 참가하여 금관을 발굴한 기념으로 무덤의 이름을 서전의 '서'(瑞) 자와 금관에 장식된 봉황의 '봉'(鳳) 자를 취해서 서봉총이라 했던 것으로 지금까지 사용해오고 있으며,

구스타프 황대자의 발굴참가 사실을 새긴 기념비도 세웠다.

금관총

소재지:경상북도 경주시 노서동

이곳은 신라 시대 금관이 최초로 발굴된 신라의 무덤이 있었던 곳이다.

1921년 이곳에 집을 짓기 위해 터닦기 작업을 하던 중 우연히 발견되어 금관을 비롯해서 수많은 유물이 출토됨으로써 세상을 놀라게 했으며, 당시 이 무덤에서 출토된 유물을 경주에 두기 위해 주민들의 성금으로 유물진열관을 지어 나라에 기증하게 됨으로써 국립경주박물관의 연원을 이룩한 것이다.

신라의 어느 왕이나 귀족의 무덤으로 추정되기도 하나 알 길이 없다. 그래서 금관이 나온 큰 무덤이라는 뜻으로 무덤 이름을 금관총이라 부르게 되어 오늘에 이르고 있다.

봉황대

소재지:경상북도 경주시 노동동

이 봉황대는 높이 22m, 밑둘레가 250m나 되며 외형이 단일 봉분으로 된 신라 시대 무덤 가운데 규모가 제일 큰 것으로 크기로 보아 왕릉으로 추정된다.

주위에서 발굴조사된 금관총, 금령총, 서봉총 등의 구조로 보아 이 무덤 역시 목곽 안에 목관과 부장품을 넣은 후 목곽 밖으로 냇돌을 쌓아올리고 다시 그 위로 흙을 쌓아올려 봉분을 만든 4~5세기경의 신라 적석목곽분으로 여겨지고 있다.

봉황대란 이름은 정확히 알 수 없고 풍수지리설에 의해 붙여진 것으로 보고 있다.

공개 석실고분

이 무덤은 통일신라 시대 석실분이다.

시체를 넣어두는 방인 현실은 29m²의 면적을 가진 정방형이며 무덤 안으로 들어가는 통로인 연도가 남쪽으로 마련되어 있다.

무덤 안의 북벽쪽에 동·서로 길게 관을 놓았던 시상대가 마련되어 있으며, 시체의 머리를 받쳤던 두침과 다리를 받쳤던 족좌가 놓여 있었다.

이 무덤은 원래 도굴되었던 것을 1974년 수습발굴함으로써 내부 구조가 밝혀지게 되었으며 발굴조사 당시 말뼈만 32점 출토되었을 뿐 무덤의 주인을 알 수 있는 유물은 없었다.

경주 남산성

사적 제22호

소재지:경상북도 경주시 인왕동, 탑동, 남산동, 배반동, 배동

이 성은 신라 진평왕 13년(591)에 쌓았으며, 문무왕 3년(663)에는 성내에 큰 창고를 지어 무기와 군량미를 비축했으며, 또 동왕 19년(679)에는 성을 크게 증축했는데 현재 남아 있는 성벽의 흔적은 이때의 것으로 보고 있다. 적당히 다듬은 돌로 쌓은 성벽은 대부분 붕괴되었으나, 잘 남아 있는 곳의 상태로 보아 높이는 약 2m로 보여진다.

주변에서 발견된 남산신성 축성비의 파편에 의하면 남산신성을 법에 의하여 쌓되, 3년 이내에 허물어지면 벌을 받을 것을 서약한다는 내용과 함께 관계한 사람들의 벼슬, 성명, 출신지가 새겨져 있다.

명활산성

사적 제47호

소재지:경상북도 경주시 천군동·보문동

이 산성은 경주시의 동쪽에 해당되는 이곳 명활산의 정상부를 중심으로 둘레를 따라 자연석을 이용하여 쌓은 신라 시대의 석축성으로 전체 길이는 약 6km에 이른다.

성을 쌓은 시기는 분명하지 않으나 신라 실성왕 4년(405)에 명활성을 공격해온 왜병을 격퇴했다는 기록이 있고 또 축성에 가공되지 않은 자연석을 이용한 점 등을 미루어 서기 400년 이전에 쌓은 것으로 보이지만, 현재 남은 것은 진평왕 때에 개축한 것으로 여겨지고 있다.

선덕여왕 몰년(647)에 비담 등이 왕위를 노려 이곳을 근거로 반란을 일으켰으나 김유신 장군이 평정했던 역사를 간직하고 있는 이 산성은 경주의 서쪽에 있는 선도산성, 남쪽의 남산성과 함께 신라의 도성을 지키기 위해 동쪽에 마련한 산성임을 알 수 있다.

경주 성동리 전랑지

사적 제88호

소재지:경상북도 경주시 성동동

이 유적은 1937년 북쪽에 있는 개천의 호안공사 도중에 건물터가 노출됨으로써 700㎡ 면적을 발굴조사하게 되어 밝혀진 것이다.

조사된 내용을 보면 전당터 6개소, 긴 복도터로 보이는 장랑터 6개소, 문터 2개소, 담장터 3개소 등이 발견되었다.

출토된 유물로서는 통일신라 시대의 기와 및 납석으로 만든 그릇 등이 있었으며 전체적으로 볼 때 이 유적에 남아 있는 기둥초석, 출토된 유물·유적의 위치, 조사된 건물터 등이 일대는 통일신라 시대의 관청이나 귀족들의 주거가 있었던 지역으로 여겨진다.

경주읍성

사적 제96호

소재지:경상북도 경주시 북부동

이 성의 정확한 축조 연대는 알 수 없으나 고려 시대에 쌓은 것으로 알려져오고 있다. 즉 고려 우왕 때 개축했다는 기록과 1592년에 일어난 임진왜란 때에 왜군에게 이 성을 빼앗겼을 때 당시 이장손이 만든 일종의 포(砲)인 비격진천뢰(飛擊震天雷)를 사용하여 다시 찾은 역사를 간직하고 있다.

조선 시대에는 둘레가 약 1.2km, 성벽 높이 약 4m에 달했고, 동서남북에 향일문, 망미문, 징례문, 공진문의 4대문이 있어 이들 문을 통해 출입하였다. 특히 남문인 징례문에는 현재 국립경주박물관 종각에 걸려 있는 신라 성덕대왕신종이 매달려 있었다고 전하고 있다.

지금은 이 읍성이 경주 시가지의 발전에 따라 대부분 헐려나가고 동벽만 약 50여m 정도 옛 모습을 남기고 있다.

서출지

사적 제138호

소재지:경상북도 경주시 남산동

이 못은 신라 시대부터 있었던 것으로 다음과 같은 이야기가 전해 내려오는 유서 깊은 신라 유적이다.

신라 소지왕이 왕위에 오른 지 10년 되던 해인 488년에 남산 기슭에 있었던 천천정에 거동하였을 때 "이 까마귀가 가는 곳을 쫓아가보라"고 하므로 괴이하게 여겨 신하를 시켜 따라가보게 하였다. 그러나 신하는 이 못가에 와서 두 마리의 돼지가 싸우고 있는 것에 정신이 팔려 까마귀가 간 곳을 잃어버리고 헤매고 있던 중 못 가운데서 한 노인이 나타나 봉투를 건네주므로 왕에게 그 봉투를 올렸다. 왕은 봉투 속에 있는 내용에 따라 궁에 돌아와 거문고갑을 쏘게 하니, 왕실에서 분향하는 중이 궁주와 서로 흉계를 꾸미다가 죽음을 당했다는 것이다. 이 못에서 글이 나와 궁중의 간계를 막았다는 뜻에서 못 이름을 서출지라 하게 되었고 이로부터 1월 15일에 까마귀에 제사밥을 주는 오기일(烏忌日)의 풍속이 생겼다고 한다.

경주 나정

사적 제245호

소재지:경상북도 경주시 탑동

이곳은 신라 시조 박혁거세가 태어난 전설을 간직하고 있는 유서 깊은 곳이다.

신라라는 나라가 되기 전 경주 일대는 진한의 땅으로 6부 촌장이 있어 6개 구역으로 나누어 다스리고 있었는데, 그 중 고허 촌장인 소벌도리공이 기원전 69년에 이곳 우물가에서 흰 말 한 마리가 무릎을 꿇고 울고 있는 것을 발견하고 가서, 붉은 빛이 나는 큰 알 하나를 얻게 되었다. 이 알 속에서 사내아이가 태어나 하늘이 보낸 것으로 알고 잘 길렀다. 이 아이가 13살이 되던 해인 기원전 57년에 6부 촌장이 모인 자리에서 추대되어 왕위에 오르게 되니, 이 이가 곧 신라 제1대 임금이며, 나라 이름을 서라벌이라 했고, 왕이 박과 같은 곳에서 나왔다는 점과 밝다는 뜻에서 성을 박이라 하였고 아울러 밝게 세상을 다스린다는 뜻에서 이름을 혁거세라 하게 되었다고 한다.

이곳에 세워져 있는 비는 조선 순조 2년(1802)에 세운 것으로 박혁거세왕을 기리기 위해 그 내력을 새긴 유허비이다.

재매정

사적 제246호

소재지:경상북도 경주시 교동

이 우물은 신라 김유신 장군의 집에 있던 우물로서 화강암을 벽돌처럼 만들어 쌓아올리고, 그 위로 네 변에 거칠게 다듬은 긴 장대석을 이중으로 쌓아올린 후 맨 위에 잘 다듬은 ㄱ자 장대석 두 개를 짜맞추어 정사각형으로 짜임새 있게 아물렀다.

이 우물에 얽힌 이야기로 김유신 장군이 오랫동안 전쟁터에서 보내다 돌아오다 되짚어 전장으로 떠날 때 자신의 집 앞을 지나면서 가족들을 보지도 않고 얼마쯤 가다 말을 멈추고 이 우물의 물을 떠오게 하여 말 위에 탄 채로 마시고는 "우리 집 물맛은 옛날 그대로구나"하고 떠났다는 일화가 전해지고 있다.

이 일대가 김유신 장군의 집이 있었던 자리로 보고 있으며 비각 속에 있는 유허비는 조선 고종 9년(1872)에 세운 것이다.

경주 동방와요지군

사적 제263호

소재지:경상북도 경주시 동방동

이 와요지는 1977년 9월 취락개선사업의 일환

으로 택지공사가 계속되던 중 발견되어 국립
경주박물관에서 조사하여 9기의 와요지를 확
인하게 되었다. 그 중 1기를 발굴조사한 결과
가마의 전체 길이가 10.5m, 너비가 1.72m로
서 구릉 경사면을 이용하여 구축된 지하 개착
식등요로 밝혀졌다. 번조실의 천정부와 측벽
의 일부가 남아 있고, 요실과 번조실 사이에는
높은 벽이 있다.
출토 유물은 고려 시대에 성행한 우상문 수키
와, 암키와연화문 숫막새 그리고 조선 시대
에 제작된 기와류가 대부분을 차지하고 있다.
특히 번조실 바닥에서 출토된 건륭명 암막새
는 폐질될 당시의 것으로 간주되어 이 와요지
의 기와를 굽던 시기를 고려 시대부터 조선 시
대의 후기까지로 볼 수 있다.

불국사
사적 및 명승 제1호
소재지:경상북도 경주시 진현동
토함산 서남록에 자리 잡은 이 불국사는 신라
경덕왕 10년(751)에 당시 재상 김대성에 의해
기공되고 혜공왕 10년(774)에 이르러 80여 동
의 목조 건물이 들어선 대가람으로 완성되어
신라 호국 불교의 도량으로서 법등을 이어왔
다. 조선 선조 26년(1593) 왜병의 침입 방화로
650여 간내려오던 불국사의 건물이 모두 불
타버렸다.
그후 대웅전 등 일부의 건물이 다시 세워져 그
명맥을 유지해오다가 불국사가 문화유산으로
보존 전승되고 나라를 사랑하는 호국 정신을
기르는 도량으로서의 옛 모습을 되찾게 하고
자 1969에서 1973년에 걸쳐 창건 당시의 건
물터를 발굴조사하고 그 자리에 다시 세움으
로써 현재의 모습을 갖추게 된 것이다.
경내에는 통일신라 시대에 만들어진 다보탑,
석가탑으로 불리는 3층석탑, 자하문으로 오르
는 청운교·백운교, 극락전으로 오르는 연화교
·칠보교가 국보로 보존되어 당시 신라 사람들
의 돌을 이용한 예술품의 훌륭한 솜씨를 역력
히 보여주고 있다. 아울러 비로전에 모셔져 있
는 금동비로자나불좌상, 극락전에 모셔져 있
는 금동아미타여래좌상 등을 비롯한 수다한 문
화유산들도 당시의 찬란했던 불교문화를 되새
기게 한다.

경주 최식 씨 가옥
중요민속자료 제27호
소재지:경상북도 경주시 교동
이곳 교동에 있는 옛 목조기와 건물들은 200
여 년의 역사를 간직한 조선 시대의 민가들이
다. 경주군 양동리에 있는 조선 시대 민가나 안
동의 하회마을과 같이 큰 규모의 민속마을은
아니지만 부근에 신라 시대의 김유신 장군의
생가가 있었다는 것과 지금도 남아 있는 재매
정으로 보아 좋은 위치에 자리 잡은 조선 시대
민가들이다.
지금 남아 있는 옛 건물들 가운데 가장 대표적
인 것은 이곳에 대대로 살아온 최씨의 종가댁
건물로서 원래는 99칸의 집이었다고 하나 지
금은 ㅁ자 모양으로 배치된 가옥만 남아 있다.

경주 탑동 김헌용 고가옥
중요민속자료 제34호
소재지:경상북도 경주시 탑동
이 집은 17세기 전후에 세워진 것으로 추정되
며, 민가로서는 가장 오래된 건물 중의 하나이
다.
가옥의 배치는 정면에 기와집의 안채를 두고,
서쪽에 초가집의 행랑채와 동북쪽에 가묘를 앉
혔다. 안채는 앞퇴가 없는 4칸 집으로서, 가운
데에 대청(이곳에서는 고방)이 있는 삼남 지
방의 전형적인 공간 구성을 보인다. 구조는 맞
걸이 3량 박공집이며 앞퇴가 없는 점, 박공지
붕인 점, 대청의 사면 징두리벽을 빈지널로 마
감한 점, 기타 여러 세부 점에서 구조·기법상
오래된 수법을 볼 수 있다. 또한 웃방의 구들
높이가 안방 구들에 비해 거의 20cm 정도가 높
은 것도 특이한 점이다. 행랑채는 3칸 외통집
으로서 역시 앞퇴가 없으며 대신 방 끝 남쪽에
툇마루를 설치했다. 부엌에 난방 및 조명시설
로서 코쿨을 만들고 굴뚝을 부뚜막 한쪽에 시
설한 것도 중요한 민속자료이다. 가묘는 앞퇴
없이 홑처마 박공지붕으로 굴도리집이며, 낮
은 토담에 일각문이 우뚝 솟아오른 것이 특히
아름답다.
이 집은 신라 시대의 절터에 자리 잡고 있어서
당시의 다듬은 돌들을 기단, 초석 등에 많이 이
용하였으며, 특히 집안의 우물(돌)은 예전
자리에 그대로 보존되었던 것으로 생각된다.
전하는 말로는 임진왜란 때 큰 공을 세웠던 부
산 첨사 김호 선생의 생가라고도 한다.

경주 동천동 사방불 탑신석
사적 제92호
경상북도 유형문화재 제95호
소재지:경상북도 경주시 동천동
통일신라 시대에 만들어진 것으로 여겨지고 있
는 이 석조물은 4면에 불상이 새겨져 있으며
윗부분에는 연꽃 문양이 도드라지게 조각되어
있다.
이것은 탑의 몸체인 탑신석으로 여겨지고 있
다. 4면에 새겨져 있는 불상들은 사방불의 형
식을 띠고 있는데 신광과 두광을 모두 갖추고
있고, 각기 다른 수인을 취하고 있다.
1982년 주변의 택지 조성 관계로 부분적인 발
굴조사를 실시한 결과 이 탑신석이 약간 위치
가 옮겨져 있음을 알게 되었다.
이 탑신석은 지금까지 우리 나라에서 그 유례
를 찾아볼 수 없는 독특한 형태의 것이다.

성덕왕릉비 귀부
경상북도 유형문화재 제96호
소재지:경상북도 경주시 조양동
이 귀부는 신라 성덕왕(702~737)의 능 앞에
세웠던 비석의 받침인 비대좌이다. 원래는 비
석과 비석 위에 씌웠던 이수가 있었던 것으로
여겨지나 지금은 없어지고 비대좌인 이 귀부
만 남았다.
네모가 나게 다듬은 돌 위에 조각된 이 귀부는
현재 거북머리 모양의 귀두는 파손되어 없어
졌다. 몸체의 앞발에는 5개의 발톱이, 뒷발에
는 4개의 발톱이 새겨져 있고, 등에는 6각의 거
북등무늬가 전체적으로 조각되어 있다.
등의 중앙부에는 비석이 세워졌던 자리인 장
방형의 홈이 패어 있다.
이 귀부는 비록 비석과 이수가 없어졌으나 여
기에 새겨진 거북등무늬나 기타 당초문을 통
해서 8세기 전반의 신라 왕릉에 사용된 귀부
제작 양식을 알 수 있는 좋은 유물이다.

경주 동천동 마애삼존불좌상
경상북도 유형문화재 제194호
소재지:경상북도 경주시 동천동
이곳은 경주 금강산의 정상 동편에 위치하며
자연 바위벽에 새긴 삼존불좌상이다.
중앙의 불상은 본존불로서 여래상이며 오른쪽
의 협시에는 머리에 쓴 보관의 중앙에 아미타
의 화불이 조각되어 있어 이 마애삼존불이 아
미타삼존불임을 알려주고 있다.
조각 수법은 선각에 가깝게 새겨 부분적으로

는 마멸되었으나, 본존불의 높이가 약 3m에 이르고 조각된 옷의 표현과 손의 모습 등 통일신라 시대 마애불 연구에 귀중한 자료이다.

서악서원

경상북도 기념물 제19호
소재지:경상북도 경주시 서악동

이 서원은 조선 명종 때 사람인 이정(1512~1571) 선생이 경주 부윤으로 있으면서 김유신 장군의 후세에 길이 새기고자 하는 뜻에서 장군의 위패를 모시기 위해 명종 18년(1563)에 세운 사당이다. 그런데 당시 경주 지역의 선비들이 신라 10현으로 받들고 있는 사람 중에 설총과 최치원의 위패도 함께 모실 것을 건의하므로, 이정은 퇴계 이황 선생과 의논하여 이 분들의 위패도 함께 모시게 되었다. 퇴계 선생이 서악정사라 이름 짓고 손수 글씨를 써 현판을 달았다고 한다.
임진왜란으로 서원이 모두 불타버렸는데 그후 인조(1623~1649) 때 모두 재건되어 나라로부터 서악서원이란 이름을 받게 되었다. 현재의 서악서원이라고 현판에 쓰인 글씨는 당시의 명필로 알려진 원진해가 쓴 것이다.

경주 간묘

경상북도 기념물 제31호
소재지:경상북도 경주시 황오동

이 무덤은 신라 진평왕 때의 충신 김후직의 묘이다.
김후직은 진평왕 때 지금의 국방부장관에 해당하는 병부령을 지냈다. 진평왕이 지나치게 사냥을 좋아해 중지할 것을 간했으나 듣지 않아 유언으로 왕이 사냥 다니는 길목에 묻게 해서 죽은 뒤에라도 간언하겠다고 했다. 왕이 이 말을 듣고 감동하여 다시는 사냥하지 않았다고 하여 충신으로 불려온 것이다.
무덤의 외형은 일반적인 원형 봉토분이며 묘비는 조선 숙종 36년(1710)에 경주 부윤 남지훈이 김후직의 충절을 기리기 위해 세웠다.

김인문 묘

경상북도 기념물 제32호
소재지:경상북도 경주시 서악동

이 무덤은 신라가 삼국 통일의 대업을 이룩하는 데 공을 세운 문무대왕의 친동생 김인문의 묘이다.
김인문은 20대에 당나라에 들어가 좌령군위장군이 되었고 신라에 들어와 압독주총관이 되

었다. 인문은 외교에 능해 백제와 고구려를 멸망시킬 때 당나라를 움직이게 하는 데 큰 공을 세워 신라의 삼국 통일의 일익을 담당하였던 것이다.
인문은 당나라에서 관직을 지내다가 신라 효소왕 3년(694)에 죽었는데 당 고종은 그의 관을 호송하여 신라로 보냈으며 효소왕은 그에게 태대각간의 벼슬을 추증하고 이곳에 장사지내게 했던 것이다.
그는 글씨에도 능해 태종무열왕의 비문을 썼다. 무덤의 외형은 밑지름 26m, 높이 6.5m이나 특별한 시설은 없고 일반적인 원형 봉토분이다.

김양 묘

경상북도 기념물 제33호
소재지:경상북도 경주시 서악동

이 무덤은 신라 신무왕 때에 공신인 김양의 묘이다.
김양은 신라 태종무열왕의 세손으로 흥덕왕 3년(828)에 고성대수가 되었고 그후 중원대윤, 무주도독을 지냈다.
그는 우징을 받들어 민애왕의 뒤를 잇게 하니 바로 신라 제45대 신무왕이며, 신무왕의 뒤를 이어 그 아들인 문성을 다시 받들었다.
나이 50세로 돌아가자 그에게 대작간을 추증하고 태종무열왕 열에 장사했다는 기록이 있어 이것이 무덤으로 여겨지고 있다. 무덤의 외형은 일반적인 원형 봉토분으로 별다른 특징은 보이지 않으나 비교적 큰 무덤이다.

상서장

경상북도 기념물 제46호
소재지:경상북도 경주시 인왕동

이곳은 최치원 선생이 임금께 글을 올리던 곳으로 지금은 선생의 영정을 모시고 향사(享祀)를 지내고 있다.
최치원 선생의 호는 고운·해운으로 신라 헌안왕 원년(857)에 태어나 12세에 당나라에 유학, 18세에 과거에 급제하여 벼슬하였다. 헌강왕 11년(885)에 귀국하여 당시 어지러운 국정을 바로잡기 위해 애썼는데, 특히 진성여왕에게 시무10조를 올린 것은 유명하다. 후에 벼슬을 버리고 가야산 등 명산을 찾아 자연과 벗삼고 해인사에서 평생을 마쳤다.
신라 말의 문장가이기도 한 선생은 『계원필경』, 『석순응전』 등의 저서와 숭복사비 등 많은 비문을 남겼다. 특히 그의 「난랑비서문」은 신라

화랑도를 설명해주는 귀중한 자료가 되고 있다.
고려 현종 때 문창후로 추봉하고 문묘에 배향하도록 하였다. 이곳에는 영정각, 상서장, 추모문 등이 세워져 있고 조선 고종 때 건립된 비가 남아 있다.

경주 표암

경상북도 기념물 제54호
소재지:경상북도 경주시 동천동

표암은 '박바위', '밝은 바위'를 뜻한다. 이곳은 신라 6촌 가운데 근본이 되는 밑돌부라는 부명이 붙여진 알천양산촌의 시조 이알평 공이 하늘에서 내려온 곳이다. 서력 기원전 69년에 6촌장이 여기 모여 화백회의를 열고 신라 건국을 의결했으며, 그후 서력 기원전 57년에 신라가 건국되었던 것이다.
이와 같이 표암은 경주 이씨의 혈맥의 근원지인 동시에 신라 건국의 산실로서 '광명이세'라는 백성을 다스리는 큰뜻을 밝히고, 화백이라는 민주정치 제도의 발상을 보인 성스러운 곳이다.
이러한 뜻을 새긴 유허비가 조선 순조 6년(1806)에 세워졌고 1925년에는 표암재가 건립된 뒤 전사청, 내외삼문, 경모대비, 천장각 등이 건립되어 더욱 그 뜻을 기리며 매년 3월 중정에 향사를 봉행하고 있다.

구황동 모전 석탑지

소재지:경상북도 경주시 구황동

여기에 서 있던 탑은 중국 전탑을 본떠 쌓은 분황사탑과 같은 것이었는데 지금은 다 허물어지고 남·북 감실의 돌기둥 2쌍만 남아 있다.
돌기둥이 배치된 모양으로 미루어 원래의 탑은 한 변의 길이가 4.5m쯤 되는 크기로 첫 옥신을 쌓고 그 4면에 감실을 만들어 사방불을 모셔놓은 형식이었음을 알 수 있다.
돌기둥에는 인왕상을 새겼는데 7세기 중엽 신라 예술의 격조 높은 기법을 볼 수 있다.
이곳에서 국립경주박물관으로 옮겨간 1쌍의 인왕상과 이곳에 남아 있는 2쌍의 인왕상 등은 신라 조각을 대표하는 귀중한 유물들이다.

양산재

소재지:경상북도 경주시 탑동

양산 아래 자리 잡고 있는 이 제각 건물은 6부 촌장의 위패를 모시고 제사를 지내는 사당이다.

6부 촌장은 신라가 건국하기 전 진한 땅에 알천양산촌, 돌산고허촌, 취산진지촌, 무산대수촌, 금산가리촌, 명활산고야촌의 여섯 촌을 나누어 다스리고 있었는데, 서기전 57년에 알천 언덕에 모여 알에서 탄생한 박혁거세를 고허촌장 소벌도리가 추대하여 신라의 초대 임금이 되게 하니 이 해가 바로 신라의 건국년이 되었다.

그후 신라 제3대 유리왕이 6부 촌장들의 신라 건국 공로를 영원히 기리기 위해 6부의 이름을 고치고 각기 성을 내리게 되니 바로 양산촌은 이씨, 고허촌은 최씨, 대수촌은 손씨, 진지촌은 정씨, 가리촌은 배씨, 고야촌은 설씨이다. 이로써 신라 초대 여섯 성씨가 탄생되었고 각기 시조 성씨가 되었다. 이 사당은 1970년 이들 6촌장을 기리기 위해 건립하였다.

경주 나원리 오층석탑
국보 제39호
소재지 : 경상북도 경주시 현곡면 원리

이 탑은 이중의 기단을 갖춘 석탑이다. 하층 기단은 지대석과 중석을 함께 붙여서 만들었고 각면에는 우주와 탱주 3개씩이 있으며, 갑석 상면에는 전형적인 2단의 괴임이 있다. 상층 기단 면석에는 우주와 탱주 2개씩이 있으며, 갑석 상면에는 모진 2단의 받침이 뚜렷하다. 탑신부는 첫층 옥신만 각면 1매씩의 판석으로 짜고, 그 위의 옥신석과 옥개석은 모두 한 장씩의 돌로 짜여져 있다. 상륜부에는 노반만이 남아 있다.

이 석탑은 경주에서는 보기 드문 5층의 거탑이며 정연한 결구와 자신 있는 조법, 석재의 순백한 색조 등이 주위의 환경과 잘 조화되어 그 모습이 당당하다. 이 석탑이 속해 있던 절 이름은 알 수 없으나 경주의 석탑 중에서는 비교적 빠른 시기인 8세기경의 건립으로 추정된다.

단석산 신선사 마애불상군
국보 제199호
소재지 : 경상북도 경주시 건천읍 송선리

거대한 암벽이 ㄷ자로 높이 솟아 하나의 석실을 이루었는데 원래는 여기에 인공적으로 지붕을 덮어 이른바 석굴법당을 만들었다. 신라 최초의 석굴 사원인 셈이다. 이 석굴의 바위 면에 모두 10구의 불보살상을 새기고 있어 장관을 이루고 있다. 서쪽으로 틔어진 곳이 입구였는데 이곳으로 들어서서 왼쪽이 되는 북쪽 바위에 삼존불상이 왼손으로 동쪽을 가리키고 있어 본존불로 인도하는 독특한 자세를 보여준다. 이 안쪽에 반가사유상이 얕은 돋을 새김으로 새겨져 있는데 삼국 시대 반가사유상 연구에 귀중한 자료이다. 이 밑쪽에 버선 같은 모자를 쓰고 공양올리는 공양상 2구와 스님 한 분이 역시 얕은 돋을새김으로 새겨졌는데 이 역시 신라인의 모습을 아는 데 중요한 자료가 되고 있다. 여기서 바위가 단절되어 쪽문처럼 틔웠고 다시 바위가 솟아 있는데 이 바위 면에 거대한 불상이 새겨져 있다. 이 불상은 비록 딱딱하고 서툰 듯한 솜씨로 조성된 면도 있지만 중후한 체구와 둥글고 동안적인 얼굴, U자 모양을 이루는 법의 안에 내의를 묶은 띠매듭 등 전선방사삼존불(보물 제63호)의 양식적 특징과 친연성이 강하다. 명문에 의하면 장륙의 미륵불상이 확실하므로 당시의 신앙 경향을 이해하는 데 귀중한 불상이라 하겠다.

동쪽과 남쪽의 바위면에는 마멸로 희미해진 선각의 마애보살상이 1구씩 새겨져 본존불과 함께 삼존불로 배치된 것 같으며 남쪽 바위 보살상 안쪽으로 명문이 새겨져 있다.

어쨌든 이 석굴의 유래를 알 수 있는 신라 최초의 석굴 사원이자 7세기 전반기 불상 양식을 보여주는 이 석불상군은 고신라 불교미술 내지 신앙 연구에 귀중한 작품으로 높이 평가되고 있다.

경주 장항리 오층석탑
국보 제236호
소재지 : 경상북도 경주시 양북면 장항리

통일신라 시대 사찰인 장항리사지에 있는 이 탑은 경주 부근에서 드물게 보이는 금당지 좌우에 위치한 동서 오층석탑으로 1923년에 도괴된 것을 1932년 서탑만 복원·보수하였다.

이중 기단으로 상하층 면석을 탱주 2주로 구분하고 탑신과 옥개는 각 일 석으로 조성하였으며, 각층의 옥개받침은 5단씩이다.

일 층 탑신의 네 면에는 문비형을 모각하였고 그 좌우에 연화좌에 선 인왕상을 새겼다. 추녀는 수평이고 낙수면도 평박하며 상륜에는 노반만 남아 있는데 각부의 건조 양식과 수법으로 보아 8세기를 대표하는 석탑이라 하겠다.

경주 남산 용장사곡 불상
보물 제187호·보물 제913호
소재지 : 경상북도 경주시 내남면 용장리

이 석불좌상은 경주 남산 용장사터에서 정상에 가까운 곳에 있는 8세기 중엽에 만들어진 규모가 작은 것이다. 현재 머리 부분은 없어졌고 손과 몸체 일부가 망가져 있다. 목에는 뚜렷한 삼도가 있고 우견편단의 법의 자락은 최상단의 대좌부까지 흘러내리듯 표현하였다. 왼손에는 보주를 얹고 결가부좌한 모습이다. 특히 이 불상에서 주목되는 것은 다른 불상 대좌에서 볼 수 없는 중첩된 원형 대좌를 하고 있는 점이다. 맨 아래에 자연석 기단부 위에 원형의 대좌 받침석과 원형 대좌를 교대로 삼 층으로 충첩되게 조성하였으며 최상단의 원형 대좌는 앙련 대좌로 장식하였다.

이 마애여래좌상은 8세기 후반에 제작된 우수한 작품으로 석불좌상의 뒤편 암벽에 조상하였으며 연화좌 위에 결가부좌한 자세에 이중으로 각출한 두·신광을 갖추고 있다. 머리는 나발에 육계가 뚜렷하고 얼굴은 원만·온화하다. 양쪽의 귀는 길게 늘어졌으며, 목에는 삼도가 뚜렷하다. 법의는 통견이면서 평행선의 세밀한 옷무늬로 처리한 것은 인도 불상을 연상케 한다. 양손은 항마촉지인을 하고 있다. 특히 여래좌상의 신광 왼쪽에는 조상명으로 보이는 명문이 세 줄로 10여 자 새겨져 있으나 현재 판독은 어렵다.

경주 남산 용장사곡 삼층석탑
보물 제186호
소재지 : 경상북도 경주시 내남면 용장리

이 탑은 하층 기단을 생략하고 암석에 높이 6cm의 괴임 한 단을 직접 마련하여 상층 기단 석을 받게 하였다. 중석의 일 면은 한 돌로 되어 있고, 다른 삼 면은 두 개의 돌로 되어 있으며, 각면에는 모서리기둥과 탱주 한 개씩을 모각하였다. 갑석은 2매 판석으로 되어 있으며, 그 밑에는 부연이 있다. 갑석의 상면은 약간 경사져 있고, 그 상면 중앙에는 모가 난 2단의 탑신받침이 마련되었다.

탑신부의 각층 옥신과 옥개석은 각각 한 개의 돌로 구성되어 있다. 초층 옥신은 상당히 높은 편으로 네 귀에 모서리기둥이 있을 뿐이고, 2층 옥신은 급격히 줄어들었다. 옥개석은 받침이 각층 4단이고 추녀는 직선이나 전각 상면에서 경쾌한 반전을 보인다. 옥개석 상면에는 1단의 괴임이 있어 각각 옥신석을 받게 된 점은 일반 석탑에서와 다름없다. 상륜부는 전부 없어져 그 원래의 상태를 알 수 없고 다만 3층 옥개석 정부에 찰주공만이 남아 있다.

각부의 조화가 아름답고 경쾌하며 주위의 자연과 잘 어울리어 장관을 이루는 수법 양식에

서 신라 하대에 속하는 대표적인 석탑의 한 예
라 할 수 있다.

경주 침식곡 석불좌상
경상북도 유형문화재 제112호
소재지:경상북도 경주시 내남면 노곡리

백운암 동편 침식골의 이 불상은 현재 머리 부
분이 없으나 나머지 부분들은 대체로 잘 남아
있다.

목에는 삼도가 선명하며 우견편단의 법의는 옷
주름이 층단을 이루면서 흐르고 있다. 왼손은
손바닥을 위로 향하여 배에 대고 있고, 오른손
은 무릎 위에 얹어 손가락들이 땅으로 향한 항
마촉지인의 수인을 짓고 있다. 대좌는 앙련의
단판연화문을 새긴 상대석과 아무런 장식이 없
는 8각 중대석, 복련의 단판연화문을 새긴 하
대석으로 짜여 있다.

이 불상은 가슴 등 신체 형태에서 다소 8세기
전기 양식을 반영하고 있으나 직각으로 각이
진 어깨, 층단식 옷주름, 상대석의 연꽃무늬 장
식 등으로 미루어 8세기 말 내지 9세기 초에 조
성된 작품으로 추정된다.

경주 열암곡 석불좌상
경상북도 유형문화재 제113호
소재지:경상북도 경주시 내남면 노곡리

유래를 알 수 없는 이곳 사지에서 발견된 이 불
상은 현재 완전히 도괴되어 불상 파편과 대좌
만이 남아 있다.

현재 남아 있는 불상 파편은 머리가 결실된 상
태에서 앞으로 넘어져 있던 것을 다시 세운 것
으로 통견의 법의에 항마촉지인을 한 것이다.
곁에는 앙련의 단판복엽연화문을 새긴 상대석
과 복련의 단판연화문을 새긴 하대석이 흩어
져 있다.

이와 같은 대좌의 연꽃무늬 양식과 굴곡 없는
신체의 얇은 법의, 늘씬한 체구, 옷주름의 세
련된 기법 등으로 미루어 이 불상은 신라 통일
기 8세기 말 혹은 9세기 초경에 조성된 것으로
추정된다.

경주 약수계곡 마애불입상
경상북도 유형문화재 제114호
소재지:경상북도 경주시 내남면 용장리

높이가 8.6m에 이르는 거대한 이 마애불은 남
산에 있는 석불 중 가장 큰 불상으로 현재는 머
리 부분이 결실되고 어깨 이하의 부분만 남아
있다. 암면 앙옆을 30cm 이상 파내어 육중하

게 불체를 나타내었으며, 손이나 옷주름의 표
현에서도 10cm 정도로 고부조하여 환조에 가
까운 효과를 내고 있다. 왼손은 굽혀 가슴에 대
고 오른손은 내려서 허리 부분에 두었는데, 모
두 엄지, 중지, 약지를 맞대고 있다.

이 불상에서 특히 주목되는 것은 양어깨에서
길게 좌우로 내려와 여러 줄의 평행선으로 조
각된 통견의 옷주름으로 그 가운데에는 부드
러운 U자형의 옷주름이 무릎 가까이까지 촘
촘히 조각되었으며, 다시 그 아래로 마치 주름
치마와 같은 수식의 옷주름을 표현하고 있다.
이와 같은 신체 전면을 감싼 옷주름은 규칙적
인 평행 옷주름이어서 다소 단조롭고 도식적
이기는 하지만 각선이 분명하여 힘이 있으면
서도 유려한 주름을 이루고 있다. 이러한 의문
양식은 골굴암마애불이나 축서사비로자나석
불, 도피안사비로자나철불 등 9세기 후반기에
집중적으로 유행하던 것이며 불상의 형태와 함
께 이 불상의 편년을 잘 알려주고 있다.

백운대 마애불입상
경상북도 유형문화재 제206호
소재지:경상북도 경주시 내남면 김계리

백운대 마석산 지붕의 높이 7.28m, 폭 1.6m 가
량의 각형 암벽 위에는 4.6m에 달하는 커다란
마애불입상이 미완성인 채로 조각되어 있다.
소발의 머리 위에는 크고 둥근 육계가 있으며,
도식적인 형태의 두 귀는 길게 늘어져 있다. 무
표정한 둥근 얼굴에는 반개한 눈, 눈썹에서 이
어져 내려온 큰 코, 굳게 다문 입술 등이 뚜렷
하게 새겨져 있다. 목에는 굵은 삼도가 있으며,
통견으로 걸쳐진 듯한 법의는 단지 왼쪽 팔목
에 3가닥의 층단주름만을 나타내고 있을 뿐 미
완성이다. 수인은 시무외·여원인이며 살진
어깨, 가는 허리 등에서 전체적으로 풍만한 신
체를 표현하려고 의도했음을 알 수 있다.

어떠한 이유에서인지 모르나 중도에 포기한 듯
한 이 불상은 그나마 완성되어 있는 얼굴, 신
체의 모습 등으로 미루어 통일신라기의 작품
임을 알 수 있다.

기림사
소재지:경상북도 경주시 양북면 호암리

기림사는 신라 선덕여왕 12년(643)에 창건된
절로 조선 시대 31본산의 하나이다. 처음에는
임정사라 불렸으나 원효대사가 확장하고 기림
사라고 개칭하였다고 한다.

조선 정조 때 경주 부윤 김광묵이 사재를 들여

중수하였고 철종 14년(1863)에 다시 중수하였
으며 그후 고종 15년(1878) 법당과 여러 건물
을 중건·중수하였다.

경내에는 목탑지, 삼층석탑과 건칠보살좌상(보
물 제415호) 등이 있으며, 대적광전 등 건물이
많이 남아 있다.

기림사 건칠보살좌상
보물 제415호
소재지:경상북도 경주시 양북면 호암리

우리 나라에는 건칠불이 매우 희소하게 남아
있는데 이 보살불은 조각 수법이 훌륭하고 조
성 연대도 명확한 매우 귀중한 유물이다.

타래머리를 한 위에 보관을 따라 만들어 얹었
고, 목에는 삼도가 없으며 둥글고 풍만한 얼굴
과 그 자세로 보아 관세음보살임을 알 수 있다.
복부의 큼직한 띠매듭과 가슴에 걸려 있는 3
가닥의 영락띠는 조선 시대 목불의 특징을 잘
보여주고 있다.

이 불상의 조성 연대는 하대 상면에서 발견된
묵서명에 의해 조선 연산군 7년(1501)으로 판
명되었다.

기림사 대적광전
보물 제833호
소재지:경상북도 경주시 양북면 호암리

이 건물은 기림사의 본전으로 신라 선덕여왕
(632~647) 때 창건되었다고 전해오고 있으며,
그후 6차례에 걸쳐 중수되었다. 현재의 건물
은 양식상으로 5차 중수 때인 조선 인조 7년
(1629)의 형태를 갖추고 있다.

정면 5칸, 측면 3칸의 단층 맞배지붕의 다포식
건물로 외관은 본전 건물다운 웅건함을 갖추
었고 내부는 넓고 화려하여 장엄한 분위기를
간직하고 있다.

장대석의 낮은 기단에 초석을 놓고 두리기둥
을 세웠으며, 전면은 모두 화려한 꽃살분합문
을 달았다. 공포는 외3출목, 내5출목으로 살미
첨차 끝의 양서에 연봉이 조각되고, 첨차하부
가 교두형을 이룬 전형적인 17세기의 특징을
보이고 있다. 내부는 4개의 고주 외에 따라 2
개의 전면 고주를 세워 넓은 공간을 견실히 구
축하였으며, 빗천장과 우물천장을 설치하였다.
견실한 구조와 장엄한 공간 구성이 돋보이는
조선 후기의 대표적 불전의 하나이다.

기림사 응진전
경상북도 유형문화재 제214호

소재지:경상북도 경주시 양북면 호암리

이 건물은 아라불을 모신 전각으로, 창건 연대는 미상이며 조선 후기에 다시 세워진 것으로 추정된다.

정면 5칸, 측면 2칸의 겹처마 맞배지붕을 한 다포식 건물로 과장되지 않은 단정한 건물 형태를 갖추고 있다. 장대석을 한 단 쌓은 낮은 기단 위에 초석을 놓고 앞·뒷면에는 두리기둥, 측면에는 네모기둥을 세웠다. 공포는 내·외출목으로, 각 주간에 1구씩 간포를 짰었다. 그 세부는 어칸과 협칸이 약간 달라서 어칸의 쇠서는 약간 위로 휘어 오른 곡선을 이루고 있는 데 반하여, 귀포에는 연봉이 있는 전혀 다른 모양의 쇠서를 꾸몄다. 가구는 5량이며 대들보와 종보 위에 파련대공을 세우고, 천장은 전체를 빗반자로 하였다.

전체적으로 18세기 이후의 건축 양식을 갖추고 있으나 부분적으로 조선 중기의 특징을 포함하고 있는 건물이다.

기림사 삼층석탑

경상북도 유형문화재 제205호
소재지:경상북도 경주시 양북면 호암리

이 탑은 통일신라 시대의 일반형 석탑 양식을 따른 비교적 완전한 석탑이다. 현재 하층 기단은 갑석부터 남아 있고, 상대 중석에는 모서리기둥과 탱주 한 개씩을 모각하고 있으며, 그 위에 놓여 있는 상대 갑석의 밑면에는 부연이 있다. 또한 갑석의 상면에는 4단으로 된 층급받침이 있다. 그리고 각 탑신석에는 상대 중석면에 모각한 모서리기둥과 같은 것이 있다.

초층의 옥개석은 장대하고 4단의 층급받침을 갖추고 있다. 2·3층의 옥개석 역시 4단의 층급받침을 갖추고 있으며, 체감률이 고르다. 탑 전체가 고준한 감이 엿보인다.

또한 옥개석의 추녀는 낙수면이 완만하며 전각이 약간 반전되어 있다. 현재 상륜부에는 노반과 복발, 앙화가 완전한 상태로 남아 있는 통일신라 말기의 석탑이다.

경주 골굴암 마애불좌상

보물 제581호
소재지:경상북도 경주시 양북면 안동리

이 불상은 12개의 석굴이 있는 암벽의 제일 상단에 높은 돋을새김으로 새겨져 있는 통일신라 말기의 마애불상이다. 아마도 이 석굴 사원의 주존불격으로 존숭되었다고 생각되는데, 현재 풍화작용 때문에 무릎 아래와 대좌 부분이

떨어져나가고 광배의 불꽃무늬와 어깨 등 곳곳에도 떨어진 부분이 있어서 보존책을 강구하고 있다.

높다란 육계와 부피감 있는 얼굴, 가는 눈, 작은 입, 좁고 긴 코의 독특한 이목구비와 만면한 미소 등은 형식화가 진행된 9세기 신라 불상의 특징을 잘 나타내고 있다. 이러한 특징은 건장하지만 평판화된 신체, 얇게 빚은 듯한 평행계단식 옷주름, 무릎의 도식적인 물결 옷주름과 겨드랑이의 꺽쇠주름 등에서도 잘 나타나고 있다. 그러나 얼굴의 표정이나 조각의 기량면에서 8세기의 이상적 사실 작풍이 남아 있어서 경주유파의 흐름을 단적으로 보여주는 신라 말기의 대표작이라 할 수 있다.

경주 남사리 삼층석탑

보물 제907호
소재지:경상북도 경주시 현곡면 남사리

이 석탑은 화강암으로 건조했는데 기단의 폭 2.34m, 현재의 높이 4.07m의 소형탑으로 이중 기단 위에 삼층의 탑신을 형성한 일반형 석탑이다.

상하 기단은 1주씩의 탱주가 모각되었고, 탑신부는 옥신·옥개석이 각 1석씩이다. 옥개석 층급받침은 각 4단이고 추녀는 수평이나 전각은 약간 반전하였으며 낙수면은 경사졌다. 상륜에는 노반만 남아 있다.

1975년에 복원·보수하였는데 각부의 양식 수법으로 보아 9세기의 작품이라 하겠다.

경주 용명리 삼층석탑

보물 제908호
소재지:경상북도 경주시 건천읍 용명리

이 석탑은 신라의 성대인 8세기의 전형적인 석탑으로 이중 기단의 상하 면석에는 각각 탱주 2주로 면석을 3분하고 있다. 상하 기단 면석과 하층 기단 갑석은 8매 석으로 되었고 상대 갑석은 4매로 이루어졌으며, 하면에는 부연이 있고 상면에는 각형 2단의 탑신괴임이 마련되어 있다.

탑신부는 옥신·옥개석 각 1석씩이며 각 옥신에는 우주가 모각되어 있고, 각층 옥개석 받침은 5단씩이다.

일제 때 도괴된 부분을 복원할 때 탑신에서 청동 불상 1구가 발견되어 국립중앙박물관에 보관하고 있다.

경주 부산성

사적 제25호
소재지:경상북도 경주시 건천읍 송선리

이 성은 경주 서쪽 오봉산정을 둘러싼 산성으로 신라 문무왕 3년(663)에 쌓기 시작하여 3년 만에 완성하였다 하며, 둘레 10리가 넘는 성벽을 모두 할석(割石)으로 쌓은 산성이다.

이곳은 경주에서 대구로 통하는 교통의 요충지로 이 성의 축성 전인 선덕여왕(632~647) 때 백제군이 산 아래 여근곡까지 침입했다가 토멸되었다. 이로 미루어 이 성은 경주의 외곽 산성으로 서쪽에서 침입하는 적을 방어하기 위하여 쌓은 것으로 보인다.

성대에는 군창지·우물·연병장 등이 남아 있고 남문터 등 일부에서만 원래의 축성 모습을 볼 수 있을 뿐, 대부분 붕괴되었다.

부산성은 신라 시대뿐만 아니라 고려·조선 시대까지 청야입보를 위한 산성으로서 계속 사용되었던 곳으로서, 수축도 계속되어왔으며, 경주 부근에서 가장 규모가 큰 포고식 성으로 성안의 넓이가 넓고 냇물과 샘이 많아 신라의 군사기지로서 중요하였음을 보여준다.

한편 신라 효소왕(692~702) 때 득오가 화랑 죽지랑과의 우정을 그리워하면서 '모죽지랑가'를 지었다는 기록이 있어 유명하다.

감은사지

사적 제31호
소재지:경상북도 경주시 양북면 용당리

감은사는 신라 문무대왕이 삼국 통일의 대업을 성취하고 난 후, 부처의 힘으로 왜국의 침입을 막고자 이곳에 절을 세우다 완성하지 못하고 돌아가자 아들인 신문왕이 그 뜻을 좇아 즉위한 지 2년 되던 해인 682년에 완성한 신라 시대의 사찰이었다.

문무대왕은 죽기 전에 "내가 죽으면 바다의 용이 되어 나라를 지키고자 하니 화장하여 동해에 장사 지낼 것"을 유언하였는데, 그 뜻을 받들어 장사한 곳이 바로 대왕암이며 부왕의 은혜에 감사하여 사찰을 완성하고 이름은 감은사라 하였다고 전하고 있다.

현재의 모습은 1979년부터 2년에 걸쳐 전면 발굴조사를 실시하여 얻어진 자료를 통해 창건 당시의 건물 기초대로 노출·정비한 것이며, 아울러 금당의 지하에는 바다 용이 된 문무대왕의 휴식을 위한 상징적인 공간을 마련한 특수 구조와 동쪽으로 통로를 만들었다고 하는 흔적도 밝혀놓은 것이다.

우뚝 솟은 두 삼층석탑은 만들어진 연대가 확실한 통일신라 초기의 석탑으로서 수십 개의 부분으로 나누어 만들어 조립식으로 세운 것으로 전체 높이가 13m에 이르는 신라 삼층석탑 중 최대의 것이다.

감은사는 문무대왕이 나라를 지키겠다는 충의 뜻과 신문왕이 부왕의 은혜에 감사해서 지은 효, 즉 충효의 정신이 깃들인 유적이라 하겠다.

감은사지 삼층석탑

국보 제112호
소재지:경상북도 경주시 양북면 용당리

동서로 마주서 있는 이 탑은 신라 신문왕 2년(682)에 세워진 석탑이다.

화강암 이중 기단 위에 세워진 방형 중층의 이 탑은 동서 양탑이 같은 규모와 구조를 보인다. 하층 기단은 지대석과 면석을 같은 돌로 각각 12매의 석재로 구성하였다. 상층 기단은 면석을 12매로, 갑석은 8매로 구성하였다. 탱주는 하층 기단에 3주, 상층 기단에 2주를 세웠다. 초층 옥신은 각 우주와 면석을 따로 세웠으며, 2층은 각면이 한 돌, 3층은 전체가 한 돌로 되었다. 옥개석은 받침돌을 별석으로 각층 4매씩의 돌로 되었다. 그리고 옥개석 받침은 각층마다 5단의 층급으로 되었다. 상륜부는 양탑 모두 노반과 높이 3.3m의 철제 찰주가 남아 있다.

목조 가구를 모방한 형적을 보이며 옥개석 받침을 층단식으로 한 수법은 전탑의 전단계 모습을 추정케 한다. 기단을 이중으로 하는 형식은 새로운 형식으로 이와 같은 양식은 이후로 한국 석탑의 규범을 이루는 것이 되었다. 또한 1960년 석탑을 해체·보수할 때 3층 탑신에서 창건 당시 설치하였던 매우 정교하고 귀중한 사리장치가 발견되었다. 탑의 전체 높이는 13.4m이다.

이견대

사적 제159호
소재지:경상북도 경주시 감포읍 대본리

이 이견대는 삼국 통일을 이룬 문무대왕의 수중릉인 대왕암을 곧바로 바라볼 수 있어 죽어서도 나라를 지키겠다는 유언을 한 문무대왕의 호국 정신이 깃들인 곳이다.

감은사를 완성한 신문왕이 이곳에서 바다의 큰 용이 된 문무왕과 하늘의 신이 된 김유신이 마음을 합해 용을 시켜 보낸 검은 옥대와 대나무를 얻게 되었다. 그 대나무로 피리를 만들어 월

성의 천존고에 보관하고, 적병이 쳐들어오거나 병이 돌거나 가뭄 등 나라에 좋지 못한 일이 있을 때 이를 불어 모든 어려움을 가라앉게 한 만파식적의 전설이 바로 여기서 유래한 것이다.

이견대라는 것은 중국의 주역 가운데 '비룡재천이견대인'이란 글귀에서 취한 것으로 즉 신문왕이 바다에 나타난 용을 통하게 크게 이익을 얻었다는 뜻으로 해석되고 있다.

현재의 건물은 1970년도 발굴조사를 통해 신라 시대의 건물터가 있었음이 확인되어 신라 시대 건물 양식을 추정하여 1979년에 복원한 것으로, 마루에 오르면 곧바로 대왕암이 눈 안으로 들어온다.

경주 장항리사지

사적 제45호
소재지:경상북도 경주시 양북면 장항리

이 사지는 토함산 마루에서 동남쪽에 있다. 이 사지에는 거의 완전한 동탑과 파괴된 서탑, 금당지에 불상 대석이 남아 있으며 사역은 좁은 편이다.

금당지의 기단은 정면 15.8m, 측면 12.7m로 소규모이며 기단 앞면 중앙에 석계단의 지대석과 일부 기단의 지대석이 현재 남아 있다. 초석은 한 변 약75m의 네모 반듯한 대석으로 그 윗면에 이중 원형의 기둥자리가 거의 모두 남아 있다. 이것으로 금당이 정면 측면 각 3칸의 건물임을 추측할 수 있다. 금당지 중앙의 불상 대석은 상·하로 분리된 석재로 하부의 측면에는 안상 속에 신장과 신수를 섞바꾸어 조각하였다. 팔각형의 대석은 높이가 60cm, 최대 폭이 24cm가 되는 대형이며, 상부는 높이 53cm, 직경 184cm의 원형에 앙련과 복련을 갖추었다.

서탑은 1925년 도굴꾼에 의해 폭파된 것을 1932년 복원·보수하였고, 금당지에서 약 15m 떨어져 있다. 동탑은 붕괴되어 계곡에 있던 것을 일부 석재만 올려 서탑과 금당지 사이에 놓았다. 탑재로 미루어 서탑은 전체 높이 10m, 상층 기단 한 변 폭 약 3m로 같은 크기와 같은 형태의 탑으로 여겨진다.

사지에 있던 불상은 석조여래입상으로 추정되며, 남아 있는 상반부 파편으로 미루어 대략 4m가 넘는 대불로 보인다. 1932년 석탑 복원시 이 대불은 경주박물관으로 옮겼다.

경주 원원사지

사적 제46호
소재지:경상북도 경주시 외동읍 모화리

원원사는 신라 신인종의 개조 명랑법사의 후계자인 안혜, 낭융 등과 김유신, 김의원, 김술종 등이 뜻을 모아 세운 호국 사찰이라 전해지고 있다.

장대한 축대 중앙에 돌계단이 설치되고, 그 위 사지에는 동·서로 쌍탑의 삼층석탑이 배치되어 있는데 그 규모와 표면 조식은 두 탑이 같다. 이 2기의 석탑은 도괴되었던 것을 1933년 복원한 것인데 상·하 기단 면석에 2주의 탱주가 각출되어 통일신라 성대의 건립임을 알 수 있으며, 특히 상층 기단의 각면에 3구씩의 12지신상을 조각하고 초층 탑신에도 사천왕상이 강하게 부조되어 있어 장식적인 의장까지 보이고 있음을 알 수 있다.

석탑의 각부 양식과 조각 수법은 8세기 중반기로 추정되며 창건설화와 탑의 건립 시기와는 약 100여 년의 차이가 있는 것으로 생각된다. 한편 사지 동북 계곡 500m 지점에 3기의 석종형 부도와 서북 계곡 300m 지점에 1기의 부도가 있으나 모두 고려 시대 이후의 것으로 추정된다.

관문성

사적 제48호
소재지:경상북도 경주시 외동읍 모화리

이 성은 왜적이 신라의 수도인 경주로 침입해 올 수 있는 동남쪽 방향의 침입로를 막기 위하여 신라 성덕왕 21년(722)에 돌로 쌓은 석성이다.

성을 쌓은 방법을 보면 길이 40~50cm의 다듬은 돌과 평평한 자연석을 함께 사용하고, 위로 쌓아올리면서 폭을 좁히는 물림쌓기 방법을 써서 4~5m 높이로 쌓았고, 산에는 능선에서 약간 벗어나 성벽을 쌓는 내탁법을 택하였으며, 평지와 골짜기에서는 바로 쌓아올리는 협축법을 보여주고 있다.

원래는 모벌군성, 모벌관문으로 불리었는데 조선 시대에 들어서 관문성으로 부르게 되어 지금에 이르고 있다.

이 성의 범위는 경주군 외동면의 서쪽 해발 765m의 치술령 줄기의 남쪽에서부터 경상남도와 경상북도의 도경계를 따라 경주군 외동면 모화리의 동쪽 산 아래까지 뻗쳐 약 12km에 달하고 있다. 이곳의 주민들은 길이가 길어 만리장성과 같다하여 만리성이라고도 부르고

있다.

신라 경덕왕릉

사적 제23호

소재지:경상북도 경주시 내남면 부지리

이 능은 신라 경덕왕(742~765)의 무덤이다. 경덕왕은 23년간 임금으로 재위하면서 당나라와의 교역을 활발히 하여 국가 경제발전에 힘썼고 천문학과 불교를 장려하여 신라문화의 전성시대를 이룬 임금이다. 그는 유명한 경주 불국사, 석굴암을 이룩하여 통일신라 시대의 찬란했던 불교 예술품을 남겼을 뿐 아니라 현재 국립경주박물관에 있는 성덕대왕신종(일명 에밀레종)보다 큰 황룡사종을 만들었다. 에밀레종 역시 경덕왕이 성덕왕을 위하여 만들다 완성하지 못하고 아들인 혜공왕이 부왕의 뜻을 받들어 완성하였던 것이다.

무덤의 외형은 원형 봉토분으로 능을 지키기 위한 12지신상을 호석에 새겼고 돌난간을 돌려 능을 보호하도록 했다.

신라 진덕여왕릉

사적 제24호

소재지:경상북도 경주시 현곡면 오류리

이 능은 신라 진덕여왕(647~654)의 무덤이다. 진덕여왕은 선덕여왕의 뒤를 이어 647년에 왕위에 올라 8년간 재위한 신라 두번째 여왕으로서 당나라와 적극적인 외교를 펴면서 안으로 김유신과 같은 명장으로 하여금 국력을 튼튼히 하여 삼국 통일의 기초를 닦게 하였다. 능의 외형은 흙으로 쌓은 봉토 밑으로 판석으로 된 무덤의 보호석을 돌리고 판석과 판석 사이에는 방향에 따라 능의 수호를 위해 12지신상을 새겨 배치하였다. 1975년도에 지금의 모습으로 보수하였다.

경주 괘릉

사적 제26호

소재지:경상북도 경주시 외동읍 괘릉리

신라 원성왕(725~798)의 능으로 추정되는 이 왕릉은 본래 이곳에 있던 작은 연못에 왕의 유해를 수면상에 걸어 안장하였다고 하는 속설에 따라 괘릉이라는 이름으로 널리 알려져 있다.

봉분의 밑둘레에는 12지신상을 새긴 호석을 둘렀고, 그 주위로 수십 개의 돌기둥을 세워 난간을 돌렸으며, 봉분 앞에 안산을 새긴 석상을 놓았다.

봉분에서 훨씬 떨어진 남쪽에는 돌사자 2쌍과 문인석·무인석 각 1쌍이 좌우대칭으로 배치되었고, 그 앞에 화표석 2개가 좌우로 서 있다. 통일신라 시대의 완비된 능묘 제도의 대표적인 이 괘릉은 서역 사람의 얼굴 모습을 조각한 무인석에서도 볼 수 있듯이 당나라와의 활발한 문물교류를 통하여 이루어진 것이지만, 호석에 배치한 활달한 12지신상은 신라인의 창안이며 각종 석조물에서 볼 수 있는 힘찬 조각 수법은 당시 신라인의 문화적 독창성과 우수한 예술적 감각을 잘 보여주는 것이다.

신라 흥덕왕릉

사적 제30호

소재지:경상북도 경주시 안강읍 육통리

이 능은 신라 흥덕왕(826~836)의 무덤이다. 흥덕왕은 헌덕왕의 뒤를 이어 826년에 왕위에 올라 11년간 재위하면서 지금의 전라남도 완도에 청해진을 두고 장보고를 대사로 삼아 서해를 방어하게 하였고 당으로부터 가져온 차종자를 지리산에 심게 하여 재배시키기도 했다.

왕위에 오를 때 돌아간 장화부인을 못 잊어 유언으로 함께 묻어달라하므로 이 능에 합장된 것이다.

신라 역대 왕릉 가운데서 규모가 크고 형식이 갖추어진 대표적인 왕릉의 하나이다. 무덤의 외형은 흙으로 쌓은 봉토 밑으로 판석을 세워 보호석으로 삼고 판석과 판석 사이에 방향에 따라 능을 수호하기 위한 12지신상을 새겨 배치하였다. 보호석 주변에는 편편한 돌을 깔고 그 주위로 돌난간을 돌려 무덤을 보호토록 했고 네 모서리에는 돌사자를 배치하였고 무덤의 전방 좌우에는 문인석 한 쌍과 무인석 한 쌍을 배치하였다.

그리고 전방 좌측에 비를 세웠던 귀부만 남아 있으나 이 주변에서 흥덕이라고 새긴 비의 조각이 수습되어 흥덕왕의 무덤임이 분명히 밝혀졌다.

경주 금척리 고분군

사적 제43호

소재지:경상북도 경주시 건천읍 금척리

이 무덤들은 지금까지 정식 발굴조사가 없어 시기는 정확히 알 수 없으나 평지에 마련된 것으로 보아 경주 시가지에 있는 다른 무덤들과 같이 신라 시대 전기에 만들어진 것으로 여겨지고 있다.

구조는 곽 외부로 냇돌을 쌓아올리고 그 위로 흙을 쌓아올려 봉토를 만든 적석목곽분임이 1952년 현재의 국도 개설시 조사되어 부분적으로 밝혀졌다.

이 고분군에 얽힌 전설은 신라 시조 박혁거세왕이 하늘로부터 받았다는 금으로 만든 자(尺)를 한 무덤에 묻고, 그것을 찾지 못하게 하기 위하여 주변 40여 개의 무덤을 가짜로 만들었다는 것이며, 이 금자가 묻혀 있는 무덤이 있는 곳이라 하여 마을 이름을 금척리라 부르게 되었다고 전해지고 있다.

문무대왕릉

사적 제158호

소재지:경상북도 경주시 양북면 봉길리

일명 대왕암이라 불리는 이 동해 가운데의 바위섬은 나당연합군으로 백제를 멸망시킨 태종무열왕의 뒤를 이어 21년간 재위하는 동안 668년 고구려를 멸망시키고 676년에는 삼국의 영토에 야심을 드러낸 당나라 세력을 한반도에서 축출하여 삼국 통일의 위업을 완수한 신라 문무대왕(661~681)의 수중릉이다. 죽어서 동해의 큰 용이 되어 왜적으로부터 동해를 지키겠으며, 인도식으로 화장하여 장례를 검소하게 치르라는 대왕의 유해를 화장하여 이곳 동해의 대석상에 매장하였다고 전하고 있다. 이 능은 육지에서 약 19.8m 떨어져 길이 약 200m의 바위섬으로 되어 있으며 내부에 동서남북으로 십자수로가 나 있다. 바위섬 가운데는 조그만 수중못을 이루고 있으며 그 안에 길이 3.6m, 폭 2.85m, 두께 0.9m 크기의 거북모양 화강암석이 놓여 있어 그 속에 화장한 유골을 봉안한 납골처로 생각되고 있다. 한편 대왕암이 화장한 문무대왕의 유골을 뿌린 산골처라는 이설도 있지만 이곳은 죽어서도 나라를 지키겠다는 문무대왕의 숭고한 호국 정신이 깃들여 있는 곳이며, 이러한 수중왕릉은 세계에서도 유례가 없는 특이한 것이다.

전(傳) 민애왕릉

사적 제190호

소재지:경상북도 경주시 내남면 망성리

비탈진 지형을 잘 이용한 이 능은 신라 민애왕(838~839)의 무덤으로 전해오고 있다.

능의 외형은 밑부분에 잘 다듬은 장대석으로 3단을 쌓아올리고 그 위에 갑석을 얹고 이들 축석을 보호하기 위하여 이를 반원형으로 다듬은 장대석으로 돌아가면서 기대어 받치고 있다.
이 능은 이와 같이 보호 석축을 갖추고 있는 봉토분으로 신라 왕릉의 한 형태를 나타내고 있다.
민애왕의 이름은 명으로 희강왕의 뒤를 이어 왕이 되었으나 왕이 된 지 2년 만에 돌아간 불운한 임금이었다.

희강왕릉

사적 제220호
소재지:경상북도 경주시 내남면 망성리
이 능은 신라 희강왕(836~838)의 무덤이다. 희강왕은 이름은 제륭 또는 제옹이라고도 하며 흥덕왕(826~836)의 뒤를 이어 왕위에 올랐으나 재위 3년 만인 83년에 신하들의 난으로 궁중에서 목숨을 끊은 비극의 임금이다. 능의 외형은 비교적 얕은 구릉의 중복에 마련된 원형의 봉토분으로서 일반 민묘에 비해 크다는 것 외에는 뚜렷한 특징은 없다.

경주 하산리 회유토기 요지

사적 제241호
소재지:경상북도 경주시 천북면 화산리
이 요지는 화산리 부락에서 서북쪽으로 작은 송림이 있는 산기슭에 위치하며, 밭으로 경작되고 있다. 밭은 약 2~3도의 경사가 되어 가마의 유구는 산기슭과 밭에 걸쳐 있는 것으로 보이며, 많은 파편들이 발견되고 있다. 여기에서 발견되는 토기들은 대부분 통일신라 시대의 특징인 인화문토기들로서 완, 합, 주둥이가 넓은 병, 목이 긴 항아리 종류가 많으며 큰 항아리와 큰 합의 파편도 있어 그릇의 종류는 다양하며, 여기에 새겨진 인화문도 수십 종류에

달한다. 특히 발견된 토기 전량의 약 5분의 1 정도에 회유가 시유되어 있어 주목되며, 통일신라 시대 경주 일대에서 발견되는 수많은 인화문토기를 제작하던 곳임이 밝혀진 중요한 요지이다.

오류리의 등

천연기념물 제89호
소재지:경상북도 경주시 현곡면 오류리
옛적에는 이곳에 연못이 있었다고 하나 지금은 흔적조차 없고 네 그루의 등나무가 각각 두 그루씩 가까이 서 있으며 그 엉켜 있는 바위가 사방으로 20.4m, 높이 17m나 된다.
전설에 의하면 신라 때에는 이 숲을 용의 숲이라는 뜻으로 용림이라 불렸으며 이 등나무를 용등이라 불렀다 한다.

영지 석불좌상

경상북도 유형문화재 제204호
소재지:경상북도 경주시 외동면 봉룡리
이 석불상은 광배와 대좌를 완전히 갖추었지만 각 부분에 손상이 상당히 있다. 얼굴은 파손이 심해서 알아볼 수 없게 되었지만 건장한 신체와 허리, 양감 있는 무릎 표현 등에서 통일신라 석불 양식을 잘 나타내고 있는 대표적인 석불상이라 하겠다. 특히 오른어깨를 드러낸 우견편단의 불의, 항마촉지인의 손 모양 등 석굴암본존불 형식을 충실히 따르고 있는 귀중한 불상의 하나이다.
상·중·하대의 구성을 한 팔각연화대좌에는 섬려한 연꽃무늬와 안상이 새겨져 있으며 불신과 한 돌인 광배에는 번잡한 불꽃무늬 안에 화불이 화려하게 새겨져 있어 당시의 대좌와 광

배 형식을 잘 보여주고 있다.

신라 석탈해왕 탄강 유허

경상북도 기념물 제79호
소재지:경상북도 경주시 양남면 나아리
이곳은 신라 제4대 탈해왕(57~80)이 탄강한 곳이다.
신라 3대 왕성 가운데 최초의 석씨 왕이 탈해왕에 대하여 다음과 같은 전설이 전하고 있다. 왜국에서 동북쪽으로 1천여 리 떨어져 있는 다파나국 왕비가 잉태한 지 7년 만에 큰 알 하나를 낳았는데, 이는 상서롭지 못한 일이라 하여 그 알을 궤속에 알과 칠보, 노비를 함께 넣어 바다에 띄워 인연이 있는 땅에 이르러 나라를 세우라고 기원하였는데, 이때 적룡이 나타나 호위하였다. 그 궤가 신라 땅에 와닿았을 때 아진의선이라는 노파가 발견하여 열어보니 어린 아이가 있어 데려다 길렀다. 궤가 바다에 떠와서 닿았을 때 까치들이 우짖어서 발견하게 되었으므로 까치 '작' (鵲) 자에서 '조' (鳥) 자를 떼어 '석' (昔)으로 성을 삼고, 또한 궤를 풀고 나왔다 하여 이름을 '탈해' 라 하였다고 한다.
탈해는 자라서 제2대 남해왕의 사위가 되고 62세에 유리왕의 뒤를 이어 제4대 임금이 되어 24년간 재위하였다.
탄강지는 『삼국유사』에 '계림동 하서지촌 아진포' 라 하였고, 조선 헌종 11년(1845) 탄강지에 하마비와 땅을 하사하여 석씨 문중에서 유허비와 비각을 건립해 지금까지 보존되고 있다. 석탈해왕릉(사적 제174호)은 경주시 동천동에 있다.

부록 4
찾아보기

부록 5
참고문헌

김병모, 『한국인의 발자취』, 정음사, 1985.

김부식, 『삼국사기』.

김원룡 감수, 『한국미술문화의 이해』, 예경, 1994.

김원룡·안휘준, 『신판 한국미술사』, 서울대학교출판부, 1993.

김원룡 외, 『역사 도시 경주』, 열화당, 1984.

김철준, 『한국문화사론』, 지식산업사, 1976.

남천우, 『석불사』, 일조각, 1991.

_____, 『유물의 재발견』, 정음사, 1987.

문일평 외 26인, 『조선명인전』, 조선일보사, 1988.

범해 지음, 김윤세 옮김, 『동사열전』, 광제원, 1991.

역사문제연구소, 『사진과 그림으로 보는 우리 역사』, 웅진출판, 1993.

유홍준, 『나의 문화유산답사기』, 창작과비평사, 1993.

윤경렬, 『경주 남산—겨레의 땅, 부처님의 땅』, 불지사, 1993.

_____, 『경주박물관학교교본 I』, 경주박물관학교, 1987.

_____, 『경주박물관학교교본 II』, 경주박물관학교, 1990.

_____, 『신라의 아름다움』, 동국출판사, 1985.

이이화, 『이야기 인물한국사』, 한길사, 1993.

이중환, 『택리지』.

이형권, 『문화유산을 찾아서』, 매일경제신문사, 1993.

일연, 『삼국유사』.

조동일, 『한국문학통사』, 지식산업사, 1982.

최완수, 『명찰순례』, 대원사, 1994.

최순우, 『최순우 전집』, 학고재, 1992.

한국불교연구원, 『한국의 사찰』, 일지사, 1977.

황원갑, 『역사인물기행』, 한국일보사, 1989.

『경주이야기』, 국립경주박물관, 1991.

『국립경주박물관』(도록), 국립경주박물관, 1989.

『국립중앙박물관』(도록), 국립중앙박물관, 1991.

『국보』, 웅진출판, 1992.

『문화재안내문안집』(제8집), 문화재관리국 문화재연구소, 1990.

『신라의 빛』, 경주시, 1980.

『우리 나라 문화재』, 문화재관리국, 1970.

『한국민족문화대백과사전』(전27권), 한국정신문화연구원, 1991.

『한국의 미』, 중앙일보사, 1981.

『한국의 발견—경상북도』, 뿌리깊은나무, 1983.